普通高等教育
“十四五”系列教材

CLO3D 服装虚拟仿真设计应用基础

主　编◇王　静
副主编◇龚汉权

中国水利水电出版社
www.waterpub.com.cn
·北京·

内 容 提 要

CLO 系统产品在服装 3D 行业中处于先进水平，功能强大齐全、使用方便、准确性高，有一定的普及性，符合现代服装工业的发展。本书通过三维服装设计软件 CLO 3D 将服装设计、结构、色彩、面料以数字化虚拟缝制进行展示，全书以虚拟服装为论叙基调，以 CLO 系统为研究基础，共分为 5 章：概述、虚拟人体实现、CLO 3D 服装虚拟仿真设计软件基础、CLO 3D 服装虚拟仿真项目实践应用、主题设计综合应用。

本书图文并茂、由浅入深、通俗易懂、实用性强，可作为高等院校服装类专业学生的教材，也可供从业人员参考或作为企业培训用书。

图书在版编目（CIP）数据

CLO 3D服装虚拟仿真设计与应用基础 / 王静主编
. -- 北京 : 中国水利水电出版社, 2023.3
普通高等教育“十四五”系列教材
ISBN 978-7-5226-1419-9

Ⅰ. ①C… Ⅱ. ①王… Ⅲ. ①服装设计－计算机辅助设计－高等学校－教材 Ⅳ. ①TS941.26

中国国家版本馆CIP数据核字(2023)第035100号

策划编辑：石永峰　责任编辑：王玉梅　加工编辑：张玉玲　封面设计：梁燕

书　　名	普通高等教育“十四五”系列教材 CLO 3D 服装虚拟仿真设计与应用基础 CLO 3D FUZHUANG XUNI FANGZHEN SHEJI YU YINGYONG JICHU
作　　者	主　编　王　静 副主编　龚汉权
出版发行	中国水利水电出版社 （北京市海淀区玉渊潭南路 1 号 D 座　100038） 网址：www.waterpub.com.cn E-mail：mchannel@263.net（答疑） sales@mwr.gov.cn 电话：（010）68545888（营销中心）、82562819（组稿）
经　　售	北京科水图书销售有限公司 电话：（010）68545874、63202643 全国各地新华书店和相关出版物销售网点
排　　版	北京万水电子信息有限公司
印　　刷	雅迪云印（天津）科技有限公司
规　　格	184mm×260mm　16 开本　12.25 印张　254 千字
版　　次	2023 年 3 月第 1 版　2023 年 3 月第 1 次印刷
定　　价	58.00 元

前　言

进入 21 世纪，服装产业发生了根本性变革，对于服装企业而言在快时尚节奏环境下的品牌竞争更趋于激烈，在这种环境中企业想在激烈的市场竞争中拥有一席之地，除了重视品牌塑造等传统手段外，还需要借助数字化技术来提升企业的产品设计研发能力。产品设计研发需要做到高效、快速、多变，以适应新型消费者需求，在这种快时尚新形势下，服装产品的设计研发在整个企业运营中扮演着更加重要的角色。如何提高产品设计研发的效率、如何使产品更加符合消费者的体型、如何节省产品研发的成本，这些是服装企业最关心的问题，也给传统服装产业带来了巨大冲击。服装制造产业正在由传统的能量驱动型转变为信息驱动型，要求制造系统表现出更高的智能，因此传统服装设计已经由平面绘图向数字智能化、信息化、科技化转型，通过信息化手段进行资源整合。3D 服装设计运用数字化技术将服装板片进行虚拟样衣缝制，并进行虚拟动态呈现，这恰恰为服装企业解决上述问题提供了技术支持，也是服装产业未来发展的趋势。

数字经济是继农业经济、工业经济后的新型经济形态，是信息化发展的高级阶段。服装企业数字化转型是适应数字经济发展的主动选择。

CLO 3D 服装虚拟仿真设计是依托于互联网信息技术，通过对大量数字信息的整合、管理，充分利用大数据、3D 虚拟试穿、CAD（计算机辅助设计）等技术，推进服装设计数字化，引导服装企业由大规模标准化生产向柔性化、快时尚特色、个性化定制转型，采取相应的措施调整服装企业的资源配置。数字化服装技术是指在服装设计、生产、营销、展示和管理等环节引入信息化技术。数字化服装设计过程中涉及多学科的交叉和多技术的融合。在基于国内外服装行业的发展现状与技术需求的基础上，结合编者的专业技术优势，本书以虚拟仿真人体实现为基础，运用 CLO 3D 服装设计软件进行教学并完成服装设计工作案例应用。

本书通过三维服装设计软件 CLO 3D 将服装设计、结构、色彩、面料以数字化虚拟缝制进行展示，全书以虚拟服装为论叙基调，以 CLO 系统为研究基础，图文并茂、由浅入深、通俗易懂、实用性强。

在本书编写过程中，湖南帛之好服饰文化传播有限公司龚汉权女士提供了当前服装产业的市场信息和 CLO 3D 案例资源，并在技术上提供支持；编者参考借鉴了 CLO 3D Fashion Design Software 工作手册内容及国内外专家学者的专著、论文和研究报告，在此一并表示衷心感谢。

由于时间仓促及编者水平有限，书中难免存在不足之处，恳请专家、读者批评指正。

编　者

2022 年 8 月

目　录

第 3 章　CLO 3D 服装虚拟仿真设计软件基础

第 4 章　CLO 3D 服装虚拟仿真项目实践应用

第1章 概述

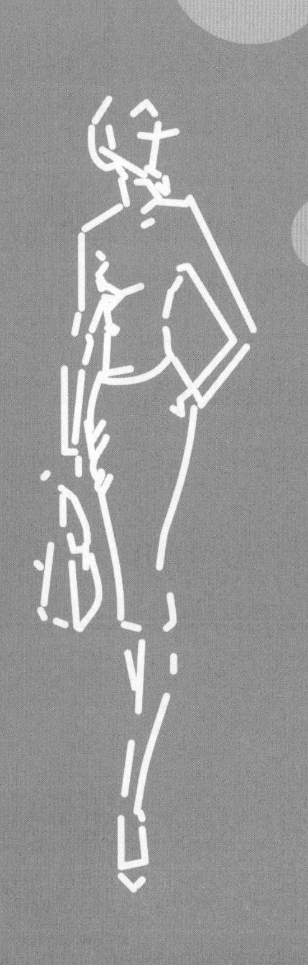

1.1 虚拟仿真的发展与应用

1.1.1 虚拟仿真技术的定义

虚拟仿真技术是20世纪80年代出现的一种新的综合集成技术，是用虚拟的电子信息系统对真实场景系统进行模拟的仿真技术，是人机交互技术、人工智能、传感技术等多种现代三维构成系统的人工环境建设，通过多媒体放映对人体的视觉、触觉、听觉等感官上的逼真呈现使人和相关虚拟环境有一定的交互，并适时做出相应的反应。随着相关技术的不断发展，仿真技术逐渐形成出运用于自身的自成体系，从以前的某个物理现象、设备和系统的简单模拟，发展为能运用其原理对不同系统组成的系统结构体系进行更高级的仿真，使相关用户在符合人们客观意识的环境下，贴近物体相关运动力学定律的基础上，充分满足现代虚拟仿真技术的发展需要。

1.1.2 虚拟仿真中的关键技术

在我国，VR（Virtual Reality，虚拟现实）技术真正实现商品化的开始是2015年，因此2015年被很多人看作中国虚拟现实的“元年”。随着科技的发展，虚拟现实技术取得了巨大进步，并逐渐成为一个新的科学技术领域。

虚拟现实的关键技术主要包括动态环境建模技术、实时三维图形生成技术、立体显示和传感器技术、智能语音虚拟现实建模技术、系统集成技术等。

1. 动态环境建模技术

一个虚拟环境的建立技术是核心内容，动态环境建模技术的目的是取得物理环境的三维数据，并根据需要建立相应的虚拟环境模型。

2. 实时三维图形生成技术

三维图形生成技术是比较成熟的，其关键是如何生成、如何在不降低图形质量和增加复杂性的前提下提高刷新率（将成为下一个重要研究方向）。这也依赖于三维显示和传感器技术的发展，而现有的虚拟机不能满足系统需求，有必要开发一种新的三维图形生成和显示技术。

3. 立体显示和传感器技术

立体显示技术是虚拟现实实现沉浸式交互的方式之一，它可以把图像的纵深、层次和位置全部展现出来，使观察者更直接地了解图像的分布状况，更全面地了解图像或显示内容的信息。理想的视觉显示与日常经历中的场景对比在质量、清晰度和范围方面应该是无法区分的，但是当前的技术还不支持这种高真实度的视觉显示。传感器技术是指高精度、高效率、高可靠性的采集各种形式信息的技术，如各种遥感技术（卫星遥感技术、红外遥感技术等）和智能传感器技术等。

4. 智能语音虚拟现实建模技术

虚拟现实建模是一个复杂的过程，需要大量的时间和精力。将智能技术、语音识别技术结合在一起可以很好地解决这个问题。我们先将模型中的属性、方法和描述等一般特性通过语音识别技术转化到一个数据建模上，再用计算机图形处理技术和人工智能技术进行合成（这意味着，基本模型对象从静态到动态的连接，形成系统模型的基本模型和逻辑），最后形成各种模型和结果的评价，由人直接通过语言进行编辑和确认。

5. 系统集成技术

系统集成就是通过结构化的综合布线系统和计算机网络技术将各个分离的设备（如个人计算机）、功能和信息等集成到相互关联的、统一和协调的系统之中，使资源达到充分共享，实现集中、高效、便利的管理。要求系统集成公司：不但要精通各个厂商的产品和技术，能够提出系统模式和技术解决方案，而且对用户的业务模式、组织结构等有较好的理解，还要能够用现代工程学和项目管理方式对信息系统的各个流程进行统一的进程和质量控制，并提供完善的服务。

虽然虚拟现实技术已经在设计、广告宣传、场景体验等领域进行了大规模运用，但相关领域仍处在蓝海阶段。可以想到，随着应用领域和深度的拓展，将有更多的资本入场。针对目前虚拟现实技术的商业化，先人一步与更全面的技术融合将成为商业化竞争的关键。

1.1.3 虚拟仿真技术的应用进展

早在20世纪40年代仿真技术就已经出现了，1961年G.W.Morgenthater首次对仿真进行技术上的定义，即在实际系统不存在或比较复杂难以实现的情况下对系统或活动本质上的实现。“虚拟仿真”一词最早是由计算机科学家杰伦•拉尼尔在1987年使用的，拉尼尔被认为是虚拟现实领域的创始人之一。虚拟仿真是一种流行的信息技术（IT）领域，通过创建与人类感官系统交互的虚拟空间，克服现实世界的空间和物理约束，提供一种间接的体验。随着计算机的发展，仿真技术得到了进一步发展，可以帮助人类更加真切、直观地体验，就像是真实的世界一样。虚拟仿真技术是人类发展史上的一个里程碑，成为继科学实验、数学推理之后人类了解、发现自然界客观规律的第三类基本方法，它也是一种获取信息和知识的新媒体，用以前不可能的方式来表达思想的概念，而且也正在全力发展成为人类认识客观规律、改造和创造客观世界的

一项具有通用性、战略性的技术。

虚拟仿真技术具有以下4个基本特征：

（1）沉浸性。即在虚拟仿真系统中，用户可以获得听觉、视觉、嗅觉、运动、触觉等各种感官上的感知，从而获得沉浸其中、身临其境的感受。

（2）交互性。即在虚拟仿真系统中，不仅环境可以作用于人，而且人也可以对环境进行控制，而人的行为几乎是通过自然的、本能的行为（自己的语言、肢体动作等）来控制，虚拟环境还可以对人的操作做出实时的响应。

（3）虚幻性。即系统中的环境是虚幻的，是由人们利用计算机等工具模拟出来的。它可以模拟过去存在于客观世界中的环境，可以模拟现在实际存在的环境，可以模拟现在不存在于客观世界但是将来可能出现的环境，可以模拟现在不存在于客观世界而仅仅是人们想象出来的环境。

（4）逼真性。其逼真性主要体现在两个方面：一是虚拟出来的环境给人一种真实感，感觉就像是在现实世界中一样；二是当人们以自然的行为作用于系统环境时，虚拟环境做出的反应符合客观世界的相关规律。

目前，虚拟仿真技术已经发展到用户可以脱离现实世界的地步，其发展进入了一个崭新阶段，在教育、医疗、机械、建筑、航空、工业等领域得到了越来越广泛的应用，用于研究、评估和可视化。

1. 虚拟仿真技术在制造业中的应用

工业系统较为复杂且规模比较大，出于安全和经济的考虑，仿真技术已广泛用于工业生产的各个领域。制造业为工业化国家的繁荣昌盛做出了巨大贡献，但是满足客户需求变得越来越困难，制造企业需要生产低成本、短时间交付市场的创新产品。在高质量、低成本的情况下满足个人的需求，制定经济可行的以快速反应、灵活多变为基础的生产模式是非常有必要的。因此，从概念化到生产的需求和客户需求迫使制造企业转向新技术，即虚拟制造技术。虚拟制造系统是指能够生成有关制造系统的结构、状态和行为信息的计算机系统，这些信息可以在真实的制造环境中观察到。虚拟仿真技术提供了一个强大的建模和仿真环境，任何产品的制造/装配，包括相关的制造过程，都可以在计算机中进行仿真，在大型的设备中进行各种工程系统（项目）构建之前的概念研究和开发中扮演着越来越重要的作用。虚拟现实技术的发展在各种工程应用中支持虚拟现实技术，包括产品设计、建模、制造控制、过程仿真、制造计划、培训、测试和验证。虚拟仿真技术在制造应用中具有巨大潜力，可以解决安全和经济等方面的问题。

许立等给出了使用关系数据库驱动3D仿真模型的设计思想和实现方法，并将其应用于制造车间布局的设计和分析，最终实现了开放式的、可视化的制造车间布局设计系统，并为旧车间的布置提供了解决方案。在虚拟制造环境中，艾武等对虚拟车间的制造资源进行了三维建模，并对这些资源进行了研究和分析，为基于多主体虚拟车间的敏捷调度的3D仿真提供了支持环境。姜立军等结合面向对象的设计方法和虚拟建模技术，研究了装配生产系统的结构特点和运行方式，提供了三维图形建模机制和生产过程的实现方法。数控加工虚拟仿真培训软件可以执行实际数控设备的大部分功能，从而大大减少了资金投入，降低了培训成本，提高了学习效率。虚拟仿真培训系统弥补了传统培训设备的不足，节省了大量培训材料，减少了污染物的释放，降低了培训风险，具有“五融合、四层次、三模式”的虚拟仿真实验教学体系，解决了石油行业在高温、高压和危险条件下不可视、难以接近的培训问题，鼓励学生学习石油工业技术，提高实践能力和工程意识。YoonHyukKim等开发了一个涉及核电站辐射工作的模拟程序，通过在虚拟现实环境中进行辐射工作来预测辐射暴露水平，并以图形方式可视化剂量率来直观地表示高剂量危险区域，从而可以预测虚拟工作人员的暴露率。核聚变是解决人类能源问题的重要途径之一，采用虚拟仿真技术对核聚变装置进行概念设计、详细设计和结构优化设计，ITER反馈系统的电磁分析表明了虚拟仿真技术在核聚变工程中的具体应用，ITER热屏蔽的热分析验证了虚拟仿真技术的重要性。

2. 虚拟仿真技术在建筑领域的应用

随着虚拟技术的不断发展，建筑领域开始越来越多地应用这种虚拟仿真技术。建筑动画的虚拟仿真技术可以使我们对建筑有更深刻的体验和更真实的感受，具有广阔的应用前景。建筑工程施工是将一项设计在图纸上的图画建造成实物的复杂、烦琐、艰巨的任务。在施工过程中存在着多变性、复杂性、不确定性和多样性等特点。在目前来看，对于施工方法的优化主要建立在实践经验上，但是主要依靠经验进行施工的优化存在一定的局限性和不确定性，特别是在全新结构或复杂条件下的施工，基于经验的设计来进行控制优化、事故预测和生产计划的优化、可行性的分析和预测时，可能会由于惯性的思维方式而忽略重要结果，从而造成不可估量的后果。将虚拟仿真技术应用于建筑领域，可以实时创建建筑物的几何模型和施工过程模型，以交互方式和逼真方式模拟建筑结构，从而进行验证、比较、优化。

目前，国内外的研究基本上都停留在理论上，真正将虚拟仿真技术应用于建筑上的工程是上海正大广场，该系统包含以下3个部分：

（1）建筑的外观和建筑周围环境漫游。

（2）建筑内部钢筋结构的实施方案和优化。

（3）桅杆起重机及钢构件承受力、焊接变形分析。

虚拟仿真技术在城市规划和建筑装修工程这两个方面的应用，可以大幅降低成本，减少不必要的支出。以德国的法兰克福市为例，它使用虚拟仿真技术在城市中设计大型商业银行，用3D模型和CAD技术实现银行的特定规划。该项目成功建设后得到了政府和公众的高度认可，节省了大量人力和物力，实现了城市的可持续发展。

3. 虚拟仿真技术在化工和教学领域的应用

在实际的教学实验中，许多化学药品具有易爆炸、易燃烧、毒性大、腐蚀性和辐

射等危险特性，在某些情况下可能会引起爆炸，造成人身伤害和财产损失。在化学课程的教学和实验中，许多客观因素，如实验设备、场地、时间等会在实际教学中受到限制。而根据工程改革与发展的方向以及工程人才的培养目标，将课程信息技术与传统化学教育和实践训练相结合，通过虚拟仿真培训平台使化学操作过程（如不可视性、不可及性、高风险和高污染）变得更加直观和易于接受，同时促进了学生的工程设计。化工领域的虚拟仿真教育研究和理论研究可以分为两部分。一是仪器分析实验和有机实验的结合，主要指大型复杂的分析仪器。仪器分析课程通常会用到大型分析测试设备，如气相色谱法、液相色谱法、傅里叶变换红外光谱法和紫外光谱法。而在实际的教学过程中，例如气相色谱法由于仪器价格昂贵、学生人数众多、管理烦琐等原因，致使气相色谱的操作主要由老师进行，而用于气相色谱模拟的软件则可以弥补学生实际上无法工作的问题。二是与化学原理实验联系起来。3D 化学模拟实验室可以模拟实验过程，包括阀门切换、流量控制等。它可用于在现有化学实验的基础上增加实验培训和学习。随着信息和计算技术的发展，虚拟仿真技术在化工过程的风险评估、风险识别、安全控制系统设计、操作人员培训、故障诊断等方面的作用越来越大。该方法不需要设计特定于问题的观测器来估计未测状态变量，并且可以同时识别和诊断故障，通过在线修正更新化学过程的参数。

DiPeng 在一篇文章中介绍了基于真实地形建立的工业园区 3D 场景，使用虚拟仿真技术模拟了化学工业园区内的气体扩散。以氨泄漏和扩散为例，通过将有毒气体扩散数学模型嵌入 3D 场景，在虚拟现实中实现了泄漏事故的发生。事故的整个过程可以从不同的角度来看。3D 场景中包括实体模型的创建、事故场景和渲染的构建。借助虚拟仿真技术实现了现场的特殊效果，研究结果表明，虚拟仿真方法可以有效地模拟 3D 场景中的事故，在应急预案演练和事故过程分析中具有重要意义。沈华明利用虚拟仿真技术对常减压装置和减压塔进行了灵敏度分析，研究了温度和轻油回收率的关系，并不断进行优化，取得了巨大成功。ModelChemlab 是美国 ModelScience 公司研制的一款交互式化学实验模拟软件，具有良好的用户操作界面和操作性能，虚拟实验室可以模拟常见的实验和不常见的实验，操作用户还可以根据自己的理论想法设计实验，能够满足教学内容的不同类型的需求，同时对于一些具有危险性或费用比较高以及耗时较长的实验都可以起到很好的辅助作用。CORELChemlab 是美国 Corel 公司研制出来的一个可进行化学实验模拟的软件，形象逼真，有声有色，可以在软件上进行设计和操作实验，在一定程度上弥补了实际实验的不足。

1.1.4 虚拟现实技术的发展趋势

虚拟现实技术是高度集成的技术，涵盖计算机软硬件、传感器技术、立体显示技术等。虚拟现实技术的研究内容大体上可分为虚拟现实技术本身的研究和虚拟现实技术应用的研究两大类。根据虚拟现实所倾向的特征不同，目前虚拟现实系统主要划分为4个层次，即桌面式虚拟现实系统、增强式虚拟现实系统、沉浸式虚拟现实系统和网络分布式虚拟现实系统。

虚拟现实技术的实质是构建一种人能够与之进行自由交互的“世界”，在这个“世界”中，参与者可以实时地探索或移动其中的对象。沉浸式虚拟现实系统是最理想的追求目标，实现方式主要是戴上特制的头盔显示器、数据手套以及身体部位跟踪器，通过听觉、触觉和视觉在虚拟场景中进行体验。

桌面式虚拟现实系统被称为“窗口仿真”，尽管有一定的局限性，但由于成本低廉而仍然得到了广泛应用。

增强式虚拟现实系统主要让一群戴上立体眼镜的人观察虚拟环境，性能介于以上两者之间，也成为开发的热点之一。

总体上看，纵观多年来的发展历程，虚拟现实技术的未来研究仍将遵循“低成本、高性能”这一原则，从软件、硬件上展开，并将在下述主要5个方向上发展。

1. 动态环境建模技术

虚拟环境的建立是虚拟现实技术的核心内容，动态环境建模技术的目的是获取实际环境的三维数据，并根据需要建立相应的虚拟环境模型。

2. 实时三维图形生成和显示技术

三维图形的生成技术已经比较成熟，而关键是如何“实时生成”，在不降低图形质量和复杂程度的前提下提高刷新频率将是今后重要的研究内容。此外，虚拟现实还依赖于立体显示和传感器技术的发展，现有的虚拟设备还不能满足系统的需要，有必要开发新的三维图形生成和显示技术。

3. 新型交互设备的研制

虚拟现实使人能够自由地与虚拟世界中的对象进行交互，犹如身临其境，借助的输入/输出设备主要有头盔显示器、数据手套、数据服装、三维位置传感器和三维声音产生器等。因此，新型、便宜、鲁棒性优良的数据手套和数据服装将成为未来研究的重要方向。

4. 智能化语音虚拟现实建模

虚拟现实建模是一个比较繁复的过程，需要大量的时间和精力。如果将虚拟现实技术与智能技术、语音识别技术结合起来，则可以很好地解决这个问题。人们对模型的属性、方法和一般特点的描述通过语音识别技术转化成建模所需的数据，然后利用计算机的图形处理技术和人工智能技术进行设计、导航和评价，将基本模型用对象表示出来，并逻辑地将各种基本模型静态或动态地连接起来，最后形成系统模型。在各种模型形成后进行评价并给出结果，并由人直接通过语言来进行编辑和确认。

5. 网络分布式虚拟现实的应用

网络分布式虚拟现实是将分散的虚拟现实系统或仿真器通过网络连接起来，采用

协调一致的结构、标准、协议和数据库形成一个在时间和空间上互相耦合的虚拟合成环境，参与者可自由地进行交互。目前，分布式虚拟交互仿真已成为国际上的研究热点，相继有DIS、mA等相关标准。网络分布式虚拟现实在航天领域极具应用价值。例如，国际空间站的参与国分布在世界不同区域，分布式虚拟现实训练环境不需要在各国重建仿真系统，这样不仅减少了研制费用、设备费用，也减少了人员出差的费用和异地生活的不适。

虚拟现实的发展前景十分诱人，而与网络通信特性的结合更是人们梦寐以求的。在某种意义上说它将改变人们的思维方式，甚至会改变人们对世界、自己、空间和时间的看法。

1.2 服装虚拟仿真的发展与应用

1.2.1 早期虚拟服装的发展

从20世纪90年代起，随着计算机和网络技术的进一步发展，服装专家和机构开始从二维服装平面设计转向虚拟服装的三维模拟研究。许多大学和研究机构开展了与虚拟服装相关的研究工作，下面就对部分项目进行简单介绍。

1. 欧洲信息与算法研究协会（ERCIM）的MotoM3D项目

MotoM3D项目是由欧共体合作发展协会（INCO-DC）资助的，项目时间是1997—1999年，目标是提供一种新的合体服装生产方法，尤其是针对特殊体型人群。首先，通过对传统量体裁衣方法和设备的研究建立了一套二维衣片的变化规则，使其能够为一组特殊体型提供一个标准的衣片模型，这组人体模型代表了各种特殊体型的人体；其次，通过这组人体模型可以确定从标准的衣片模型变化得到的服装衣片的具体尺寸；随后，人体模型的数据应用于服装模拟软件，在这个阶段，针对特殊体型的服装二维衣片被虚拟缝合到人体模型上，同时在软件中设定服装面料的机械性能以显示模拟服装的悬垂效果，通过与实际服装穿着效果的比对，证明了从标准衣片到特殊体型的衣片的变化规则是准确的。总的来讲，该项目将一组特殊体型的人体模型、一套从标准衣片到相应特殊体型衣片的变化规则、一组商业服装衣片集成到了一套服装设计模拟系统中，该软件的输入信息包括特殊人体构造信息、服装尺寸、织物类型、服装款式等，最终输出具有悬垂效果的服装模拟。

2. 香港科技大学与香港理工大学的Development of 3D CAD System for Garment Industry

Development of 3D CAD System for Garment Industry项目是建立一套三维人体模型生成以及服装设计的计算机辅助系统，具体实现功能如下：

（1）生成基于参数特征的人体模型，从而使人体模型能随人体尺寸数据而改变，初始人体模型的数据通过视觉技术来获得。

（2）二维服装衣片能虚拟缝合到人体模型上，服装模型能模拟出不同种类的面料特征。

（3）三维服装模型能展开生成二维服装衣片。

3. 英国伦敦技术学院的虚拟服装项目

英国伦敦技术学院的虚拟服装项目是 Center for 3D Electronic Commerce 项目的一部分，其工作集中于建立网上虚拟服装店，顾客可以通过它从网上购买服装，并将服装图片与顾客的图片结合起来显示服装的穿着效果，同时将服装的尺寸信息传递给生产商。该项目的短期目标是将服装的图片添加到顾客人体图上，以看到穿着效果；长期目标是对服装进行物理建模，这样就可以看到服装的模拟穿着效果，这一目标分为静态悬垂和动态悬垂两个阶段。

4. 瑞士日内瓦大学的虚拟服装项目

瑞士日内瓦大学的 MIRALAB 实验室虚拟服装项目在虚拟服装的研究方面处于领先地位，其创始人是 Nadia Thalmann，从 1989 年开始建立，现已成功完成 32 项研究，当前尚有 12 项研究正在进行中，研究范围集中于虚拟人体的模拟和虚拟世界的开发，虚拟服装的研究仅是其工作的一个方面。MIRA Cloth 是开发的一个系统，用于在虚拟人体上构建虚拟服装，从而观察到虚拟服装的动态悬垂效果。其构建虚拟服装的思路是先通过二维衣片系统生成服装的二维衣片，然后将二维衣片放置到虚拟人体周围并虚拟缝合成服装，因为所建立的虚拟人体可以运动，所以可直接观察缝合后虚拟服装的动态悬垂效果。E-Tailer 是 MIRALAB 参与的一项研究项目，该项目的目标是将三维人体测量技术、CAD 技术与电子商务技术集成起来构建一个电子商务平台，用于网上服装的出售，要求如下：

（1）构建一套服装分级标准，以解决服装尺寸规格的一致性问题。

（2）构建一套服装设计系统，通过它可以合理地生成符合客户体型的服装。

（3）构建一个虚拟服装店的平台，通过它顾客可以实时观看到所购买服装的穿着效果。

（4）通过研究欧洲人体测量数据库建立参数化人体模型和标准。

（5）将当前三维人体扫描仪、MTMCAD、虚拟服装店集成起来，构建一个大的交互式平台。MIRALAB 主要在其中参与虚拟服装模拟软件和基于网络的虚拟试衣间的开发研究。

5. 英国 Nottingham Trent University 参与的 Virtuosi 项目

Virtuosi 项目的目标是建立分布式虚拟现实系统，研究如何将虚拟现实技术用于多个用户的异地合作，其中一部分工作是由英国 Nottingham Trent University 承担的，目的是给设计者提供一组计算机工具，使得设计者能在虚拟现实环境中生成和展示服装，

它包括精确的人体模型生成和测量以及服装的虚拟现实环境的生成，然后将数据直接传给生产商。

1.2.2 目前虚拟服装的发展

随着计算机技术的快速发展，虚拟服装技术逐渐成熟。目前虚拟服装主要应用于两个方向：一是用于服装生产企业和服装设计公司的虚拟服装设计——三维试衣系统；二是用于服装销售终端的虚拟服装展示——试衣魔镜系统。下面对主要公司的产品进行简单介绍。

1. 用于虚拟服装设计的三维试衣系统

（1）加拿大PAD的三维试衣系统。加拿大PAD的三维试衣系统（图1.1）可将平面纸样转化为立体纸样，多视角、360°旋转，逼真体现成衣的立体造型。该系统可瞬间预知样板缝制后的效果，节省了制版工作，提前告知设计师和客户服装的立体外部造型以及内部贴合度。

图1.1 加拿大PAD三维试衣系统

（2）日本AGMS 3D Industry试衣系统。日本AGMS株式会社研发、生产和销售全套CAS/CAM/CAD系统。其在中国上海设有自动裁剪机生产基地，积极推动数控裁剪设备技术创新。目前，AGMS已经在日本、韩国、中国、东南亚地区、美国以及南美洲提供各种软件、硬件的解决方案。

该公司研发的AGMS 3D Industry试衣系统（图1.2）可为设计师提供便利的样板制作（包括放码推档、智能读图、量体裁剪、排料等全部功能）；能够将CAD样板转换成虚拟模特穿的三维服装，可直观看到服装的真实穿着效果；为设计师在立体视图的情况下在三维立体模型上直接进行设计，并将样板转换为CAD纸样；在CAD图形数据和面料特征显著的基础上，允许进行三维模式下的可视化纸样修改，同时顾客还可通过因特网进行远程查看，此功能为设计师与客户和其他部门的沟通提供了便利；通过模特虚拟走秀，设计师可以了解服装面料在人体运动时的物理特点及服装风格。

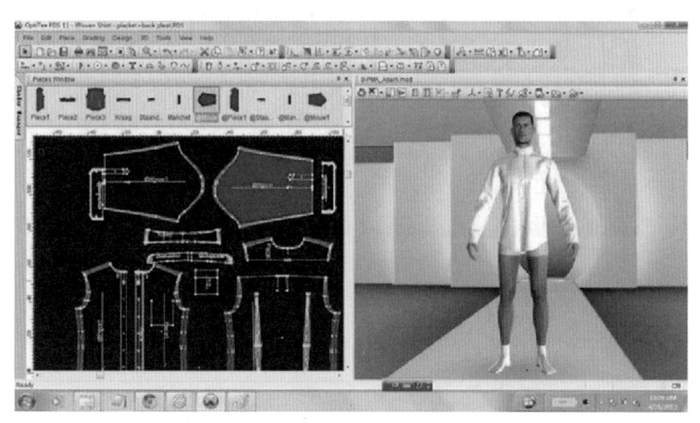

图 1.2　日本 AGMS 3D Industry 试衣系统

2013 年 3 月，中国和鹰集团正式收购 AGMS 株式会社，在上海设立了爱吉迈思（上海）机电科技有限公司，致力于为中国客户提供更好的产品与服务，并在中国市场推出了 AGMS 3D Industry 试衣软件，该软件将为三维技术在中国服装个性化定制方面的运用带来革命性的升级。

（3）美国 Gerber 的 V-stitcher。美国 Gerber 公司推出的 V-stitcher 系统（图 1.3）具有强大的三维服装设计和立体试衣功能。设计师可以在三维人体仿真平台上根据二维样板创建虚拟服装，并实时提供二维样板变化的三维图像。

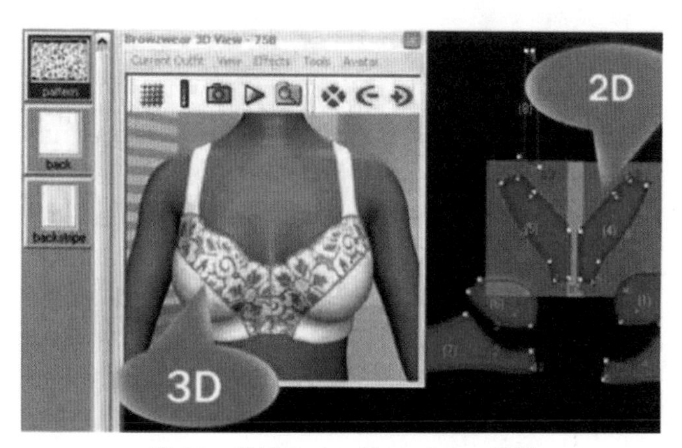

图 1.3　美国 Gerber 的 V-stitcher 系统

（4）德国 Human Solution 集团的 Vidya 三维试衣系统。德国 Human Solution 的 Vidya 三维试衣系统（图 1.4）包括尺寸（宽松量、尺码、织物张力）、款式（面料、材质）、悬垂效果等的模拟，通过修改二维样板和选择不同的面料材质可以实时地精确模拟三维穿着效果。

图 1.4　德国 Vidya 三维试衣系统效果

（5）日本东洋纺的 Dressing Sim 系统。日本东洋纺的 Dressing Sim 系统可以建立参数化的虚拟模特，将二维纸样进行假缝、“穿”到虚拟模特身上，并赋予着装模特以动画和背景环境，进行三维虚拟模特着装表演，真实地展示服装穿着的最佳效果。

（6）韩国 CLO 3D 试衣系统。韩国 CLO 3D 试衣系统（图 1.5）由三维试衣设计软件、渲染软件和走秀软件三部分组成。三维试衣设计软件又由创新设计、模拟打版、虚拟缝合三部分组成，能够实现三维服装的虚拟展示等功能。

图 1.5　韩国 CLO 3D 试衣系统

2. 用于虚拟服装展示的试衣魔镜系统

（1）上海衣得体的试衣魔镜系统。上海衣得体科技有限公司的试衣魔镜系统可利用遥感技术和触摸技术两种方式实现虚拟服装的三维试穿、选择、比较、线上订购等功能，为消费者提供一种互动、有趣、实效的现场高质量试衣体验（图 1.6）。该产品还可与公司的三维人体自动测量系统相连接，可以真实展示消费者的穿着效果，实现了时尚与科技的完美结合。

（2）上海趣搭科技的试衣魔镜系统。上海趣搭科技的试衣魔镜系统可给用户带来全新的试衣体验，激发消费者的尝试搭配欲望，从而促进终端的销量。

（3）江苏艾普森的试衣魔镜系统。江苏艾普森的试衣魔镜系统（图1.7）是通过红外感应技术捕捉人的轮廓和手势控制技术进行触点选择，根据人距离的远近和身材的大小将衣服贴合地“穿”在身上，让游客们在逛商店的同时体验互动，通过魔镜不需要脱衣就可以完成衣服的试穿和选择。

图1.6　上海衣得体的试衣魔镜系统

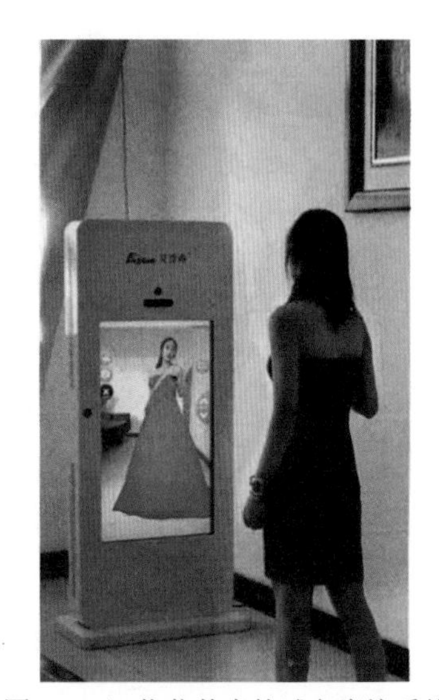

图1.7　江苏艾普森的试衣魔镜系统

（4）深圳凯奥斯卡的K-mirror试衣魔镜系统。深圳凯奥斯卡生产的K-mirror试衣魔镜系统（图1.8）是根据红外感应技术来控制人体触点选择，让试衣的人享受更多的神秘乐趣，也为商场的体验式营销带来更多的商机。

图1.8　深圳凯奥斯卡的K-mirror试衣魔镜系统

1.2.3 虚拟技术在服装领域的应用

信息化时代和网络化时代的开启使服装行业迎来了一个崭新的时代，虚拟技术将在服装设计、服装工业流程和服装营销等领域广泛应用。

1. 虚拟技术在服装设计领域的应用

服装设计是通过设计师将构思以图形的形态进行设计、创意和表现，使设计出来的形态接近并趋于原始的设计理念。但是设计思维的抽象性往往会因为表达手法的缺失或滞后得不到充分的体现。虚拟技术的出现使计算机成为一个可视化平台，设计师可借助计算机的表现力将抽象设计理念表达出来。服装的虚拟设计向三维、网络的方向发展已是必然趋势，未来的服装虚拟设计将会更加简单和人性化，可能会出现更多新颖的服装设计手段，如全世界不同地区的设计师可协同设计等。总之，虚拟服装设计拓宽了服装设计师的设计方式，是服装设计领域的一次革命。

2. 虚拟技术在服装工业流程领域的应用

在服装行业高速发展的今天，三维服装 CAD 将被广泛应用于服装企业，从而取代原有的工业服装生产流程。所谓三维服装 CAD 技术是指在交互式服装设计环境中实现三维人体测量、三维人体建模、三维服装设计、三维裁剪缝合、三维复制虚拟展示等方面的技术，其目的是不制作服装便可由虚拟模特在虚拟现实中完成最终着装效果的预先演示，从而大大节省时间和成本，不仅有助于服装生产效率的提高，更有助于服装满意度和设计质量的提高。三维服装 CAD 系统改变了服装生产中存在的反复修改过程，提高了生产效率，推动了服装工业生产的发展。

3. 虚拟技术在服装营销领域的应用

随着网络、通信和信息技术的快速发展，服装企业的营销方式正在发生深刻的变化。一方面是虚拟服装设计在网上销售服装的应用。主要是通过网站，利用虚拟技术，消费者只要将自己身材的必要数据，如身高、胸围、腰围、臀围、所选服装的类型等信息输入网站，网站根据人体体型分类方法计算出顾客的形体特征后模拟试穿顾客所选的款式。顾客在自己的终端看到服装穿着动态效果，于是可以任意选择最适合、最满意的服装。这种网上虚拟服装设计也是把设计和销售虚拟结合，是当今网站最成功的销售模式。另一方面是虚拟技术在服装销售终端的应用。服装商家可在店内为消费者提供可试衣但不需脱衣的虚拟展示环境，顾客只需站在试衣魔镜前，镜内便可显示出顾客虚拟人体，然后顾客可以通过遥感或触屏的方式在镜面上自由选择喜欢的服装和配饰。通过此方式商家可以吸引大量的顾客进店体验这种高科技的试衣感觉，从而帮助零售店铺招揽顾客，获得更多将客流转换为销售的机会。同时也可以减少试穿样衣的损耗以及由于多次试穿给顾客带来的心理疲倦感。

随着社会的进步和各行业的发展，虚拟技术不断演变，虚拟服装技术的发展和应用前景将十分广阔，并对服装领域继续产生深远的影响。

4. 服装虚拟仿真——虚拟三维服装展示技术

虚拟三维服装展示是根据服装设计和展示陈列人员的需要，运用计算机科学、艺术等其他学科领域的知识，在计算机里建立数字化的服装采样系统，计算机按照所选尺寸模拟样衣着装效果，从而生成三维服装的虚拟展示效果。虚拟三维服装展示技术改变了传统的采用真人模特试衣的方式，利用计算机技术和交互技术就可以进行服装的立体展示。

（1）虚拟三维服装展示技术研究现状。我国关于虚拟三维服装展示技术的研究还处于发展阶段。杭州森动数码科技有限公司与几家全球知名的 IT 科技厂家合作，利用全球最新 3D 技术、增强现实以及体感技术等自主研发的“3D 虚拟试衣”软件满足了服装消费者的个性化需求，节约了试衣的时间；江南大学民间服饰博物馆基于“CLO 3D”三维服装展示软件制作的民间服饰虚拟展示逼真地模拟出了馆藏汉民族服装文物的质感，很好地解决了民族服饰展示的棘手问题。由此可见，虚拟三维服装展示技术在国内趋于高速发展状态。此外，北京服装学院、浙江大学、东华大学、中国科学院大学、天津工业大学等高校均在该领域有所研究，并通过相关课题研究取得了一定成果。

（2）虚拟三维服装展示技术的研究内容。

1）三维人体模型的建立。人体模型是虚拟着装的主体。根据服装款式、材料等元素的需要建立与之对应的人体模型，所以人体模型的尺寸、姿势和体态在服装虚拟展示中显得尤为重要。目前，三维人体模型主要有几何建模、三维扫描数据、三维软件建模三种方法，其中三维软件建模方法是当今技术发展的趋势与主流。

几何建模方法是根据人体结构及其特征定义与之对应的三维人体造型特征。该方法出现时间较早，是 CAD/CAM 技术发展阶段的重要技术支撑，它以几何信息和拓扑信息反映三维人体的具体结构等数据，是虚拟三维服装展示技术初期的重要技术手段。

三维扫描数据建模运用非接触式测量方法，借助激光三维扫描仪进行三维数字人体重建。它将人体的三维结构信息转换为计算机能直接处理的数字信号，为人体数据的三维虚拟模拟提供了方便、快捷的手段。此方法建模比较昂贵，人体结构复杂时运行速度较慢，所以三维扫描数据建模方法很难得到推广和普及。

三维软件建模利用 MAYA 或 3ds max 等三维软件完成人体模型的创建。此建模方法操作简单，容易上手，建模功能强大，在建立人体模型方面具有很大的优势。这两款软件的插件比较丰富，与其他软件融合流畅，模型精准逼真，而且还可以对所建模型进行贴材质、调动作、编程序等，使三维服装虚拟展示由静态展示到动态展示灵活转换。三维软件建模是当今三维虚拟展示的主流技术手段，不仅缩短了建模的时间，而且所建模型数据更加灵活，易于改动；展示手段等更加人性化，更具感染力。

2）三维服装模型的建立。三维服装建模方法主要有几何建模法、基于粒子系统的物理建模法、结合几何与物理的混合建模法三种方法。建模方法的原理不同，虚拟的

服装对象类型也存在差异。

①几何建模法：模拟布料的外观形态，不涉及面料的物理特征，用几何方程对虚拟现实环境中的服装效果进行展示。此方法以已有的人体模型为基础，求得服装各造型点的数据；然后根据服装款型等因素对模型进行经纬线划分，通过截取面得到数据，最后根据人体与服装的空隙度大小获取服装表面各造型点的三维数据，完成服装模型的创建。此方法有模型简单、计算较快等优点，但是对服装的悬垂及质感的模拟效果较差。

②物理建模法：通过选择参数值可以较为直观地控制服装的悬垂与质感。在模拟中区分毛、棉、丝、麻等不同服装质感，可较好地模拟服装的真实效果。但是其模型复杂，计算速度较慢，与虚拟三维服装展示的快捷、便捷理念相背离。

③混合建模法：运用几何方法进行服装模型的建立，用物理方法进行服装悬垂和质感以及局部结构的细化。利用弹性变形模型对服装进行变形，使服装更具真实感，模拟出的服装外形结构精准，又能展现不同材料的服装的悬垂与质感。

3）三维场景的建立。三维服装虚拟展示需要设定一个特定的展示空间，通过创建三维场景模拟出服装所要表达的文化内涵与时代场景，所以场景的搭建和布置也是非常重要的环节。在所建三维场景模型上匹配符合服装展示主题的材质、设定应景的灯光等，以此模拟出服装展示所需的场景。在三维场景的模拟上，VRML 语言将影片、声响、音乐等效果调和在一起，形成一个综合性的单一媒体是三维服装虚拟展示必不可少的应用程序。在当下，无论是时尚服装的研发公司还是文物保护单位，三维场景模拟都有所运用，极大地丰富了服装展示的效果与意义。

（3）虚拟三维服装展示技术研究趋势。

1）虚拟三维服装展示技术的不足。当前，虚拟三维服装展示技术日趋成熟，已由最初简单服装的静态展示发展到现在复杂服装的动态展示，但也存在多方面的问题：三维立体模拟的真实感还有待加强，如服装质感与动感的表现、三维重建、逼真灵活的曲面造型等问题仍难以解决；三维服装模拟的集成系统较少，二维衣片和三维服装之间的转化、二维图案和面料的三维覆盖等问题没有得到很好的解决。虚拟三维服装展示技术可以对服装虚拟展示中所用模特的尺寸、姿势和体态进行操作，但是对服装的虚拟变形以及服装的悬垂性模拟操作还有一定的难度。需要从事虚拟三维服装展示的研究人员与学者共同努力与合作，以研发出更好的服装虚拟展示系统。

2）虚拟三维服装展示技术的挑战。随着科技的发展，服装虚拟展示必将向着智能化、自动化的方向发展，服装模型的动态模拟 / 三维服装褶皱效果处理是其趋势，但是在未来的研究道路上也会遇到许多难题与挑战。

服装模型的动态模拟在三维服装虚拟展示中有着至关重要的作用，服装虚拟展示时，虚拟的人体模特运动和服装动态模拟耗费的计算量非常大。

目前，三维服装的动态展示难度很大，很多国内外的专家学者对其都有所研究，但是算法和物理模型在实践中都与预期效果有一定的差距。模拟三维服装的动态效果，合理的碰撞检测模型是前提，服装曲面与人体曲面随模特动作变化时相对位置关系的变动中不能有穿透发生。这一点对于目前的三维服装虚拟展示技术来说是十分困难的。在三维服装虚拟展示中，即使服装在静态人体上很合适，但并不能保证动态展示有同样好的效果。因此，对于服装面料的动态模拟的研究很有价值。

三维服装虚拟展示已由静态展示发展到动态展示，对于服装褶皱的研究也有了更高的要求。褶皱是服装的重要外观特征之一。在三维服装虚拟展示中，褶皱效果的模拟主要有两类：静态效果的模拟和动态效果的模拟。目前，静态效果模拟技术已经日趋成熟，效果较好。动态时服装的飘动悬垂效果的模拟还处于探索阶段，在进行模拟仿真时，既要注重碰撞检测的高效性，又要及时处理碰撞部位的褶皱问题。如何高效准确地处理动态的褶皱的研究属于服装动态效果仿真技术中的一种，值得对其进行深入研究。

在虚拟三维服装展示技术研究上还存在许多难题，如服装仿真建模和数值计算等问题。对结构复杂和材料较多的服装，如何构建仿真模型、服装从静态悬垂到动态变形怎样相互转化是服装模拟的最大挑战。在模拟模特运动时服装与身体的接触及服装自身的交互碰撞问题、仿真的实时性问题及服装本身高度复杂的各向异性和非线性力学行为的模拟等问题，对于虚拟三维服装展示技术的发展无疑是棘手的难题与挑战。

第2章 虚拟人体实现

2.1 虚拟人体实现技术及应用

人是服装的载体，服装作为一种商品要满足人的各种需求，其中服装尺寸、形态要满足人体体型，这是对服装的基本要求。因此，虚拟人体的实现是虚拟服装实现的前提条件。将人体数字化、虚拟化的技术是三维人体测量技术，实现此技术的主要设备是三维人体自动测量系统。本节主要阐述三维人体自动测量系统相关知识和 $[TC]^2$ 三维人体测量系统。

2.1.1 人体测量技术

人体测量是通过测量人体各部位的尺寸来确定个体之间和群体之间在人体尺寸上的差别，用以研究人的形态特征，从而为工业设计、人机工程、工程设计、人类学研究、医学等提供人体基础资料。随着时代发展和社会进步，人体数据测量技术也在不断发展和更新。测量方法也由传统的手工测量发展到先进的人体自动测量。人体测量方式可分为两大类：传统接触式测量和非接触式三维自动测量。

1. 传统接触式测量

传统接触式测量方法包括传统二维测量和接触式三维测量。其中，服装业传统的二维手工测量方法通过软尺直接接触测量人体，该方法过于粗略，不能充分反映人体的三维体型特征，不能满足三维 CAD 建模的数据要求。而接触式三维测量仪测量是利用角度计、测高计、测距计、可变式人体截面测量仪等工具接触人体进行测量，该方法可测量出人体表面点，获得较细致的三维人体数据。以上两种方法操作简单方便，因此在服装业被长期采用，但也存在以下几点不足：

（1）测量数据有限，人体的某些特征数据难以取得，所测的一维或二维数据无法反映人体的三维特征，增加了进一步研究服装人体的难度。

（2）接触式测量的测量时间比较长，往往使被测者感到疲劳和窘迫。

（3）测量的精确度受测量者因素影响很大，易给测量结果带来一定的误差。

（4）无法快速准确地进行大量人体的测量，不利于成衣率的提高和快速准确地制定服装号型标准，也不利于适应服装量身定制的生产模式，从而阻碍了服装行业整体科技水平的提高。

2. 非接触式三维自动测量

三维人体自动测量系统是现代化人体测量技术的主要特征。该系统应用光敏设备捕捉从设备投射到人体表面的光（激光、白光、红外线）在人体上形成的图像，描述

出人体的三维特征，从而得到人体的测量数据。三维人体自动测量技术与传统的人体测量技术相比，主要特点是快速、准确、效率高等。通过快速的人体测量和数据分析能够准确得出一系列尺寸，减少了误差，此项技术成为服装个性化发展的关键技术，对于传统方法无法测量的人体形态、曲线特征等也可以进行准确的测量。此外，测量结果还可以通过计算机直接输送到纸样设计和自动裁剪系统，实现人体测量、纸样设计和排料裁剪的连续自动化。因此，三维人体测量技术在资料完整性与再利用性上明显优于传统的测量方式。

2.1.2 三维人体自动测量方法

三维人体测量技术主要以现代光学为基础，是结合光电子学、计算机图像学、信息处理、计算机视觉等多种科学技术于一体的测量技术。在测量被测对象时把图像当作检测信息的手段和载体加以利用，从中提取有用信息，从而获得所需要的三维人体尺寸。

三维人体测量技术已经发展了几十年，技术上主要经历了由接触到非接触，由二维到三维的过程，并向自动测量和利用计算机测量处理分析的方向发展，弥补了传统手工人体测量的不足，测量结果更加准确可靠。根据其投射光源的不同可分为白光测量法、激光测量法和红外线测量法。现代三维人体测量方法不仅精度高、速度快、信息量大，而且数据可以在计算机内直接用于服装虚拟设计，实现人体测量和服装设计的一体化。

1. 白光测量法

白光测量法又称投影光栅相位测量法，其投射光源采用一般的白光照明，利用光栅经过光学投影装置投影到待测物体上，进而获取人体模型和测量数据。该方法具有扫描速度快、测量数据精度高等特点。投影光栅相位测量法是一种基于光学干涉计的相位测量技术。采用一般的白光照明，光栅经过光学投影装置投影到待测物体上，由于物体表面形状的凸凹不平，光栅图会产生畸变而携有物体表面轮廓信息。用摄像机把变形后的相移光栅图摄入计算机内，经过数字图像处理，求得畸变光栅的相位分布图，并可求得被测物体表面的高度。通过普通白色光源摄取人体前后投影光栅的相位变化来取得三维人体信息。通过数据处理，可获取服装设计所需的尺寸，还可以根据需要获取人体图像上任一点的三维坐标。以人机交互操作的方式，方便地进行在线和离线测量，并可满足单人特体测量和现场快速测量的需要。白光相位法的三维人体测量系统成本相对较低，同时原理简单，测量结果准确可靠。从测量、数据处理到最后数据的获取时间短，符合目前服装快速自动化作业要求，具有很好的发展前景。

2. 激光测量法

运用激光的测量系统在20世纪70年代末80年代初发展起来。其主要构造是一台高速精确的激光测距仪，配上一组可以引导激光并以均匀角速度扫描的反射棱镜。激光测距仪主动发射激光脉冲信号，同时接收由自然物表面漫反射的信号从而可进行测距。针对每一个扫描点可测得测站至扫描点的斜距，再配合控制编码器同步测量每个激光脉冲的横向扫描角度观测值和纵向扫描角度观测值，可以得到每一扫描点与测站的空间相对坐标。因测站的空间坐标是已知的，故可求得每一个扫描点的三维坐标。

英国的 Cyberware 公司是著名的利用激光技术进行自动测量系统研究的公司。激光测量法的三维人体测量系统最主要的优点是：测量准确，速度相对较快。但是由于成本较高，同时人们对激光缺乏了解，测量时可能会产生心理压力。另外，激光测量系统对光线敏感，需要在暗环境下进行，被测者测量时需穿浅色内衣或测体服。

3. 红外线测量法

红外线测量法是利用一种光编码技术进行深度图像捕捉的测量方法。光编码顾名思义就是用光源照明给需要测量的空间编上码，其投射出去的光源是一个具有三维纵深的“体编码”，这种光源叫作光散斑，是当光照射到粗糙物体或穿透毛玻璃后形成的随机衍射斑点。这些散斑具有高度的随机性，而且会随着距离的不同变换图案。也就是说空间中任意两处的散斑图案都是不同的。只要在空间中打上这样的光散斑，整个空间就都被做了标记。当把一个物体放进这样的空间时，根据物体上面的散斑图案就可以获取物体的位置。

红外线测量法就是利用光编码原理，先通过近红外光线对场景进行编码，再使用普通的成品 CMOS 图像传感器读取场景的编码光，然后利用光学动作捕捉系统芯片与 CMOS 图像传感器相连，并执行复杂的并行算法对收到的光编码进行解码，进而生成场景的深度图像。

著名的美国纺织服装技术中心的 $[TC]^2$ 三维人体测量系统是红外线测量法的最典型代表。红外线测量法的三维人体测量系统最主要的优点是：测量时不受周围环境光的影响，测量速度快，测量数据准确，成本较低。

目前，各类三维人体自动测量系统基本上都运用以上基本原理捕获人体外形，再通过系统软件来提取人体各部位的三维数据。而以激光测量法和红外线测量法为基础发展起来的人体测量系统更能适应人体测量和服装设计一体化的快速、准确、效率高的要求，其测量的流程有 5 个主要步骤（图 2.1）。

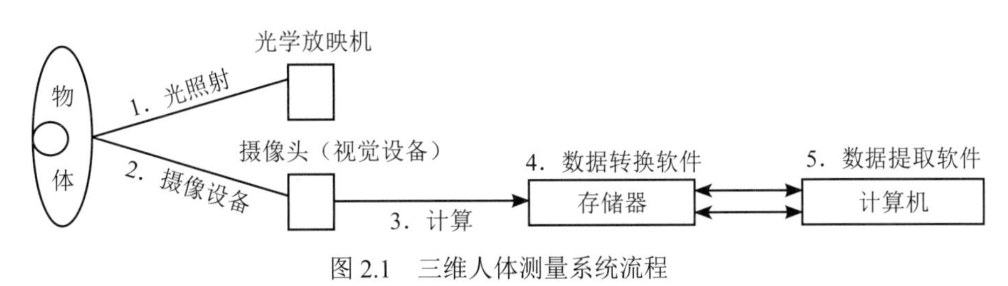

图 2.1　三维人体测量系统流程

第 1 步：通过机械运动的光源照射、扫描物体。

第 2 步：CCD 摄像头探测来自扫描物体的反射图像。

第 3 步：通过反射图像计算人体与 CCD 摄像头的距离。

第 4 步：通过软件转换距离数据产生三维图像。

第 5 步：通过软件提取所需的人体数据。

2.1.3 人体数据的提取

三维人体自动测量系统不仅能够将人体虚拟化，获得数字人体模型，还可通过人体数据提取功能在人体模型上自动提取用户所需的测量部位数据。其中人体数据提取方法是先识别出组成人体模型的点数据所属的人体部分，然后在各人体区域根据需要提取围度方向和垂直方向上的部位数据。

1. 肢体识别原则

由三维人体自动测量系统获得的虚拟三维人体由大量的点数据组成。在此点云图中要获得人体的特征尺寸需要做的第一步工作就是将点云数据识别归属于不同的肢体。其方法参照人体解剖学，根据人体测量基准点定义上肢与躯干连接处在过腋点的截面和下肢与躯干连接处在过胯点的截面，故以腋点和胯点作为肢体划分的特征点。将两腋点之外的点云数据定义为左右上肢，将胯点之外的点云数据定义为左右下肢。根据表 2.1 中的比例关系结合人体几何特征估算人体主要特征点所在的区域。

表 2.1 特征部位与身高比例

指标	男	女
身高	1	1
颈	0.94	0.93
肩	0.82	0.81
腋窝	0.75	0.75
胸围	0.72	0.72
腰围	0.61	0.63
臀围	0.53	0.53
胯部	0.47	0.47

2. 识别、划分肢体

根据特征部位与身高比例表确定人体腋窝所在的高度，然后在人体正面搜寻到左腋点 P_{L1}、右腋点 P_{R1}，在人体背面搜寻到左腋点 P_{L2}、右腋点 P_{R2}，并计算求出人体的左腋点 P_L 和右腋点 P_R，如图 2.2 所示。用相同的方法确定出人体胯点，如图 2.3 所示。根据获得的腋点和胯点将扫描得到的人体数据划分为左上肢数据、右上肢数据、左下肢数据、右下肢数据和躯干数据 5 个部分。

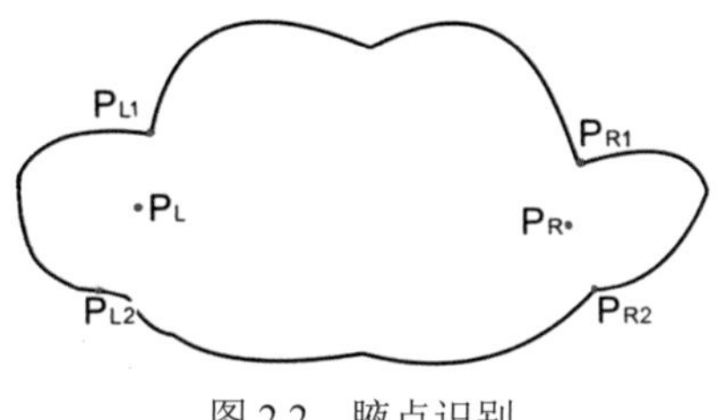

图 2.2 腋点识别

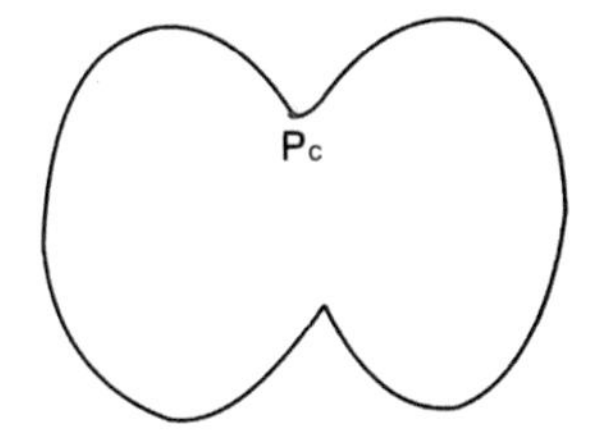

图 2.3 胯点识别

3. 人体特征尺寸提取

人体特征尺寸按其几何形状可分为两类：第一类是围度方向上具有封闭性的尺寸，其外形是闭合的曲线，如胸围、腰围等（图 2.4）；第二类是垂直方向上的非闭合性的尺寸，其外形是非闭合的曲线，如身高、肩宽、背长等（图 2.5）。第一类特征尺寸的提取，由特征尺寸的几何特征确定特征尺寸所在人体的高度位置，用此高度的横截面与人体模型相交，得到人体模型表面上的交线，计算交线长度并显示交线。第二类特征尺寸的提取，由特征尺寸的几何特征确定尺寸特征点的位置，过特征点截取人体模型获取人体截面，搜索截面上的路径点，计算这些路径点之间的距离，必要时进行数据拟合。

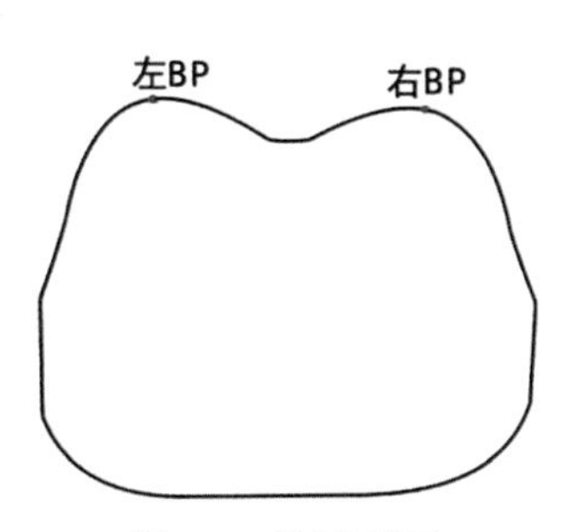

图 2.4 胸围截面

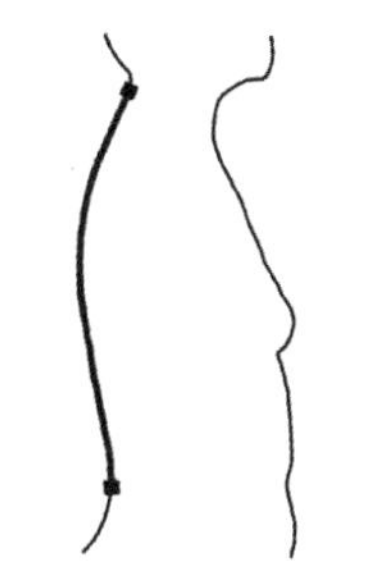

图 2.5 背长截面

2.1.4 常见三维人体自动测量设备

对三维人体自动测量设备的研发美国、英国、德国和日本等服装业发达的国家开始得较早，始于 20 世纪 70 年代中期，并研制出了一系列的三维人体测量系统。其中 $[TC]^2$、Telmat、TecMath、Cyberware WB4 等公司开发的产品均适用于服装业的人体测量。

1. $[TC]^2$

美国 $[TC]^2$ 是一个专门从事服装专业教育、研究和开发的公司。该公司最新型号的三维人体自动测量系统利用了红外线测量法。该系统测量速度快、测量部位多、测量数据准确，是全球各大服装高等院校配备人体测量实验设备的重要选择对象。

值得一提的是，2014 年 3 月和鹰集团与美国 $[TC]^2$ 签署战略合作，共同在中国成立了上海衣得体科技有限公司，由此进入中国，将 TC-18 机型转变为和鹰 HY-3D460，并在国内销售。现 $[TC]^2$ 已推出了新一代的 TC-19 机型，此机型在原来机型的基础上

更加稳定，扫描时间为 2s，测量数据达到 1000 个，在国内的型号已定为 HY-3D462，不久后将问世。和鹰集团对美国 $[TC]^2$ 技术的引入实现了产品国产化，降低了设备成本，极大地促进了国内三维人体自动测量技术在服装行业的发展。图 2.6 所示为 $[TC]^2$ 三维人体测量系统。

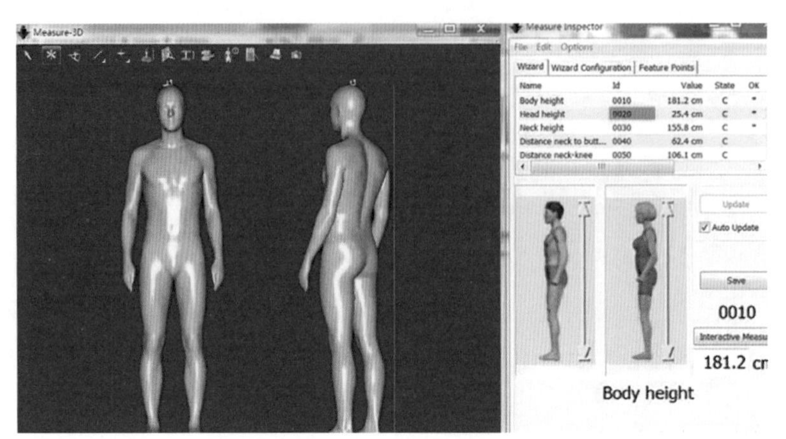

图 2.6　$[TC]^2$ 三维人体测量系统

2. Telmat

法国 Telmat 公司的 SymCAD 人体自动测量仪从人体头部到脚部扫描一次需要的时间为 30s。扫描时，被测者只需要以自然直立姿势站立，系统捕获人体表面形象后，通过计算机产生一个高度精确的三维人体模型，可快速获得超过 110 个人体部位的数据。图 2.7 所示为 Telmat 公司的 SymCAD 人体自动测量仪。

3. TecMath

德国 TecMath（图 2.8）的核心产品之一是数字化人体模型 Ramsis，它是用关节连接的人体模型，并能够与 CAD 模型（尤其是在汽车工业中）相连接来访问工作空间等。为了将模型的人体测量背景最佳化，TecMath 研制了人体扫描仪。TecMath 研制的人体扫描仪系统由 4 根支柱组成，每根支柱包括 2 个 CCD 相机和对眼睛无伤害的激光器。该装置可固定在地面上。可在 20s 内完成人体扫描过程，获得人体相关的 85 个部位的尺寸。

图 2.7　Telmat 公司的 SymCAD 人体自动测量仪

图 2.8　TecMath 人体测量仪

4. Cyberware WB4

Cyberware WB4（图 2.9）人体扫描仪是世界上最早的扫描系统之一。该系统用多个激光测距仪（由激光和 CCD 摄像仪组成）对站立在测量箱内的被测者从多个方位进行测量。摄像机接受激光光束射向人体表面的反射光，根据受光位置、时间间隔、光轴角度，测距仪同步移动时可通过计算机算出人体若干点的坐标值，从而可测得人体表面的全部数据，产生人体外表面高分辨率的数据集。这个系统有 4 个扫描头，分别被安装在一个刚硬的架子上，两个引擎使其上下移动。

图 2.9　Cyberware WB4 人体扫描仪

CyberwareWB4 扫描仪水平分辨率是 5ram，与相隔 2ram 的垂直线交错。水平分辨率主要是由摄像机中的芯片决定的，垂直分辨率是由摄像机的速度（50Hz）和上下移动的扫描头的速度（扫描 2m 高的事物需用 20s）决定的。

这种方法精度较高，但要求人体在几分钟内保持姿态不变则较难，虽然激光的剂量很小但被测者心理上仍会有压力。

2.1.5　应用

三维人体测量技术广泛应用于各个领域，如现今的各种产品、模具、三维动画、汽车零部件、工艺品、快速原型制作、精密制造产品、工业造型设计、人体以及人造肢体的形状测量、复杂雕刻曲面测量、立体雕刻等。在服装领域的应用主要表现在下述几个方面，如图 2.10 所示。

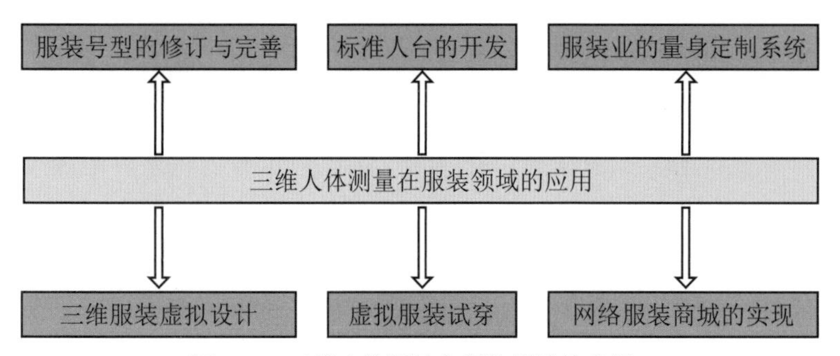

图 2.10　三维人体测量在服装领域的应用

1. 服装号型的修订与完善

服装号型是服装行业生产设计的重要依据和参考。批量生产的服装合体性差的关键原因在于目前所使用的号型系统不能够正确地反映目标客户人群的体型特征。三维人体测量技术可灵活准确地对不同客体人群、地域和国家的人体进行测量，获得有效数据，建立客观、精确反映人体特征的人体数据库。数据方便易查询，便于管理和使用（比较、分析、应用），可以追踪、研究客体、客体群组的整体变化情况。建立“流动”的人体数据库，为服装号型的修订、更新及人体体型的细分提供理论依据。

2. 标准人台的开发

服装用标准人台、人体模型是企业用于纸样设计、进行服装立体设计裁剪的重要工具之一。其中“暖体假人”是用于测量、评价服装的隔热、透湿等舒适指标的重要工具，标准人体模型则专门用于服装压力、宽松量的研究。服装设计师可以在人体模型上直接进行服装设计、样板的修订。数字人体模型还可用于虚拟产品设计和人体工学研究。应用这一技术还能建立特体模型，开展对特殊体型服装产品的研究。

3. 服装业的量身定制系统（MTM）

量身定制系统是利用三维人体测量系统对人体进行自动测量，并且自动计算所测数据，将其转化为服装尺寸，然后与先进的纸样设计和排料裁剪系统相结合。将三维自动测量系统获得的客户尺码信息通过电子订单传输到生产服装的CAD系统，系统根据相应的尺码信息和客户对服装款式的要求信息在样板库中找到相应的匹配样板，最终达到进行系统快速反应的生产目的。量身定制系统能够按照客户具体要求量身定制，做到量体裁衣，使服装真正做到合体舒适。对于群体客户定制职业装或制服，可以寻找与之匹配的合身的尺码组合。整个操作过程从获取数据到成衣的完成只需2～3天时间，大大缩短了定制生产时间，提高了企业的生产效率。

4. 三维服装虚拟设计

三维服装虚拟设计建立在人体测量获得的虚拟人台或人体模型基础之上，通过在虚拟人体上进行交互式立体设计，能够生成二维服装样板，实现2D/3D服装的即时转换，快速生成虚拟样衣，节省时间和成本。它也可为原型板的建立提供快捷、便利的研究方案。

5. 虚拟服装试穿

在计算机中虚拟人体或模型，陈列系列服装款式及与之配套的饰品，客户可根据自己的喜好挑选服装样式、颜色及饰品，并进行组合搭配。可首先根据测量数据获取虚拟人体，再将三维服装穿着在其“身”上，虚拟展示着装状态，通过设计软件实现虚拟的试穿过程，减少购物时间。

6. 网络服装商城的实现

随着网络时代的到来，以网络为基础的电子商务成为一种主要的全球贸易方式，也为服装企业带来了新的发展机遇。通过三维人体测量，顾客可以得到一份自己的准确全面的体型数据包。然后通过互联网登入网上商城，利用体型数据包在商城内选择喜欢的服装，并在网上进行虚拟服装试穿，足不出户便可实现网上购买真正合体服装的目的。

随着21世纪计算机技术和网络技术的迅速发展，人体测量技术的发展将呈现智能化、网络化的发展趋势。智能化主要表现为测量过程的智能化、人机界面的智能化、数据采集与分类的智能化等，网络化主要表现为测量技术和商业模式的网络化上，二者是今后人体测量技术的必然趋势。设计过程、制造过程和流通过程的一体化将使人体测量在网络经济时代发生重大的变革。此外，三维人体测量系统成本降低，应用普及将成为人体测量技术发展的必然趋势，进而提高服装制造业的自动化水平，提高产品的质量和产品的生产效率，增强企业的市场竞争力。

2.2 虚拟人体测量系统

本书主要以上海衣得体科技有限公司的三维人体自动测量系统为基础，进行人体虚拟化过程介绍，以了解利用三维人体测量设备进行虚拟人体实现的方法。该测量设备主要由硬件系统和软件系统两部分组成，其中硬件部分为和鹰HY-3D460全身无接触式三维测量仪，软件系统功能将生成的三维人体图像转换成可用数据文件，并从中快速准确地提取人体各部位的测量数据。

2.2.1 对被测者的要求

1. 被测者着装要求

人体测量目的是获得人体部位净尺寸，所以在测量时被测者不能穿着外装，一般要求穿着贴身内衣、赤脚，另外要求被测者戴合体头套（如泳帽等），以保证获取人体数据的真实性、准确性。

2. 被测者站立要求

测量时对被测者的要求如图2.11所示。

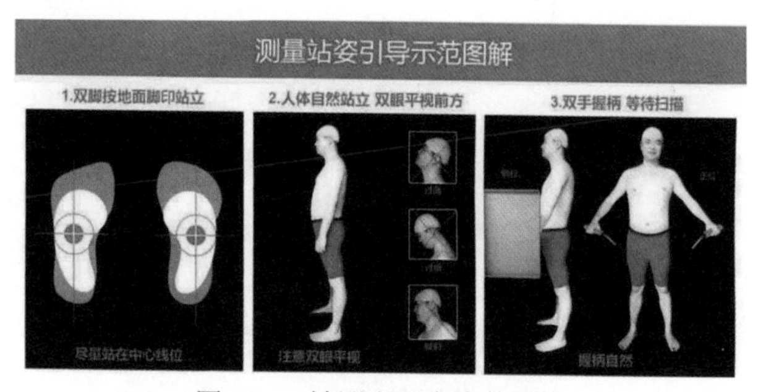

图2.11　被测者站立姿势要求

（1）抬头挺胸，目视前方，自然放松直立，两脚分开与肩同宽（以确保准确获得人体胯点）。

（2）双手握住左右两边的把手（以确保准确获得人体腋窝点），右边把手上有个按钮，将右手大拇指放在按钮上面。

2.2.2 虚拟人体测量实现过程

1. 人体自动测量

被测者按照要求穿戴、站立后，测量者操作计算机，点击测量功能，启动硬件进行光源照射、接收信息、获取人体图像。

2. 虚拟人体模型建立及数据提取

软件系统将获取的人体信息生成三维人体模型，并从中快速准确地提取人体各部位的测量数据。

2.2.3 和鹰 HY–3D460 三维人体自动测量系统

HY-3D460 软件界面主要由菜单栏、工具栏、测量栏和显示区等部分组成，如图 2.12 所示。

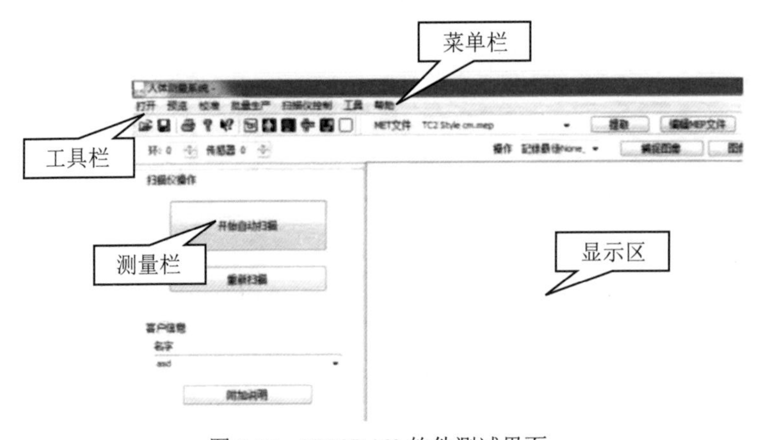

图 2.12　HY-3D460 软件测试界面

其中，HY-3D460 软件的菜单栏由打开、预览、校准、批量生产、扫描仪控制、工具等菜单命令组成；工具栏内列出 HY-3D460 软件中的常用工具，如“编辑 MEP 文件及数据提取”工具，是供用户方便使用该功能的一个区域；测量栏是 HY-3D460 软件用来进行人体测量的功能区域；显示区是 HY-3D460 软件中用来显示三维人体模型和人体测量部位尺寸的区域。下面就来介绍菜单栏、工具栏和测量栏内主要工具的使用方法。

1. 菜单栏

（1）“打开”菜单：主要包括“打开”“保存”“另存为”“打印”“打印预览”“退出”等常规命令，各命令与其他常用软件的使用方法类似，不再赘述。

（2）“预览”菜单：用来设置系统界面内显示的内容，各主要工具见表 2.2。

表 2.2　“预览”菜单的内容

序号	工具	序号	工具	序号	工具
1）	工具栏	3）	顾客进入	5）	身体模型
2）	状态栏	4）	三维原始数据	6）	三维显示控制器

1）工具栏：选择显示或隐藏 Windows 功能按钮和手动扫描仪控制按钮。操作方法为选择“工具栏”工具。

2）状态栏：选择显示或隐藏 Windows 屏幕底部的状态栏。操作方法为选择“状态栏”工具。

3）顾客进入：选择显示或隐藏扫描仪操作者和用户信息对话框。操作方法为选择“顾客进入”工具。

4）三维原始数据：选择显示或隐藏被测者测量获得的三维原始人体测量数据。操作方法为选择“三维原始数据”工具。

5）身体模型：选择显示或隐藏人体数据模型。操作方法为选择“身体模型”工具。

6）三维显示控制：显示“三维显示控制”对话框（图 2.13）。操作方法为选择“三维显示控制”工具，在弹出的对话框中进行设置，关闭对话框完成操作。

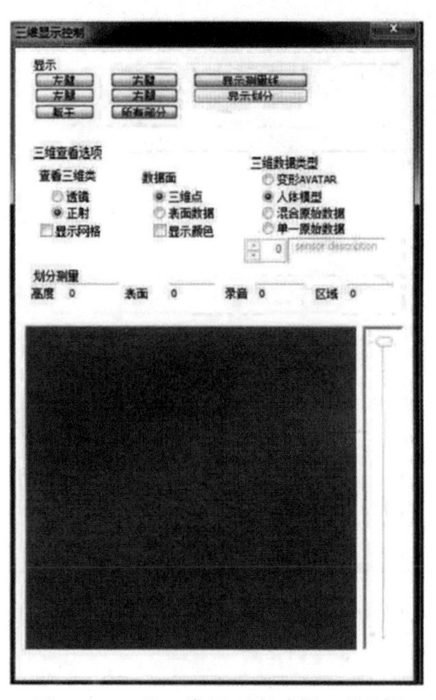

图 2.13　“三维显示控制”对话框

“三维显示控制”对话框中各选项设置内容如下：

①“显示”选项。左侧有 6 个选项按钮，其中 5 个代表身体的不同部位，分别为左臂、

左腿、躯干、右臂、右腿，如果只选择左臂，而其他部位不选择，那么只有左臂会出现在主屏幕上。第 6 个框为“所有部分”，如果选择它，则全身都显示在主屏幕上。

注意：当完成使用这个功能后，一定要单击“所有部分”按钮，否则后面的扫描结果只显示身体的某些部位。

控制面板右侧有两个选项按钮。

显示测量线。当测量数据提取操作完成以后，会出现测量数据提取对话框，同时显示测量结果。如果选择“显示测量线”，则黄色测量线出现在人体模型上，如图 2.14 所示，与提取的各部分测量数据一一对应；否则黄色测量线将不会出现在三维图像上。

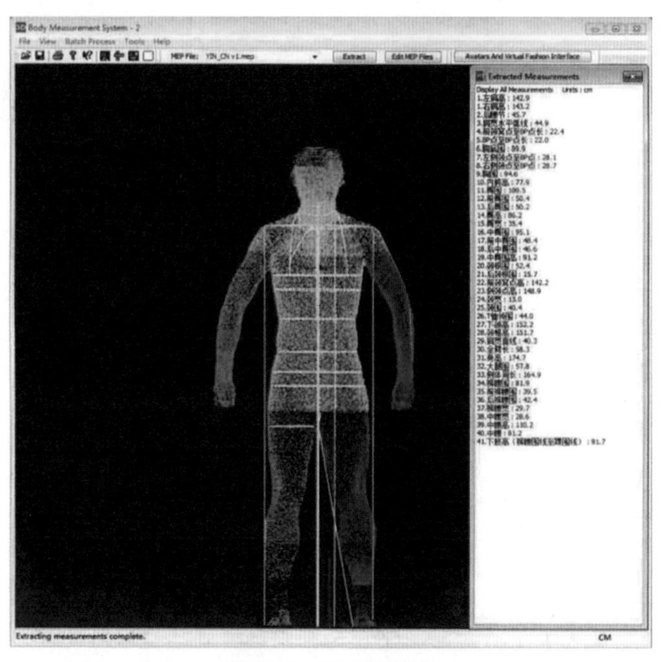

图 2.14　显示测量线

显示划分。允许使用者浏览身体某部位的切面。只有选择身体的一个部位，此功能才有效。例如，只选择左臂，其他 5 个选项按钮（左腿、躯干、右臂、右腿、所有部分）没有选择，在对话框底部的小窗口中每个单独切片的点将会出现，在显示栏的顶部会显示每个部位切片的信息，具体含义见表 2.3。

表 2.3　显示划分信息

信息	含义
高度	选择的切片从底部往上的高度
表面	切片的周长轮廓
标尺	测量切片的轮廓和周长
面积	立方英寸切片的表面积

②三维查看选项。三维查看选项内每个选项的具体功能见表 2.4。

表 2.4　三维查看选项内容

选项	内容	说明
查看三维类	透镜	允许使用者选择三维数据在屏幕上的显示方式
		透视图
	正射	始终保持正投影视图
	显示网格	勾选此框则在主视图上显示方格网，方格单位为 mm、cm、in
数据面	三维点	允许使用者选择人体是以点云还是以平面人体模型显示
		图像以三维数据点云形式显示
	表面数据	将在三维点图像上形成一个渲染表面
	显示颜色	在人体模型上显示颜色
三维数据类型	变形 AVATAR	允许使用者选择以何种形式查看测量数据
		显示虚拟头像
	人体模型	显示可用的降阶人休模型
	混合原始数据	显示可用的完整三维原始数据（.bin 文件）
	单一原始数据	允许使用者从任一传感器查看单独的三维原始数据

（3）“校准”菜单：主要包括系统校准和传感器信息对话框两大功能。

1）系统校准：在人体测量前必须对系统进行校准，以确保测量数据的准确性。操作方法为①在测量仪内放置一个白色标定圆筒；②选择“校准”菜单；③选择“系统校准”工具，弹出“系统校准”对话框（图 2.15）；④在其中单击”扫描圆筒验证标定”按钮进行校准；⑤单击“确定”按钮完成操作。

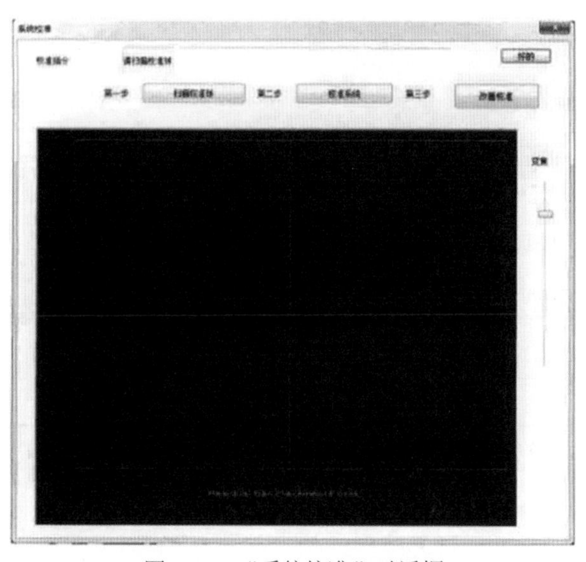

图 2.15　“系统校准”对话框

2）传感器信息对话框：选择显示或隐藏传感器信息对话框。操作方法为选择“传感器信息对话框”工具。

（4）“批量生产”菜单：允许使用者批量处理多个人体数据文件而不需要单个依次载入和处理。操作方法为①选择“批量生产”工具；②在弹出的“批量生产”对话框（图 2.16）中进行设置。

图 2.16　“批量生产”对话框

例如在很短的时间里测量人数较多或者某个体需要重新测量，具体处理方法如下：

1）单击“选择文件”按钮，选择需要第一时间批处理的文件。

2）可从多个文件夹中选择要处理的文件，选择的文件将出现在左侧窗口中。

3）双击左侧窗口中的某个文件可删除该文件，使用窗口上方的“清除”按钮可以删除窗口中的所有文件。

4）文件选择完成后单击“现在处理”，即可按照次序开始批处理。

5）文件处理完会显示在右侧的“已处理文件”窗口。当处理完成后，通过单击“重新使用”按钮文件可重新使用。如果要清除“已处理文件”窗口，则单击“清除”按钮；否则新增的文件将直接加到“已处理文件”窗口中。

“批量生产”对话框中的保存文件路径选项内容见表 2.5。

表 2.5　保存文件路径选项内容

选项	说明
创建 / 保存 RBD	从 3D 原始数据生成一个人体模型。单击“选择保存目录”按钮，选择目标文件夹存储人体模型数据文件
以 VRML 保存 RBD	从人体模型数据生成一个 VRML 文件。单击“选择保存目录”按钮，选择目标文件夹存储 VRML 数据文件

续表

选项	说明
以 OBJ 保存 RBD	从人体模型数据生成一个 OBJ 文件。单击“选择保存目录”按钮，选择目标文件夹存储 OBJ 数据文件
保存 Order 文件	当提取测量数据时，选择该选项将它们保存为单个的文本文件。单击“选择保存目录”，为文件选择保存目录。如果没有勾选“保存 Order 文件”将会生成无序文件（.ord）
清空 LOG 文件	清空记事本等文本文件的内容
提取测量数据	从扫描仪中提取测量数据。谨记测量数据只能从人体模型数据（.rbd 文件）中提取。测量数据提取文件也必须从主界面的 MEPFile 下拉菜单中选择
创建虚拟时尚 Avatar	勾选后，批量生产会提示用户选择头像，而且每个选择 / 创建的 RBD 文件将会采用这个头像
打印结果	勾选后，打印每个处理的测量结果
隐藏	退出“批量生产”对话框

（5）“工具”菜单：主要包括“修饰点”和“选项”两个工具。

1）修饰点：在测量数据提取操作完成后修饰点工具才被激活，通过此工具可以手动移动一些关键的测量点来计算人体测量部位数据。

操作方法：①选择“修饰点”工具；②单击“修饰点”对话框中点的名称，选择一个移动点，该点会在人体模型上突出显示（红色或者绿色），如图 2.17 中的绿点；③按住 Ctrl 键的同时拖拽鼠标左键来移动选择的点，该点会沿着身体的轮廓移动到新的位置，如图 2.18 中的红点；④关键点的新位置确定后，在“修饰点”对话框中单击“保存 RBD”按钮，所做的修改信息将存储在 RBD 文件中（图 2.19），当下次打开 RBD 文件时打开“修饰点”对话框，关键点仍然在新设定的位置。

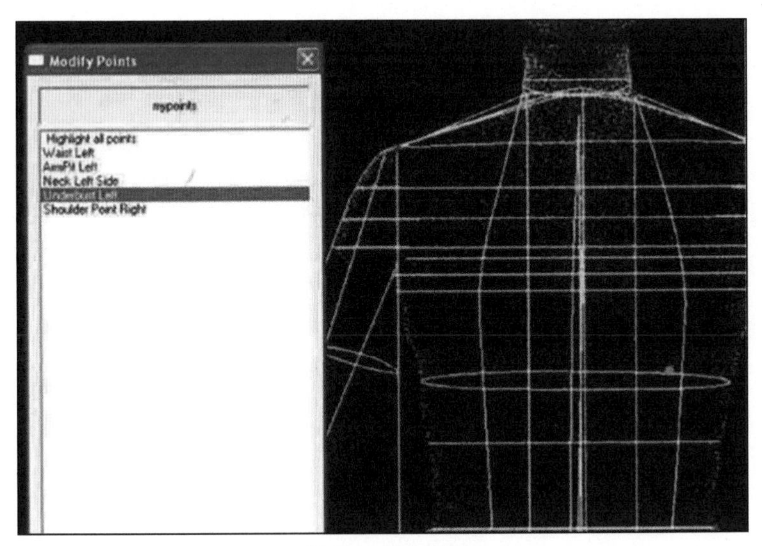

图 2.17　选择点

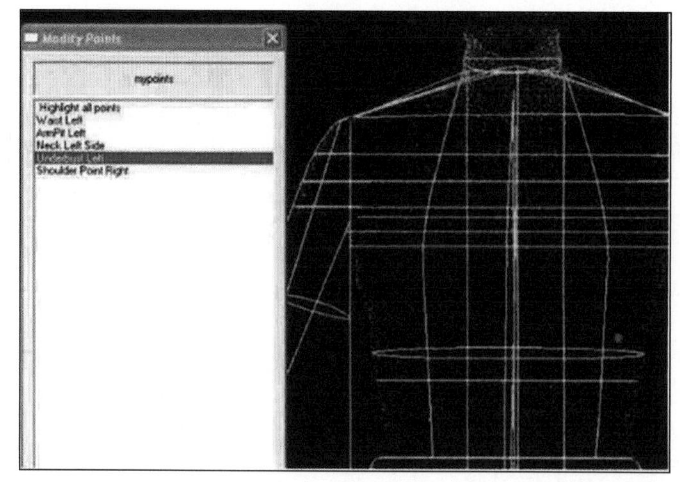

图 2.18　移动点

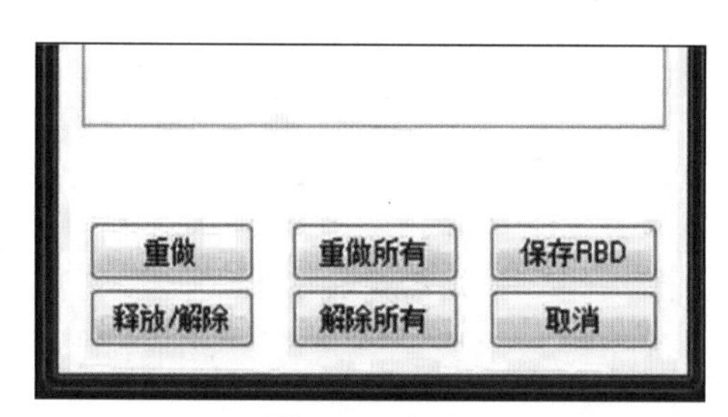

图 2.19　保存

2）选项。“选项”工具的二级菜单中包括“自动扫描选项”“数据目录”和“选择提取测量尺寸的文件类型”3 个工具。

①自动扫描选项：显示“自动扫描选项”对话框（图 2.20），通过此选项，扫描过程可以自动化和定制以满足特定数据需求。

操作方法：选择“自动扫描选项”工具，在“自动扫描选项”对话框中进行相关设置。

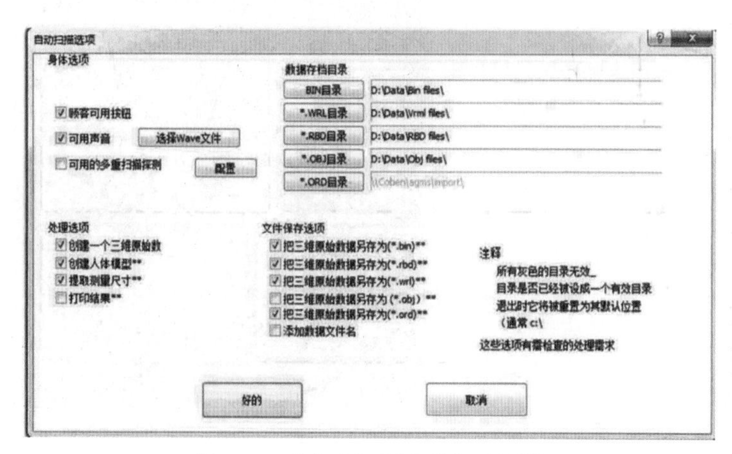

图 2.20　“自动扫描选项”对话框

身体选项：主要功能是测量启动开关、音频等内容的设定，具体选项内容见表2.6。

表2.6 身体选项的内容

选项	功能
顾客可用按钮	切换位于扫描室内右手侧的自动扫描开关。如果勾选这个框，自动扫描将不会自动开始直到顾客在扫描仪中按下此开关
可用声音	切换音频文件开或关。单击“选择Wave文件”按钮将弹出一个对话框，从这里可以选择多个音频文件并决定什么时候播放
可用的多重扫描探测	如果勾选，将允许在扫描一个物体时进行其他扫描。多重扫描采集的数据提取出来后会平均化以确定复合测量集。在一次扫描中至多允许5个多重扫描采集操作。单击“配置”按钮，将允许操作者选择在一次扫描操作中执行多少个扫描采集操作

处理选项：功能为在不同模型中或同一个模型内，扫描数据可以保存为多种格式文件。系统详细数据模式和格式见表2.7，具体选项内容见表2.8。

表2.7 系统详细数据模式和格式

数据模式	格式	数据大小
图像	.tif	约12MB
3D点云	.xyz、.bin、.dat	约2MB（全密度）
人体模型	.rbd	约350KB
提取测量数据	.ord	约2KB
其他格式	.obj	>20MB（包含材质/材料）

注意：其他格式的数据只是为了达到可视化目的。

表2.8 处理选项的内容

选项	功能
创建3D原始数据	自动将扫描仪传感器输入的数据处理成3D点云。这是最基础的数据格式，其他格式都由此派生而来
创建人体模型	自动将3D原始数据转换成降阶人体模型，从此模型中可以提取测量数据
提取测量尺寸	通过选择主菜单中的.mep文件可自动执行提取测量数据的操作。这些数据将在屏幕上显示，可以保存为.ord文件，既可以通过微软的“记事本”软件查看，也可以打印出来
打印结果	自动将.ord文件发送到选择好的打印机

注意：“提取测量尺寸”复选框应一直勾选，如果此框没有勾选，将无法提取数据。

文件保存选项：用户可以通过此功能选择以哪种格式存储扫描数据。除非事先设

定好文件格式，否则软件将不允许以其他格式保存。例如，除非勾选了“提取测量尺寸”复选框，否则软件不允许将文件保存为 .ord 文件。

数据存储目录：用户可以通过此功能选择存储目录来保存数据。单击相应的按钮将会出现一个标准的 Windows 目录选择对话框。

②数据目录：可以设置各类型文件的保存目录，如图 2.21 所示。操作方法为选择“数据目录”工具，然后在弹出的“数据目录选项”对话框中设置相关文件保存路径。

图 2.21　“数据目录选项”对话框

③选择提取测量尺寸的文件类型：可以设定提取测量数据的文件类型。操作方法为选择“选择提取测量尺寸的文件类型”工具，然后在“命令转换实用程序”对话框中进行相关设置，如图 2.22 所示。

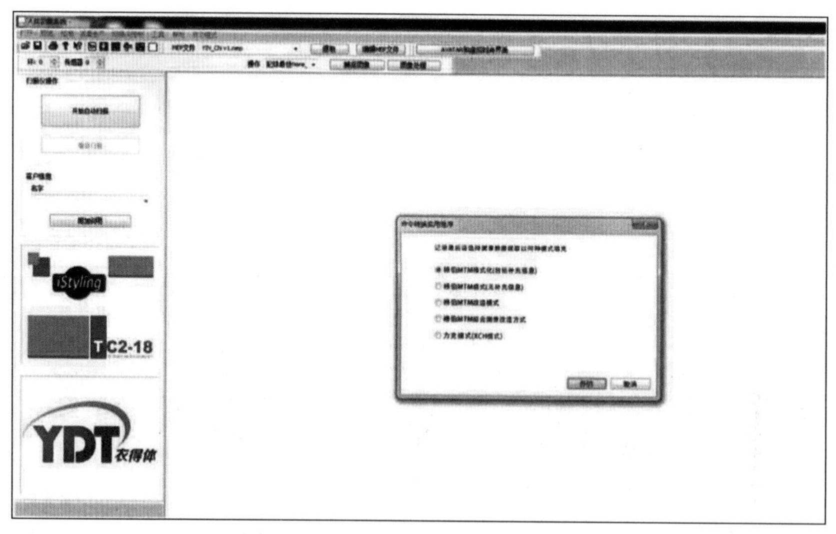

图 2.22　测量提取尺寸的文件类型

2. 工具栏

（1）编辑 MEP 文件及数据提取。

功能：可以实现人体测量部位的数据提取。

操作方法：①在 MEP 文件工具栏中选择要编辑的 MEP 文件时（图 2.23），提取测量部位对话框将会出现，如图 2.24 所示；②在其中单击“新文件”按钮，可从 MEP Editor 对话框中创建一个测量数据提取文件。若加载之前的测量数据提取文件，则单击“载入文件”按钮，加载恰当的 MEP 文件。同样，如果保存创建或修改的 MEP 文件，则单击“保存文件”按钮。

图 2.23　编辑 MEP 文件

图 2.24　提取测量部位

提取完成后的 MEP 文件如图 2.25 所示。

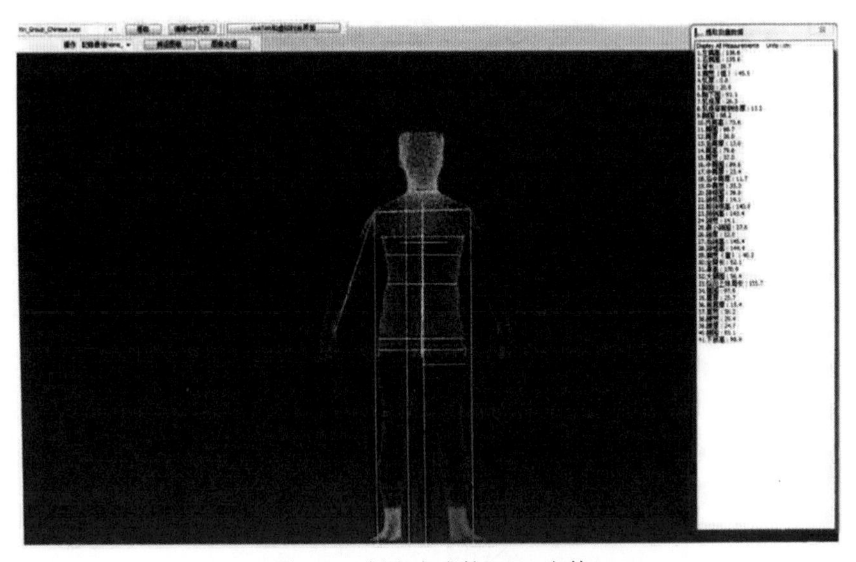

图 2.25　提取完成的 MEP 文件

（2）Avatar 和虚拟时尚界面。

功能：可以为人体模型设定头像。

操作方法：选择“Avatar 和虚拟时尚界面”工具，在弹出的对话框中进行头像设定（图 2.26）。

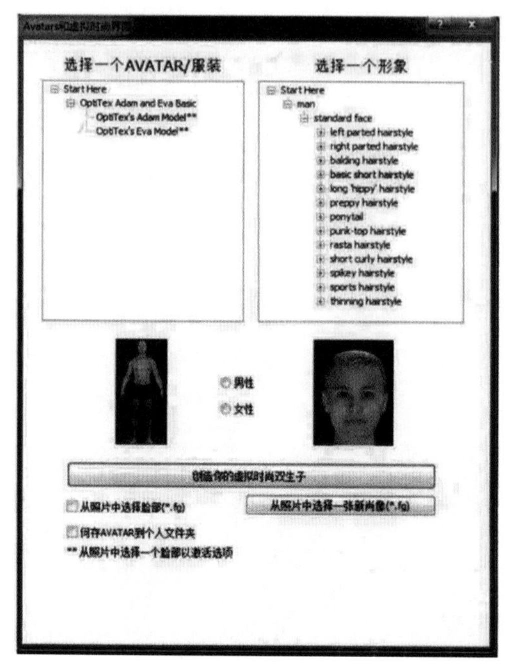

图 2.26　“Avatar 和虚拟时尚界面”对话框

3. 扫描仪操作（测量栏）

功能：启动扫描仪开始自动测量。

操作方法：①在“客户信息”栏中输入客户名称（只能输入数字和字母）；②单击“开始自动扫描”按钮，如果要对同一被测者多次扫描或上一次扫描失败，则可单击“重新扫描”按钮，如图 2.27 所示。

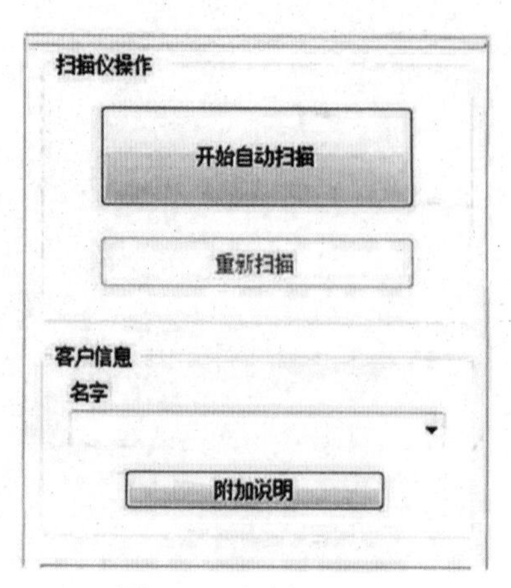

图 2.27　扫描仪操作

2.2.4 虚拟人体扫描实现方法

（1）自动扫描实现方法。自动扫描的具体操作步骤如下：

1）输入客户名字。在“客户信息”—“名字”字段输入被测者姓名或其他标识，如图 2.28 所示；单击“附加说明”按钮可以输入更多的关于被测者的信息，如图 2.29 所示。

图 2.28　被测者名字

Customer Information

	First	Middle	Last
Name:			

Street Address:
Apartment:
City:　State:　ZIP:
Country:
Home Phone #:　Work Phone #:　ext:
Cell Phone #:　Fax Phone #:
Email:
Height:　cm　Weight:　kg　Metric Units
Gender:　Ethnic Group:
ID #:

图 2.29　被测者其他信息

2）从 MEP File 下拉列表中选择一个测量数据输出文件。

3）开始自动扫描。当被测者进入到扫描室内，按照测试姿势要求站立后，单击屏幕上的“开始自动扫描”按钮（图 2.30），这时扫描仪处在自动运行模式下，在扫描的过程中音频指令文件将指导被测者。当实际扫描过程结束后，被测者还要待在扫描室内，期间正在处理数据，这将花费近 1 分钟时间，然后三维人体模型将出现在显示器上。

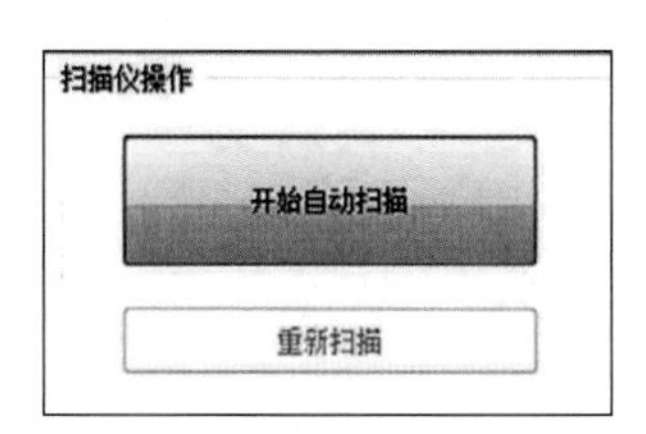

图 2.30　开始自动扫描

4）观察判断三维人体模型。这时操作者应当迅速观察三维人体模型，主要是观察姿势、运动、颈后的头发和其他明显的异常。测量数据表也将出现。改正问题后，被测者可以再次被扫描或者返回更衣室。

（2）手动扫描实现方法。自动扫描可以自动地按顺序扫描人体，也可通过单击“手动”按钮来手动操作扫描仪进行人体测量，具体操作步骤如下：

1）当被测者站在扫描仪的特定位置时，单击“扫描对象”工具将启动扫描程序。它既不使用音频指令文件，也不需使用右侧的手动启动开关。

2）当扫描完成后，单击“产生三维数据”工具，将图形数据转换成原始的三维点云数据。该文件能够以 .bin 格式文件存储。

注意：这时的扫描数据必须手动保存，否则数据将会丢失。单击“打开”菜单中的“保存为”工具保存原始数据。

3）单击“生成人体模型”工具，将 .bin 文件转换为 .rbd 文件。测量数据提取必须采用这种格式且以 .rbd 后缀保存文件。

注意：这时的扫描数据必须手动保存，否则数据将会丢失。单击“打开”菜单中的“保存为”工具保存为 .rbd 格式文件。

4）操作者应当观察三维人体模型，主要观察姿势、运动、颈后的头发和其他明显的异常。一旦发现任何问题，被测者应该再次扫描或者返回更衣室。

5）单击“提取”工具，从 MEP 文件列表中选择测量数据提取文件，从中提取测量数据。当提取完成后，将会显示测量数据表。

第3章 CLO 3D服装虚拟仿真设计软件基础

3.1 CLO 3D 软件与界面介绍

CLO 3D 软件是一款功能强大的 3D 服装设计软件，主要是帮助用户轻松地开始服装设计，提供一系列强大便捷的功能，不需要设计草图，只需要使用已有的板片模块，并进行快速的组合和设计，也可以直接在虚拟模特上进行服装造型设计的创建，并在此基础上直接自动生成板片，轻松优化工作流程，更准确地展现设计意图和服装面料、版型、造型等的创作和呈现。使用虚拟仿真服装设计的优势在于能够有效节省设计成本，减少材料成本和时间的投入，各种面料都能够更好地展示设计效果，不同的物理属性、不同的垂坠感都非常逼真，同时也能够无限制地进行设计研究和探索，以促进最佳设计方案的诞生。如板片、颜色、细节、纹理等的修改都会通过 2D、3D 展现出来，设计师们能够根据当前效果进行更好的设计、优化、改善。该软件可提供完整的资料库让设计师根据需求挑选织物，使设计达到最好的效果。除此之外，该软件还能够加快速度、提高准确性、缩短周期、扩大设计能力，彻底改变设计师的设计流程。

CLO 3D 软件对计算机配置的要求如下：

（1）CPU 配置。四核即可，单核频率为 3.5 ～ 4.0GHz，四核以上速度无显著提升。

推荐配置：Intel i7-9700K 或 AMD Ryzen 53600。

最低配置：Intel i5-6400 或 AMD Ryzen 5 1500x。

（2）内存配置。

推荐配置：DDR4 16GB 或更高。

最低配置：DDR4 8GB 或更高。

（3）GPU 配置。

推荐配置：NVIDIA GeForce RTX 2060 或 Quadro P4000，最新 Nvidia 驱动：GRD，Studio，Quadro-ODE。

最低配置：NVIDIA GeForce GTX 960 或 Quadro P2200。

（4）硬盘配置。

推荐配置：20GB 以上，用于缓存临时文件，推荐使用固态硬盘。

最低配置：10GB，用于安装全部文件。

（5）显示器配置。

推荐配置：2560×1440，60Hz。

最低配置：1920×1080，60Hz。

（6）系统选择。建议选择 Windows 10 以上版本。

3.2 窗　　口

CLO 3D 软件界面主要分为 3D 窗口、2D 窗口、物体窗口、属性编辑器、图库窗口、模块窗口、服装记录窗口。窗口上侧是主菜单栏，所有工具和参数的设置都是在这里进行。除了主菜单栏外，还有两边隐藏的菜单栏。整体窗口分为两边：一边是 3D 窗口，一边是 2D 窗口，如图 3.1 所示。为了更快捷地使用各种功能，3D 服装窗口和 2D 服装窗口中都有鼠标右键弹窗选项。CLO 3D 服装窗口可以弹出三维环境弹窗选项、模特弹窗选项、服装弹窗选项；2D 板片窗口可以弹出编辑板片弹窗选项、线 / 点、缝合线弹窗选项等。

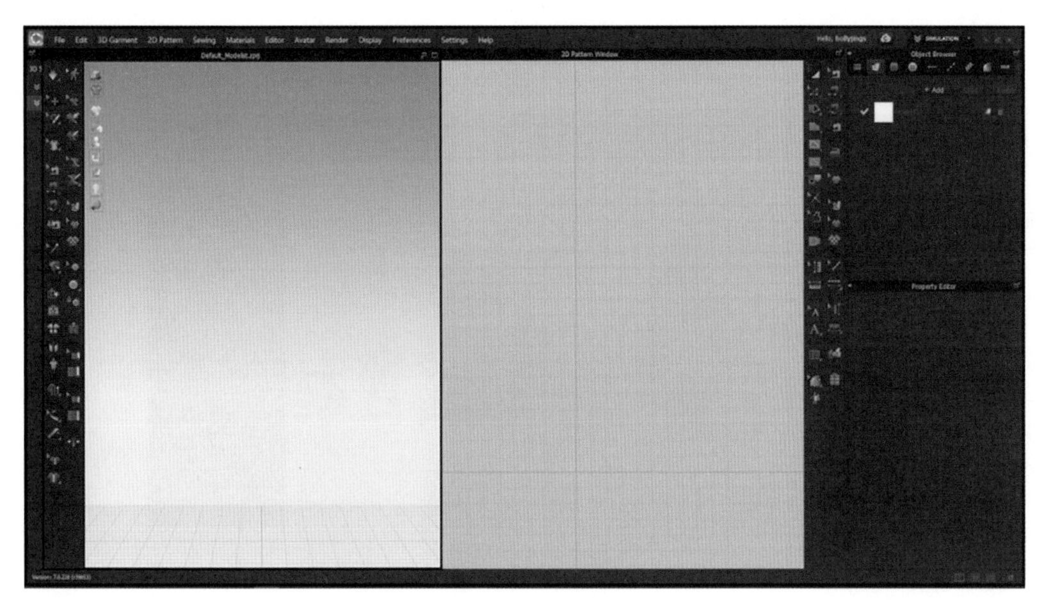

图 3.1　CLO 窗口

1. 菜单栏

菜单栏位于窗口左上侧，可以查看各种功能的菜单，如图 3.2 所示。

文件　编辑　3D服装　2D板片　缝纫　素材　编辑器　虚拟模特　渲染　显示　偏好设置　设置　手册

图 3.2　菜单栏

2. 工具栏

菜单栏下面是工具栏，如图 3.3 所示。

图 3.3　3D/2D 窗口的工具栏

3.3 模　　式

CLO 3D 软件提供了 7 种模式：模拟、动画、模块化、图库窗口、物体窗口、属性编辑器窗口、服装记录窗口，可以在程序的右上方进行设置。

3.3.1 模拟

功能：模拟模式下可以在 2D 板片窗口制作编辑板片并进行虚拟缝制，也可以在 3D 服装窗口里给虚拟模特穿着服装，播放姿势动作。

操作方法：

（1）激活“模拟”工具以在 3D 窗口中应用重力，如图 3.4 所示。

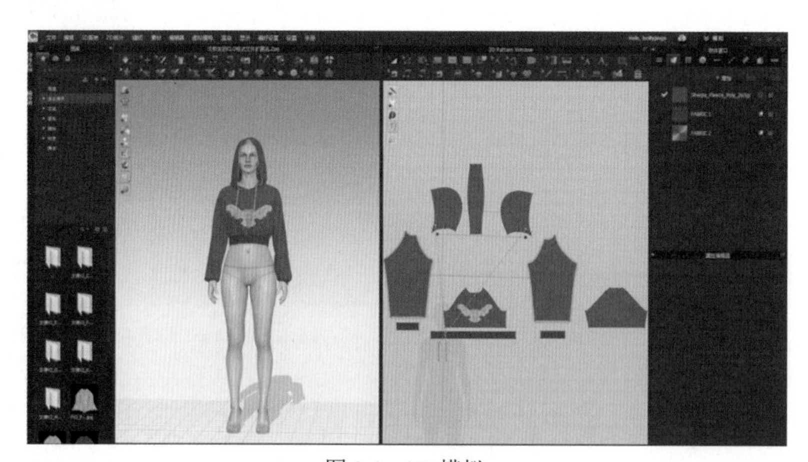

图 3.4　3D 模拟

（2）当激活 3D 工具栏中的“模拟”工具后，应用在 3D 窗口中的重力将会使得所有未被固定的板片坠落到地面上，如图 3.5 所示。

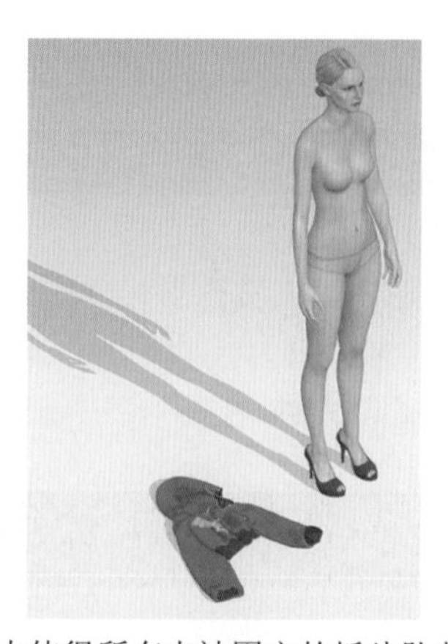

图 3.5　重力使得所有未被固定的板片坠落到地面上

3.3.2 动画

功能：将制作的 3D 服装效果通过动画形式呈现，模式可以录制服装动画或者播放并编辑已经录完的动画。

操作方法：

（1）打开菜单栏找到“模拟”，选择“动画”，在弹出的对话框中单击“确认”按钮，如图 3.6 所示。

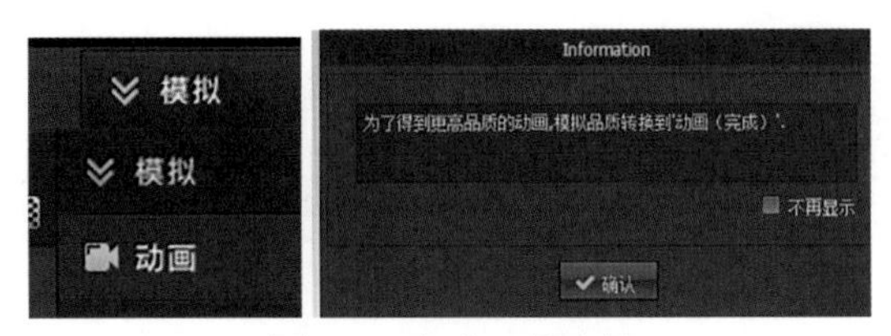

图 3.6 完成工具选择

（2）在“图库”窗口中单击选项，再单击“虚拟模特”，选择“走秀动作”，如图 3.7 所示。

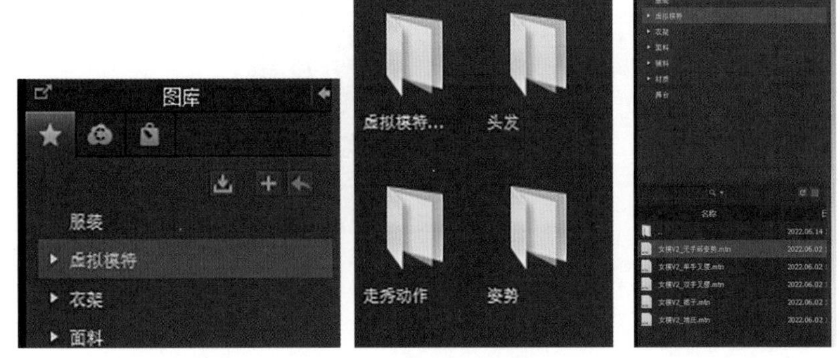

图 3.7 完成工具选择

（3）完成走秀动作导入，如图 3.8 所示。

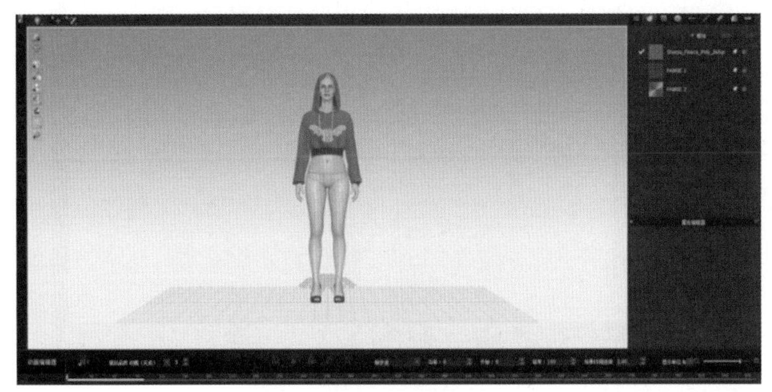

图 3.8 完成走秀动作导入

（4）录制视频。在菜单栏中选择“文件”→“视频抓取”→“视频”选项，在弹出的对话框中单击“确定”按钮，在录制视频前进行模拟品质动画，如图 3.9 所示。

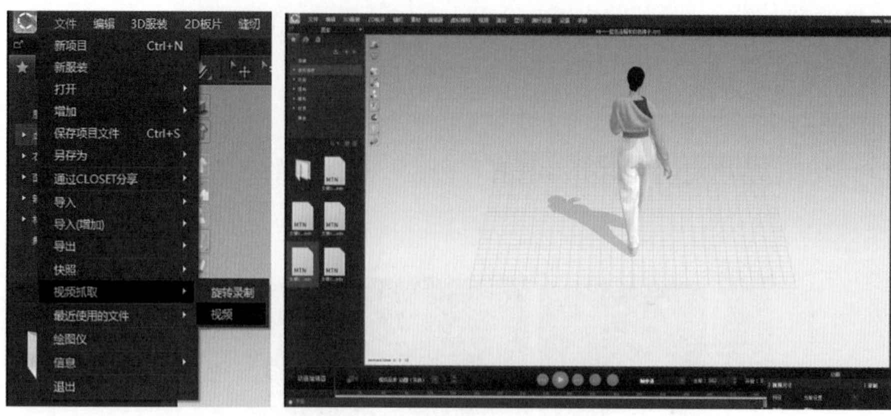

图 3.9　完成模拟品质动画

（5）进行完模拟品质动画在确认无误后开始录制走秀视频，单击对话框中的“录制”按钮，如图 3.10 所示。

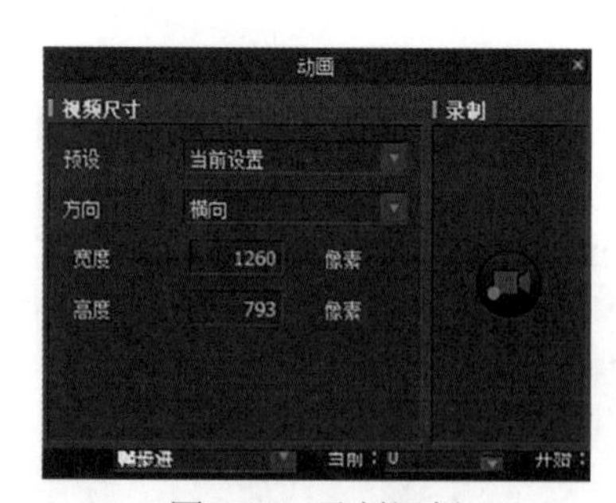

图 3.10　录制视频

（6）完成虚拟走秀录制，如图 3.11 所示。

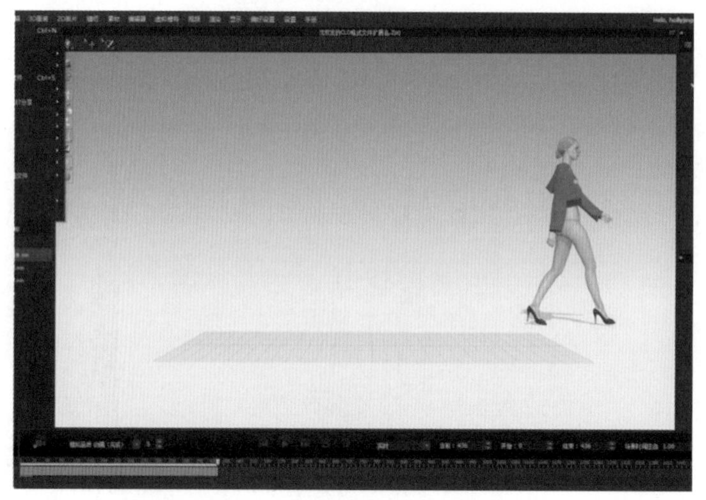

图 3.11　完成虚拟走秀录制

3.3.3 模块化

功能：模块化模式可以通过草图和备注来添加注释和为服装修改增加条目。可以运用模块库现有设定的服装模块，并可根据板片模块组合，还可以自由修改设计。

操作方法：

（1）在菜单栏左侧找到模块库并打开，如图 3.12 所示。

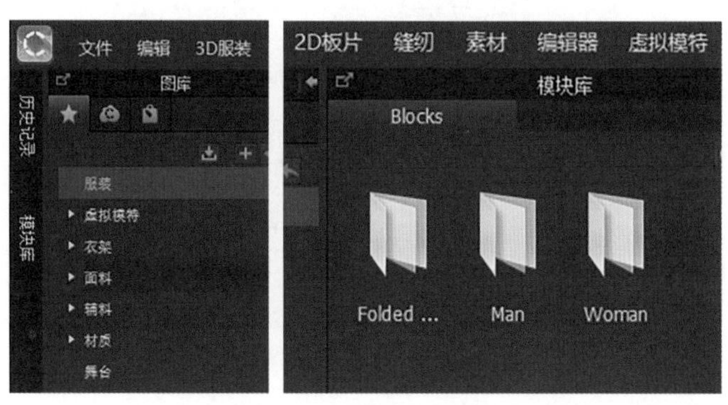

图 3.12 完成工具选择

（2）运用“选择”工具在模块库中将服装组件进行款式组合设计，如图 3.13 所示。

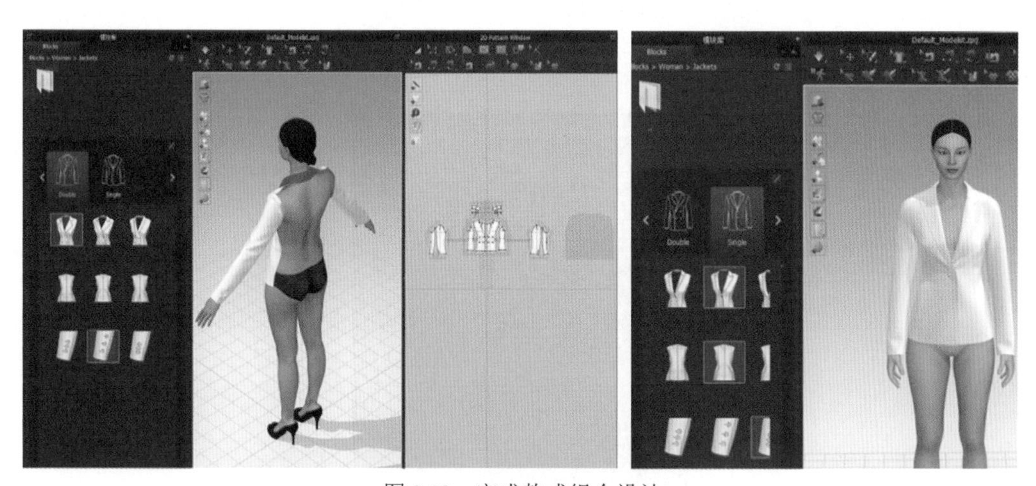

图 3.13 完成款式组合设计

3.3.4 图库窗口模式

功能：使用图库窗口可以方便地管理和打开程序中的文件，这就是资料库。将经常使用的文件夹添加到图库以轻松打开文件，方法是将文件从注册的文件夹拖放到 3D 窗口或使用鼠标左键双击该文件。图库窗口位于最左侧。打开及使用 CLO 所提供的默

认预设文件夹，如 Avatar（虚拟模特）、Garment（服装）、Trim（附件）及其他项目。为了方便，可将常用的文件夹添加到图库中，按照操作找到并单击位于图库右上角的“+”添加图标将出现一个弹出对话框，找到要添加的文件夹，然后单击选择文件夹。图库窗口资料位置如图 3.14 所示。

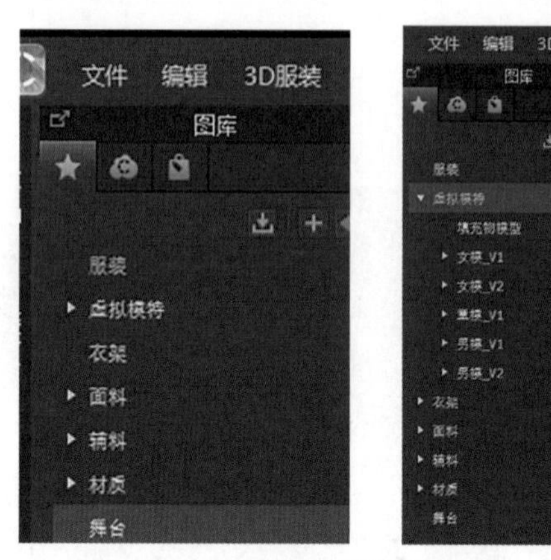

图 3.14　图库窗口资料位置

3.3.5　物体窗口

物体窗口包括织物、贴图、纽扣、扣眼、明线、缝纫褶皱、放码、测量点等组成及位置。物体窗口工具位置如图 3.15 所示。

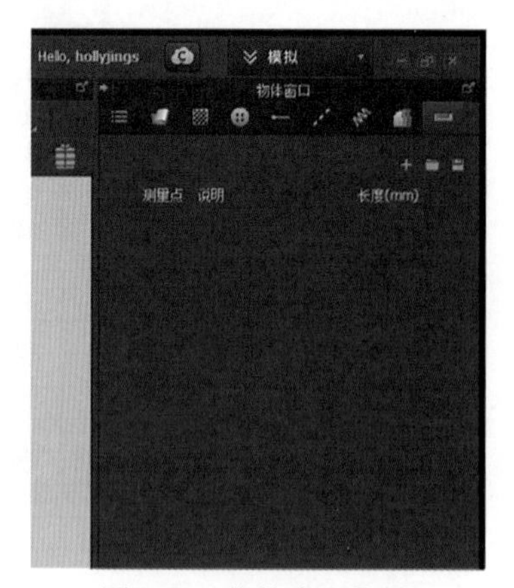

图 3.15　物体窗口位置

3.3.6　属性编辑器窗口

功能：属性编辑器可以编辑被选择对象的相关属性，主要是对服装织物的信息、材质、物理属性等进行设计调整等。

属性编辑器窗口操作表格如图 3.16 所示。

项目	说明
板片属性	选择板片的话在 Property Editor（属性编辑器）窗口会出现相关的板片属性
内部图形属性	选择内部图形的话在 Property Editor（属性编辑器）窗口会出现相关的内部图形属性
缝纫线属性	选择缝纫线的话在 Property Editor（属性编辑器）窗口会出现相关的缝纫线属性
明线属性	选择明线的话在 Property Editor（属性编辑器）窗口会出现相关的明线属性
缝纫类型属性	选择缝纫类型的话在 Property Editor（属性编辑器）窗口会出现相关的缝纫类型属性
面料属性	在 Fabric List 窗口里选择 Fabric 的话在 Property Editor（属性编辑器）窗口会出现相关的 Fabric 属性
纽扣属性	选择纽扣的话在 Property Editor（属性编辑器）窗口会出现相关的纽扣属性
扣眼属性	选择扣眼的话在 Property Editor（属性编辑器）窗口会出现相关的扣眼属性
虚拟模特属性	选择虚拟模特的话在 Property Editor（属性编辑器）窗口会出现相关的虚拟模特属性
模拟属性	在 3D 服装窗口里右击后单击弹出对话框里的“模拟属性”选项的话在 Property Editor（属性编辑器）窗口会出现相关的模拟属性
风属性	在 3D 服装窗口里右击后单击弹出对话框里的“风属性”选项的话在 Property Editor（属性编辑器）窗口会出现相关的风属性
2D 窗口属性	在 2D 板片窗口里右击后单击弹出对话框里的“2D 板片属性”选项的话在 PropertyEditor（属性编辑器）窗口会出现相关的 2D 板片属性

图 3.16　属性编辑器窗口操作表格

属性编辑器窗口界面如图 3.17 所示。

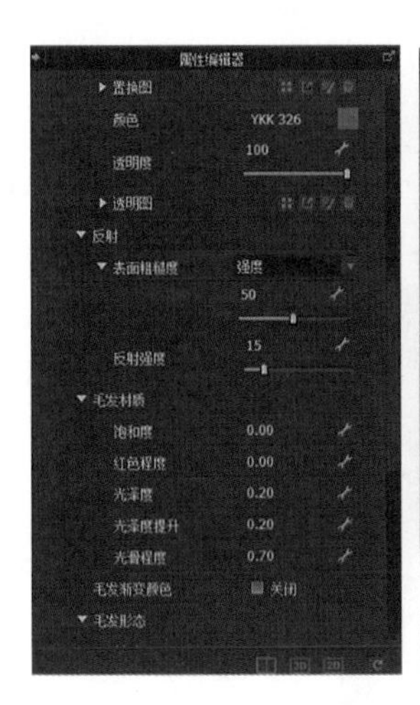
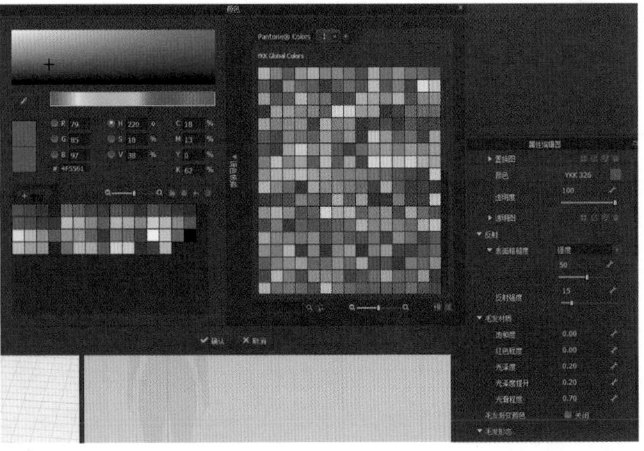

图 3.17　属性编辑器窗口界面

3.3.7　服装记录窗口

功能：记录服装设计制作步骤，可以返回到上一步记录，如图 3.18 所示。

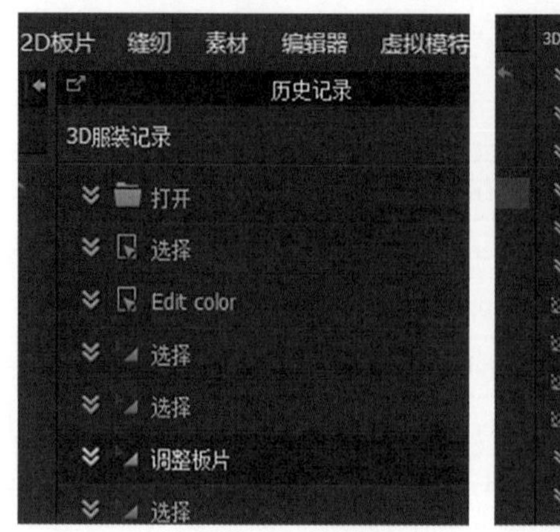

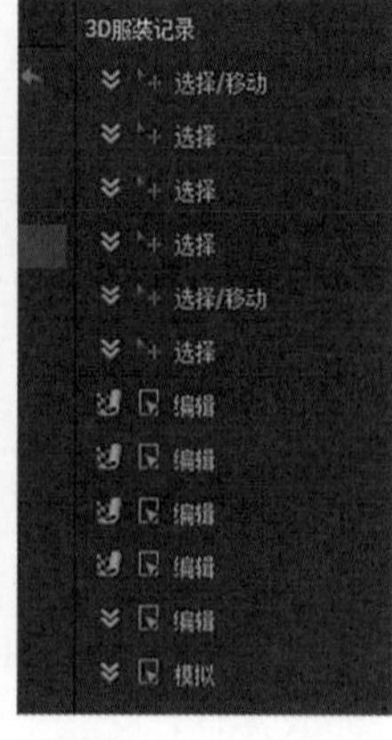

图 3.18　服装记录窗口界面

3.4　2D 窗口模式及工具

3.4.1　2D 窗口模式

2D 窗口位于 3D 窗口右侧，导入 DXF 文件以编辑及缝纫板片。在物体窗口中，可以查看到 2D 及 3D 窗口中的所有对象。默认情况下选择“织物”选项。物体窗口中的各个对象的属性将出现在属性编辑器中。可查看或编辑属性。底部按钮在软件右下角，可以找到三个按钮。单击中间的按钮可以隐藏 2D 窗口，只显示 3D 窗口。单击最右边的按钮可以隐藏 3D 窗口，只显示 2D 窗口。如果需要同时显示 2D 和 3D 窗口，请单击最左边的按钮。在 2D 窗口中向上和向下滚动鼠标滚轮来缩小和放大，按住鼠标滚轮不放并拖动可平移 2D 窗口，如图 3.19 所示。

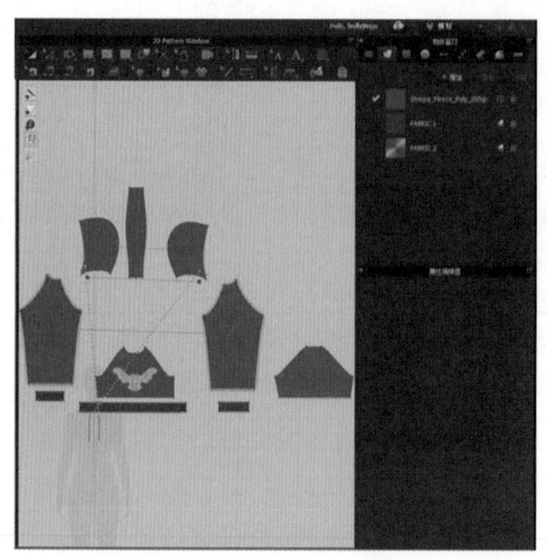

图 3.19　2D 窗口界面

3.4.2 2D窗口工具

（1）“调整板片”工具。在2D窗口中选择“调整板片”工具，可以选择、移动、调整及旋转板片，如图3.20所示。

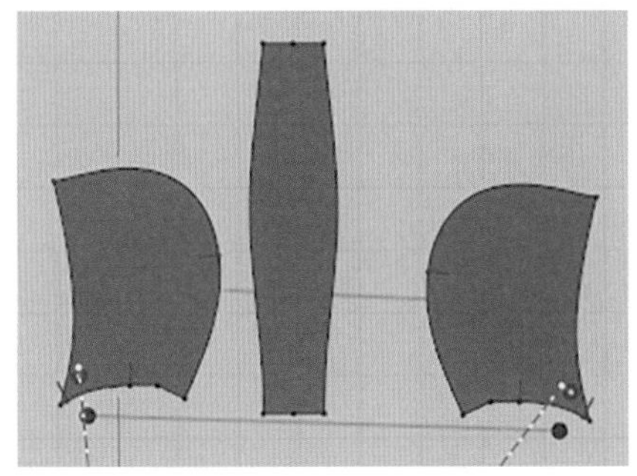
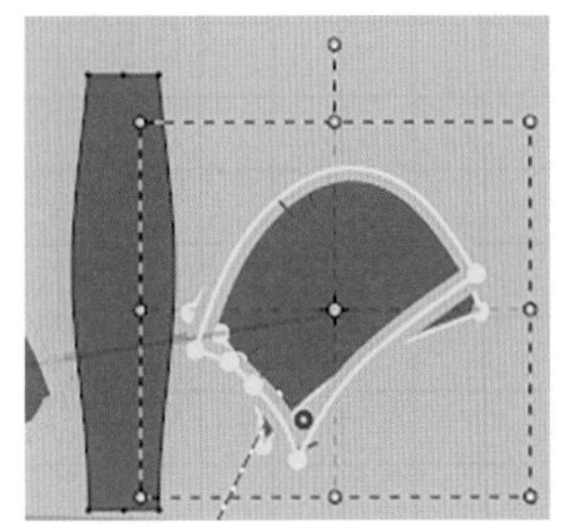

图3.20 完成板片的旋转

（2）“编辑板片”工具。在2D窗口中选择“编辑板片”工具，在特定点划分并延展板片或根据板片内选中的线段来均匀分布特定范围，如图3.21所示。

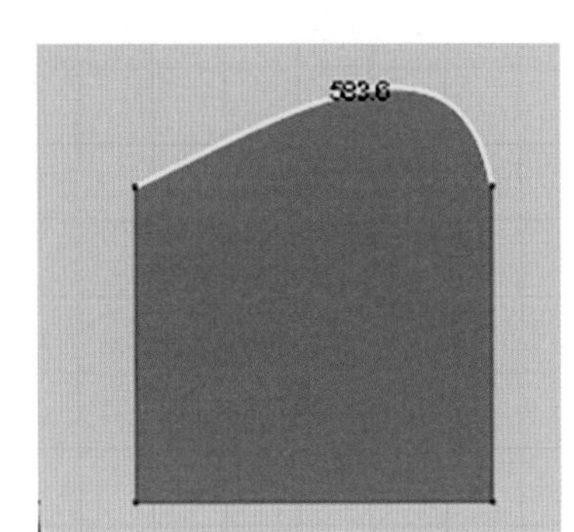

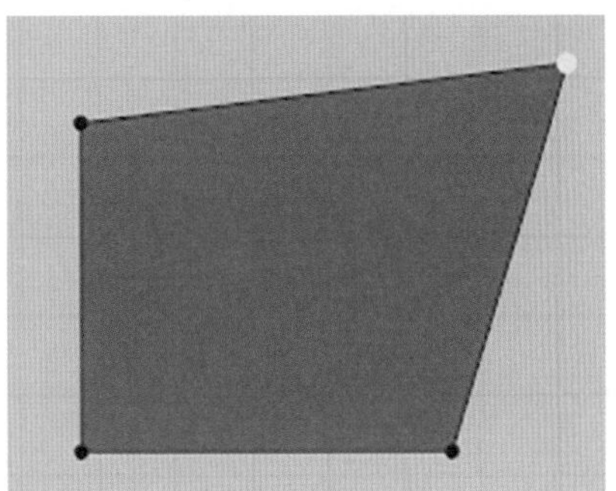

图3.21 完成板片的编辑

（3）“编辑弧线”工具。在2D窗口中选择“编辑弧线”工具，将直线转为曲线或编辑曲线的曲率，如图3.22所示。

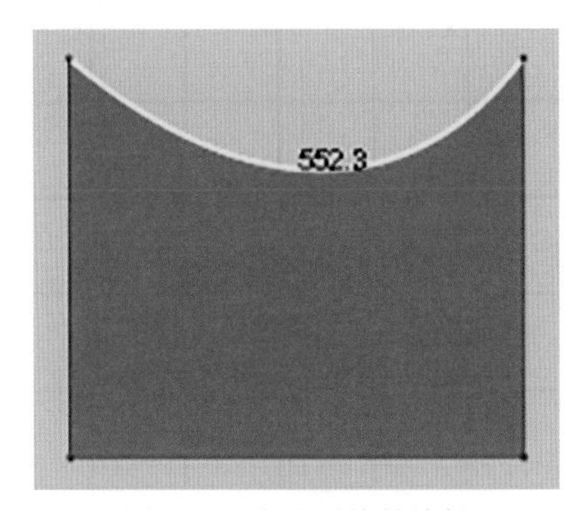

图3.22 完成弧线的编辑

（4）“编辑曲线点”工具。在2D窗口中选择“编辑曲线点”工具，在板片外线或内部线上添加或编辑曲线点，如图3.23所示。

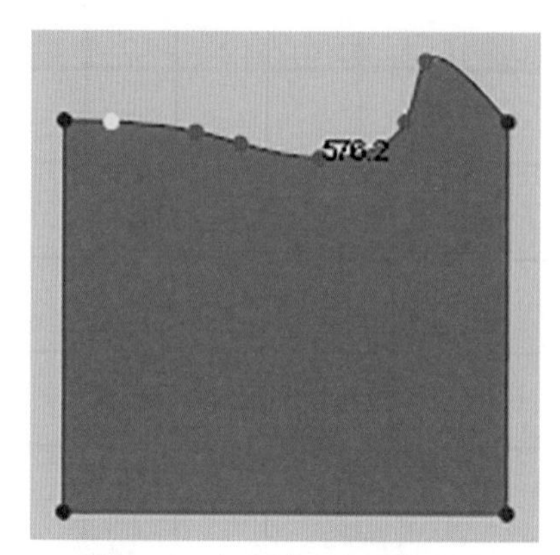

图3.23　完成板片编辑曲线点

（5）“加点/分线”工具。在2D窗口中选择“加点/分线”工具，如图3.24所示。单击或输入具体数值在线段上加点，如图3.25所示。

图3.24　选择“加点/分段”工具

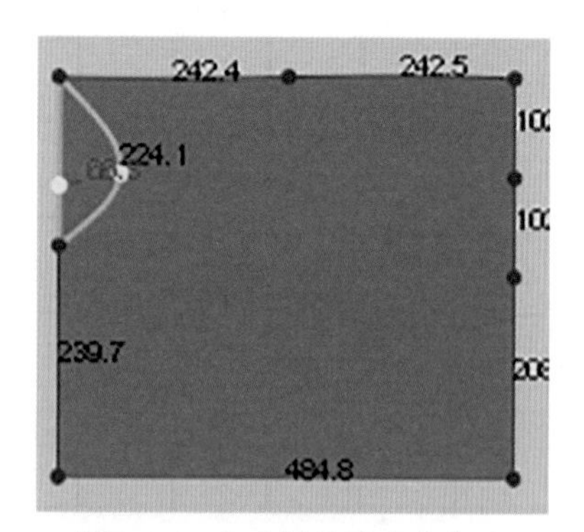

图3.25　完成板片线段上加点

（6）“剪口”工具。在2D窗口中选择“剪口”工具，按照需要在板片外线上创建剪口以提升缝纫准确性，如图3.26所示。

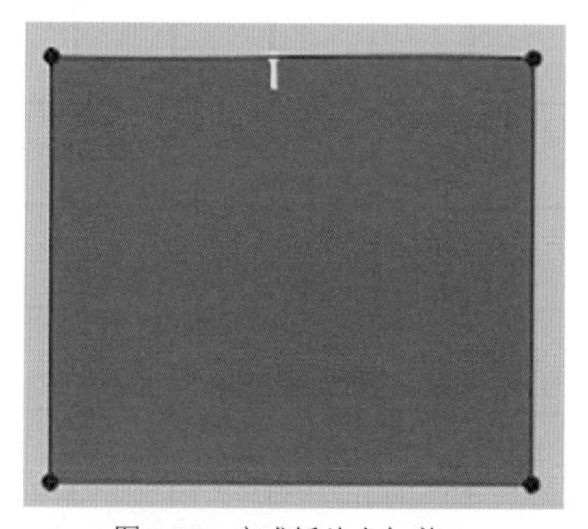

图3.26　完成板片上加剪口

（7）“生成圆顺曲线”工具。在 2D 窗口中选择“生成圆顺曲线”工具，将板片外线或内部线修改为圆顺的曲线，如图 3.27 所示。

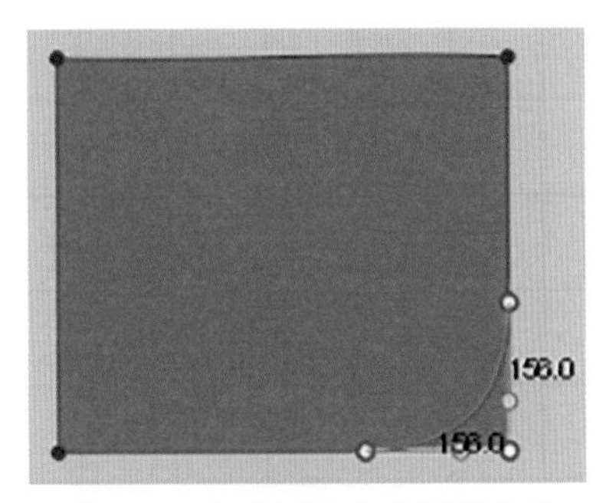

图 3.27　完成板片生成圆顺曲线

（8）“延展板片”工具。用于在特定点划分并延展板片或根据板片内选中的线段来均匀分布特定范围，如图 3.28 所示。在 2D 窗口中运用“延展板片”工具将板片延展，如图 3.29 所示。

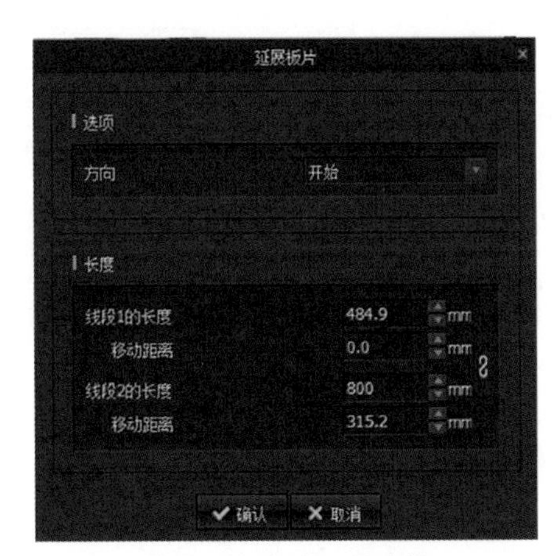

图 3.28　完成工具选择

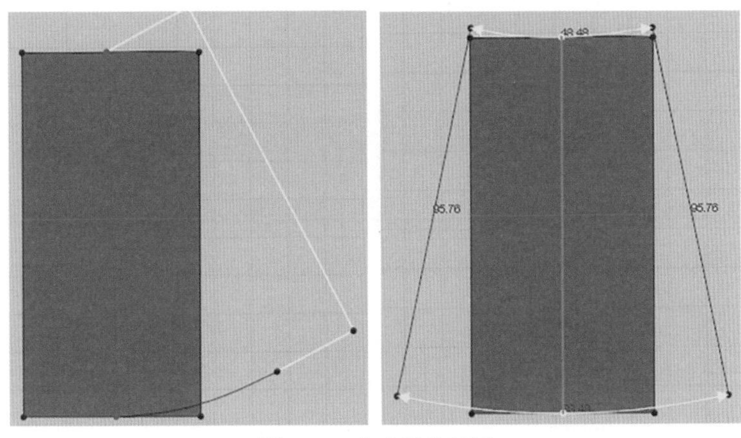

图 3.29　完成板片延展

（9）“多边形”工具。在 2D 窗口中选择“多边形”工具，创建多边形板片，如图 3.30 所示。

图 3.30　完成创建多边形板片

（10）“勾勒轮廓线”工具。在 2D 窗口中选择“勾勒轮廓线”工具，将内部线、内部图形、内部区域、指示线（ver5.0.0）转换为板片，如图 3.31 所示。

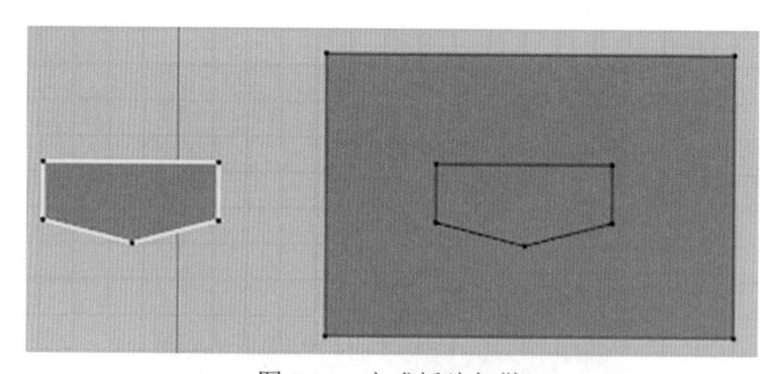

图 3.31　完成板片勾勒

（11）“缝份”工具。在 2D 窗口中选择“缝份”工具，在板片上创建缝份、删除缝份、选择缝份，如图 3.32 所示。

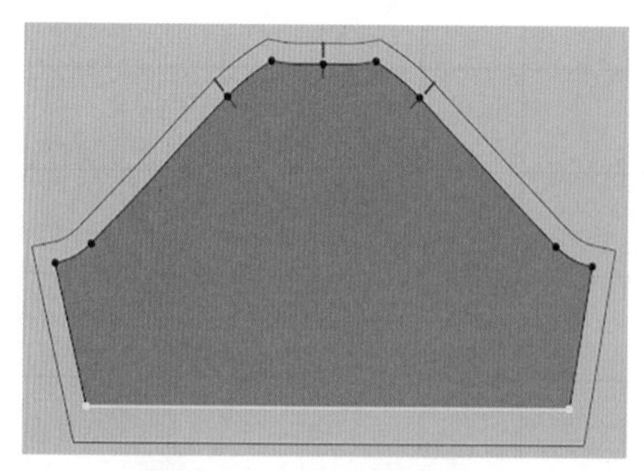

图 3.32　完成板片放缝

（12）“编辑测量点”工具。在 2D 窗口中选择“编辑测量点”工具，单击选择板片点，按住左键拖动线段其中一段点进行点的编辑测量，改变原线段的长度和数值，如图 3.33 所示。

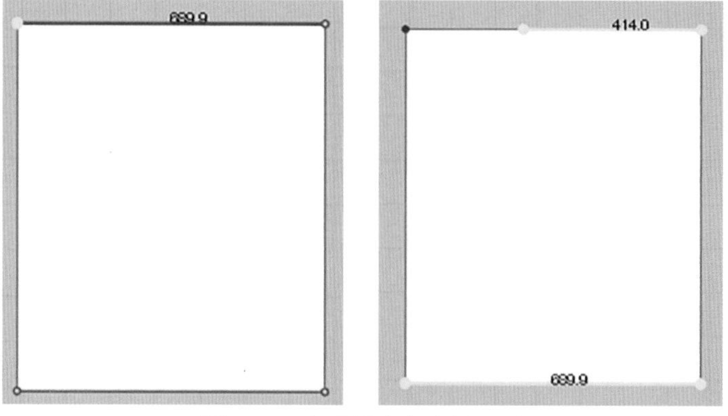

图 3.33　完成板片点编辑测量

（13）“测量点”工具：用于检查 2D 板片、内部图形、贴图等特定部分的测量值，如图 3.34 所示。

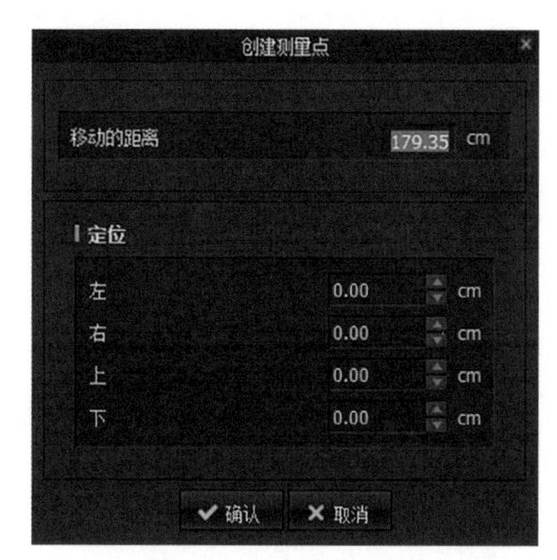

图 3.34　完成工具选择

（14）在 2D 窗口中选择“测量点”工具，先选择要量取线段的第一个点，然后再选取第二个点，最后在点上双击结束，线段数据自动标注好，如图 3.35 所示。

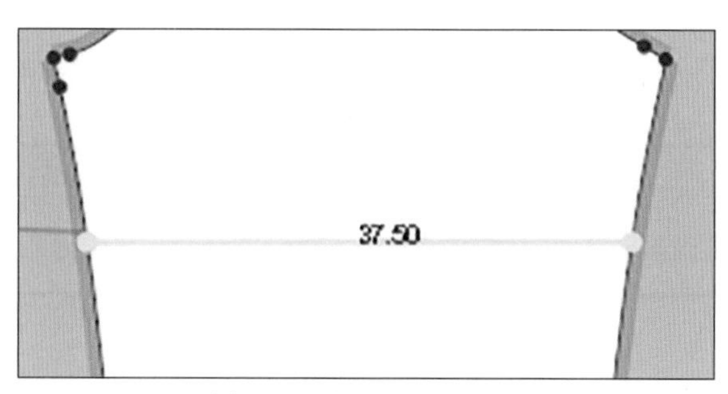

图 3.35　完成板片点测量

（15）“编辑注释”工具：用于移动 / 删除 2D 板片标注。在 2D 窗口中选择“编辑注释”工具，直接在板片上写字，标注板片名称，如图 3.36 所示。

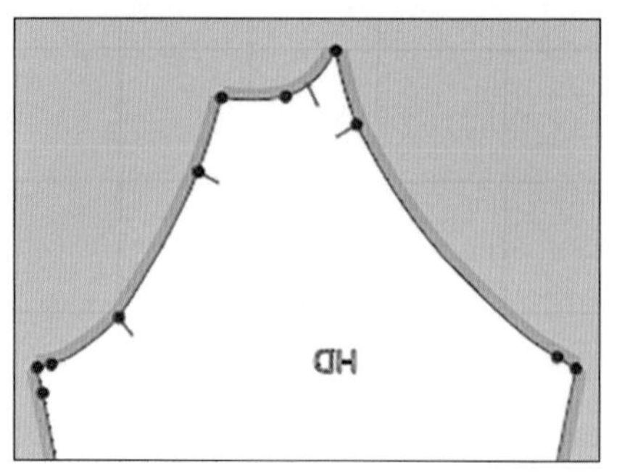

图 3.36　完成板片名称标注

（16）“缝纫”工具：用于在线段（板片、内部图形、内部线）之间建立缝纫线关系。在 2D 窗口中选择“缝纫”工具，先选择第一条要缝合的线段，再选择要缝合的第二条线段，然后单击左键完成线段缝合，如图 3.37 所示。

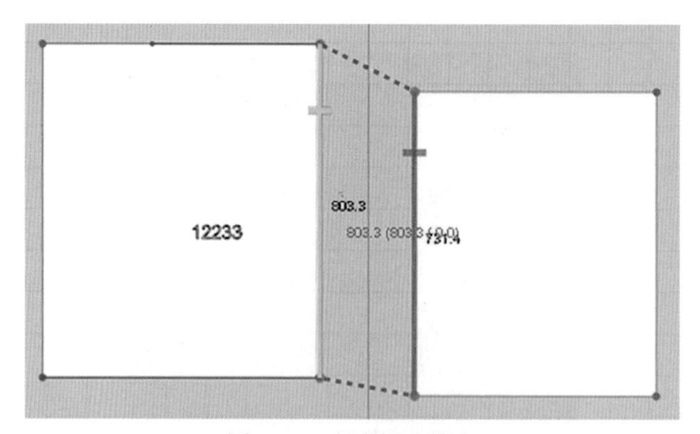

图 3.37　完成板片缝合

（17）“自由缝纫”工具：用于在板片外线、内部图形、内部线之间创建缝纫线。在 2D 窗口中选择“自由缝纫”工具，先选择要缝合的第一条线段，选择好之后按 Enter 键，再选择要选择的第二条线段，当第二条线段选择完成后再次按 Enter 键，完成板片缝合，如图 3.38 所示。

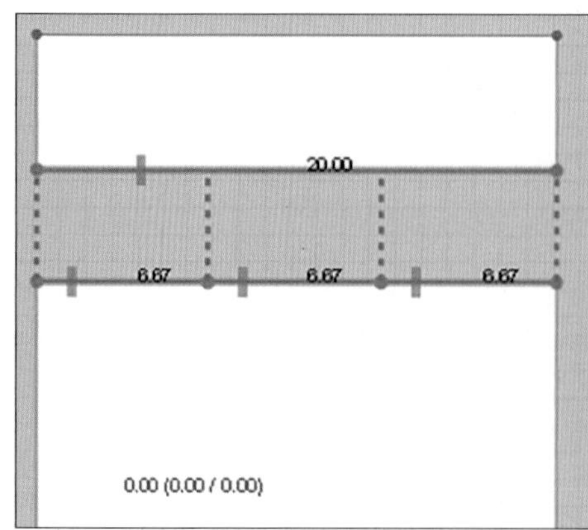

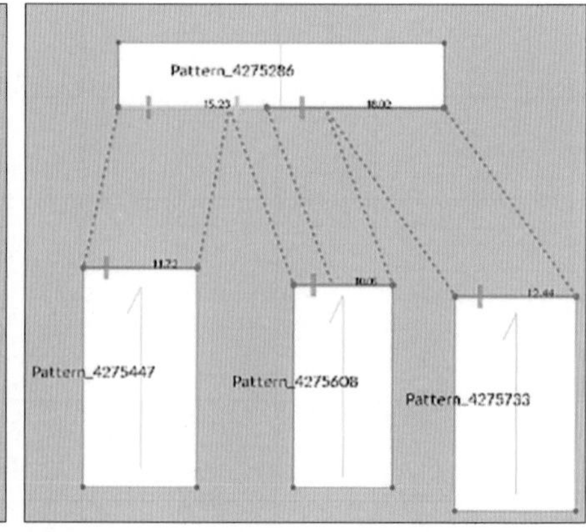

图 3.38　完成板片缝合

（18）“检查缝纫线长度”工具：通过检查缝纫线长度差值可以避免在穿衣过程中的一些错误以改进服装，如图 3.39 所示。在 2D 窗口中选择“检查缝纫线长度”工具，先选择要检查的第一条线段，再选择要检查的第二条线段，根据二条线段上显示的数值来精准计算两条线段的差值，并根据差值在缝合时根据款式进行有目的性的缝合，如图 3.40 所示。

图 3.39　完成工具选择

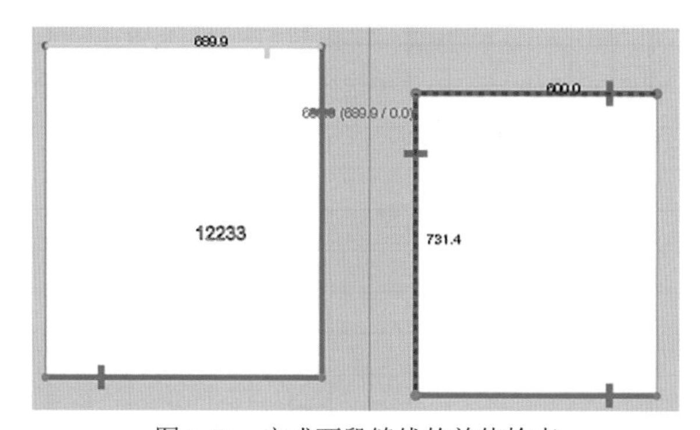

图 3.40　完成两段缝线的差值检查

（19）“归拔器”工具：用于收缩或拉伸面料，如图 3.41 所示。根据服装的需求来调整数值，然后在需要的板片部位进行单击，如图 3.42 所示。

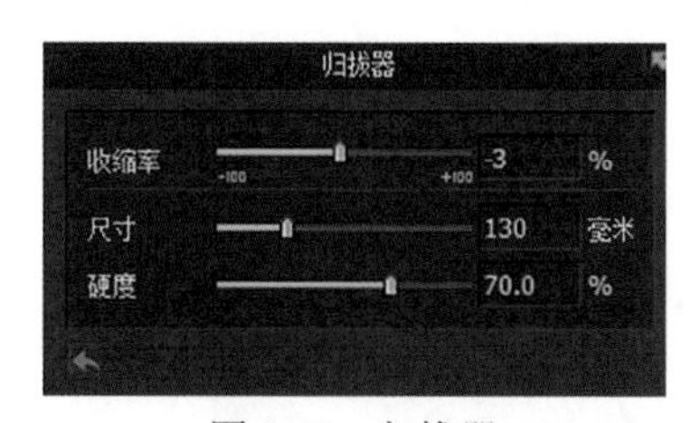

图 3.41　归拔器

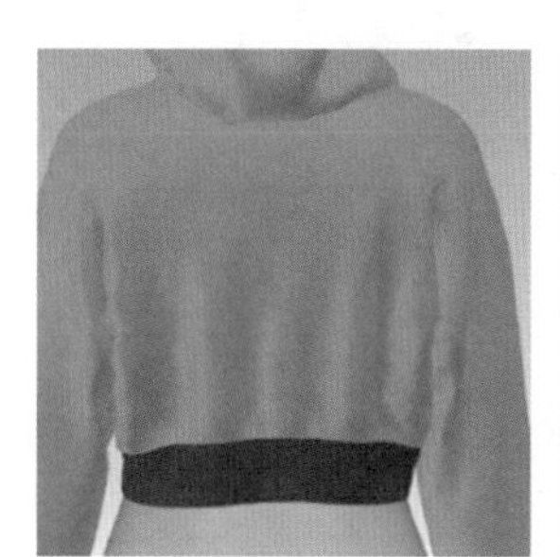
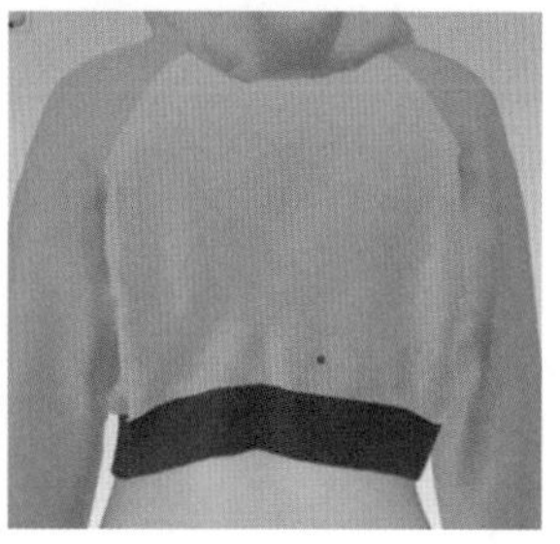

图 3.42　完成服装归拔

（20）“粘衬条”工具。在 2D 窗口中选择“粘衬条”工具，在模拟时对板片外线添加粘衬条可加固板片，并防止其因重力作用而产生的下垂，如图 3.43 所示。

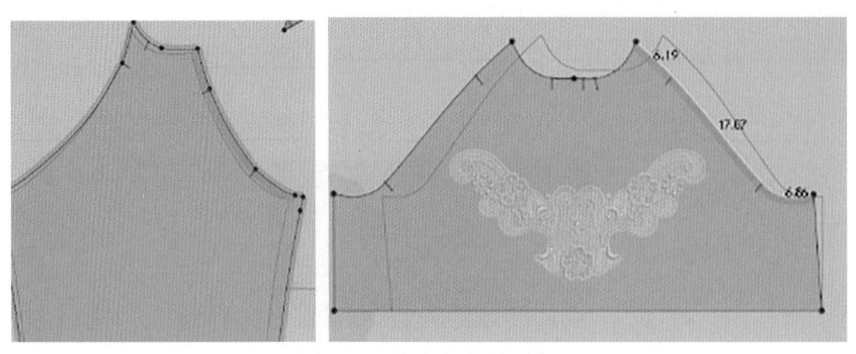

图 3.43　完成服装粘衬条

（21）“贴图（2D 半片）”工具：给板片的局部区域添加图片，用以表现印花、刺绣、商标等细节。在 2D 窗口中选择“贴图”工具，找到要导入的图片，单击打开，如图 3.44 所示。服装贴图最终效果展示如图 3.45 所示。

图 3.44　完成服装贴图

图 3.45　服装贴图最终效果展示

（22）“调整贴图”工具：用于修改板片应用织物的丝缕线方向和位置，修改织物的大小，旋转织物的方向。在2D窗口中选择“调整贴图”工具，单击贴图，对贴图进行调整，如图3.46所示。

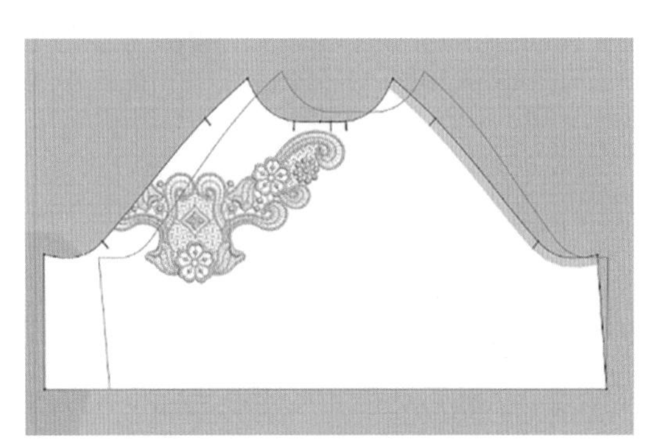

图3.46　调整服装贴图

（23）“编辑纹理”工具：用于修改织物的纹理。在2D窗口中选择“编辑纹理”工具，对纹理进行调整，如图3.47所示。

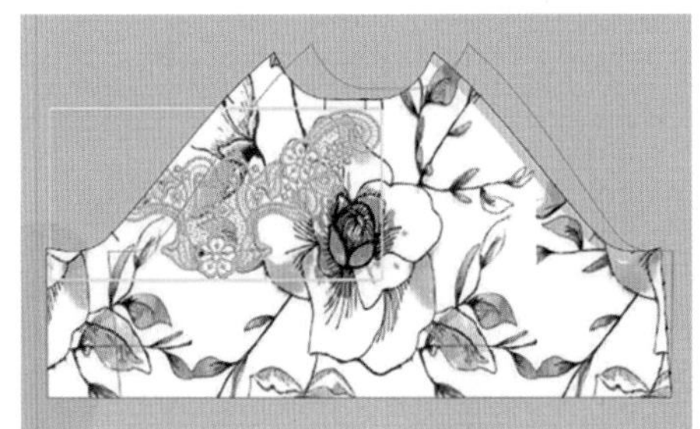

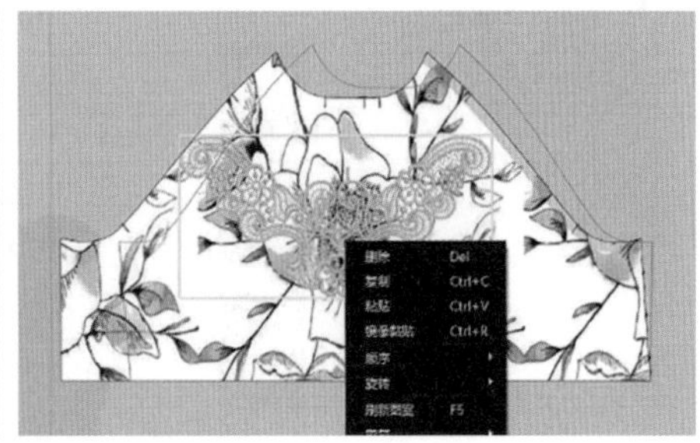

图3.47　完成服装纹理调整

（24）“编辑明线”工具：用于给服装增加装饰线。在2D窗口中选择“编辑明线”工具，单击明线，对明线进行调整，如图3.48所示。

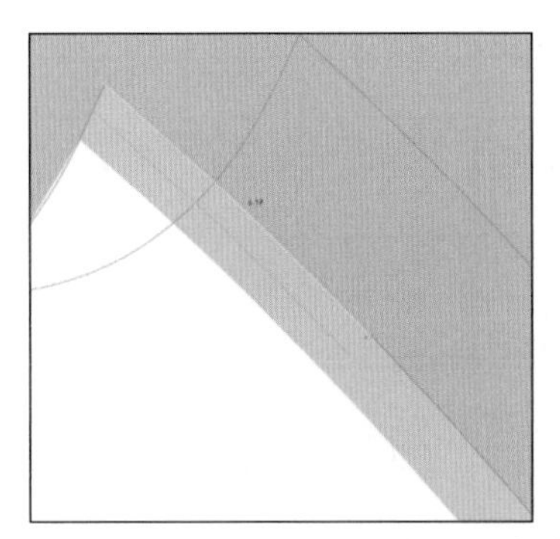

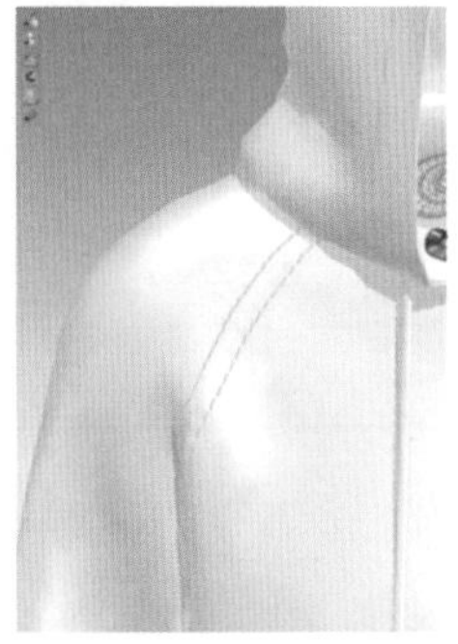

图3.48　完成服装编辑明线

（25）“线段明线”工具：按照线段（板片或内部图形的线段）来生成明线。在2D窗口中选择“线段明线”工具，单击要加明线的部位，双击结束，如图3.49所示。

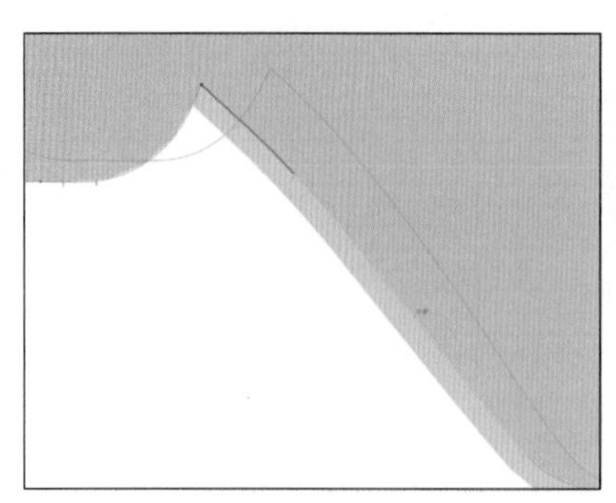

图 3.49　完成线段明线编辑

（26）“自由明线”工具：不受板片和内部图形的限制，可以自由地生成明线。在 2D 窗口中选择“线段明线”工具，单击要加明线的部位，双击结束，如图 3.50 所示。

（27）“编辑缝纫褶皱”工具：在缝合线附近产生褶皱，使服装看起来更真实。在 2D 窗口中选择“编辑缝纫褶皱”工具，编辑缝纫褶皱线段的位置和长度，如图 3.51 所示。

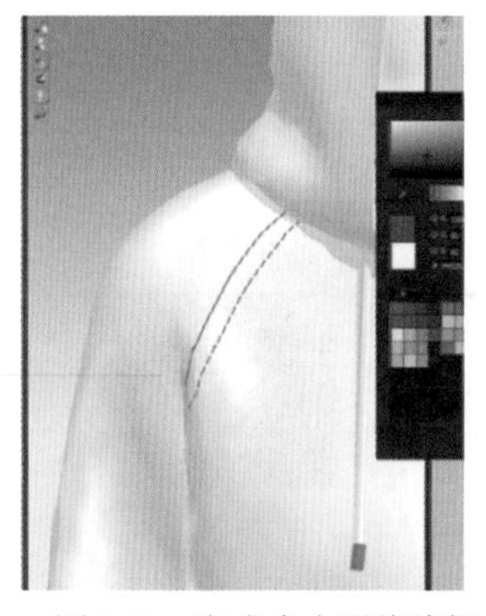

图 3.50　完成自由明线编辑

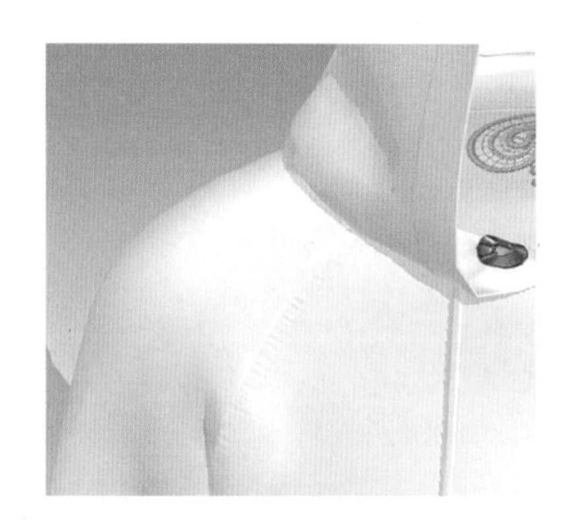

图 3.51　完成编辑缝纫褶皱

（28）“翻褶裥”工具：用于做翻褶。在 2D 窗口中选择“翻褶裥”工具，使用翻褶裥及缝制褶裥工具生成多个褶，如图 3.52 所示。

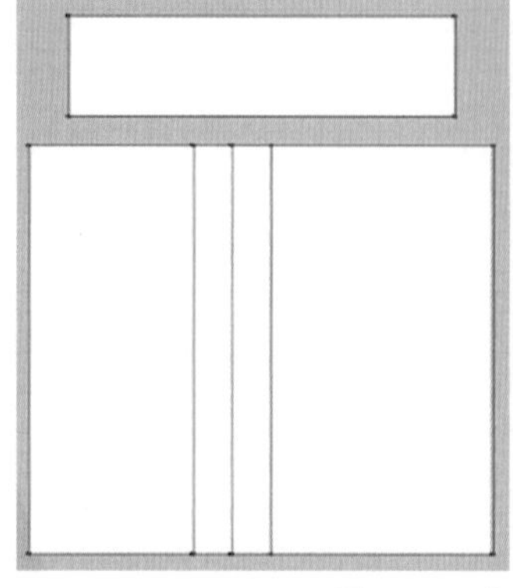

图 3.52　完成翻褶裥

（29）“缝制褶裥”工具：用于生成多个褶裥。在 2D 窗口中选择“缝制褶裥”工具，完成褶裥制作，如图 3.53 所示。

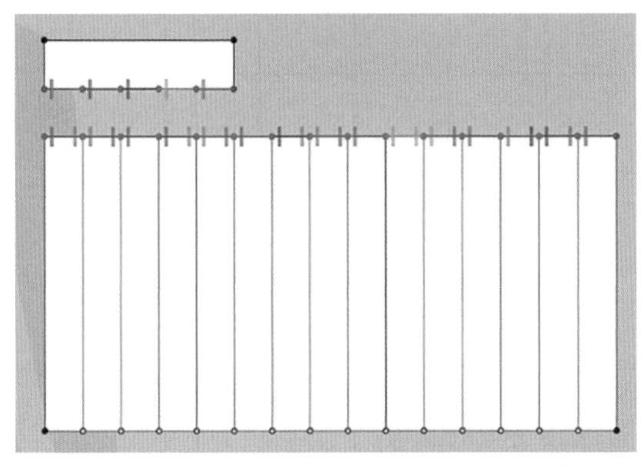
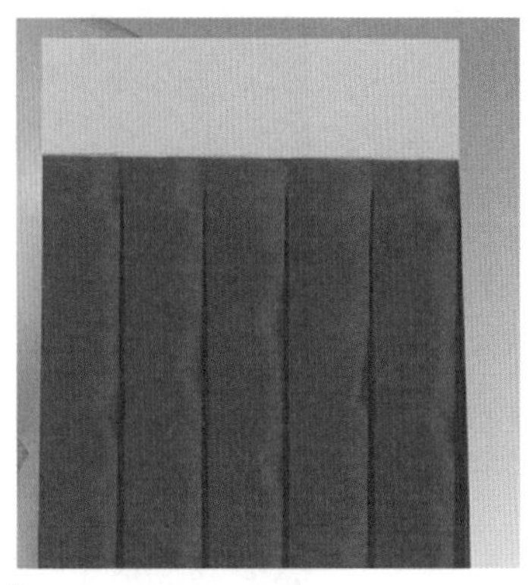

图 3.53　完成褶裥制作

（30）“填充”工具：对特殊的款式进行充气等属性的设置达到预期效果，例如羽绒服的效果模拟等。在 2D 窗口中选择“填充”工具，单击要应用的板片或者在 2D 窗口内单击任意位置，拖动鼠标框选要应用的板片，如图 3.54 所示。

图 3.54　完成填充

3.5　3D 窗口模式及工具

3.5.1　3D 窗口模式

3D 窗口位于“图库”窗口旁边。在 3D 窗口中可以导入虚拟模特或人台以穿着及移动 3D 服装。通过视角控制菜单可以轻松将视图更改为前、后、右、左、底、顶和 3/4 视角。可在右键弹出菜单中找到视角控制菜单。在 3D 窗口的空白处右击会有弹出菜单，按照需要选择视角，如图 3.55 所示。

图 3.55　3D 窗口界面

3.5.2　3D 窗口工具

（1）“模拟”工具。在 3D 窗口中选择“模拟”工具，服装板片将因重力掉落在地板上，如果有物体（如虚拟模特）在它下方，那么它将会落在物体上，如果板片间存在缝纫线关系，当板片因重力而坠落时板片间将根据缝纫线关系进行缝纫，如图 3.56 所示。

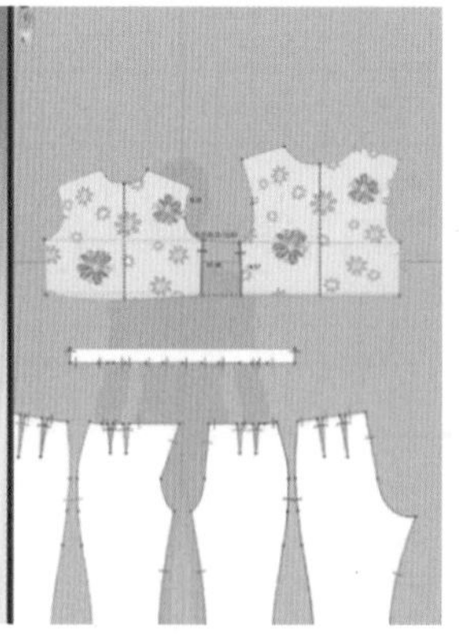
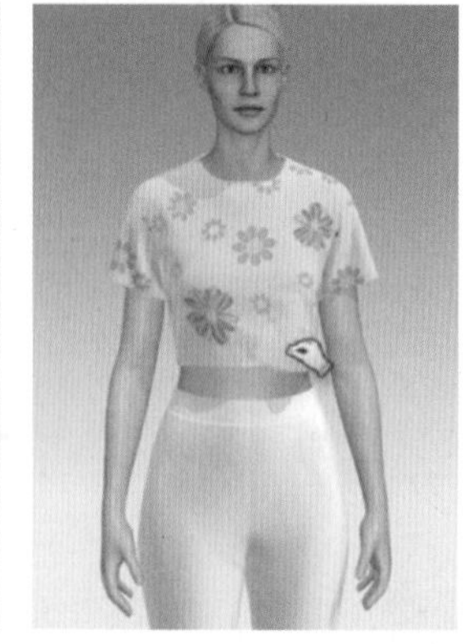

图 3.56　完成模拟

（2）“选择 / 移动”工具：用于移动和选择板片。运用“选择 / 移动”工具在 3D 窗口中选择及移动片，如图 3.57 所示。

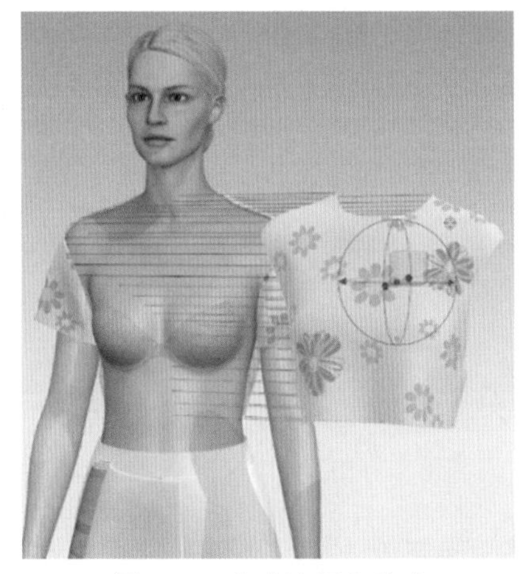

图 3.57　完成选择和移动

（3）“网格（笔刷）”工具：用于调整板片。在 3D 窗口中选择“网格（笔刷）”工具，在 3D 或 2D 窗口中调整板片，如图 3.58 所示。

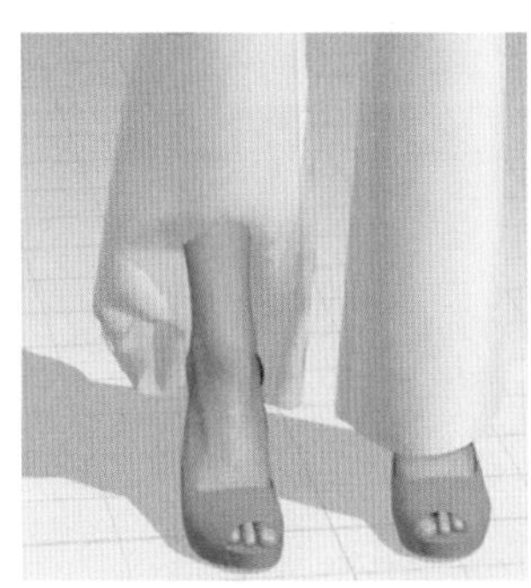
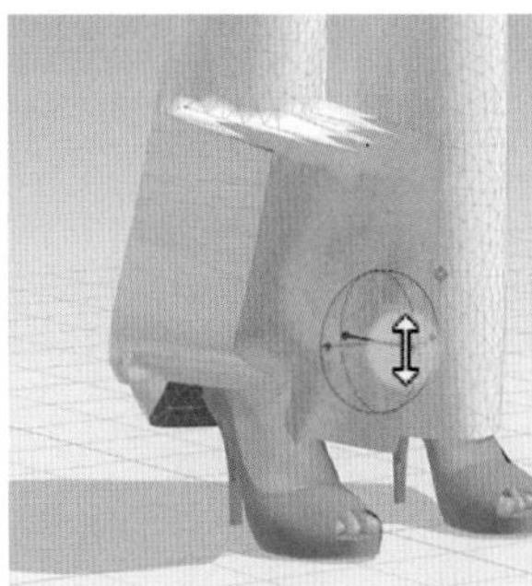
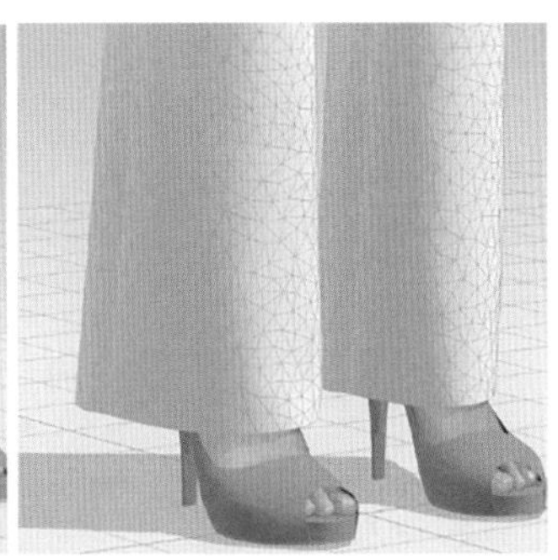

图 3.58　完成板片调整

（4）“固定针”工具：一般用于将服装固定在人体上，例如立体裁剪和动态走秀中防止衣服滑落等。在 3D 窗口中选择“固定针”工具，在 3D 或 2D 窗口中固定板片，进行板片设计，如图 3.59 所示。

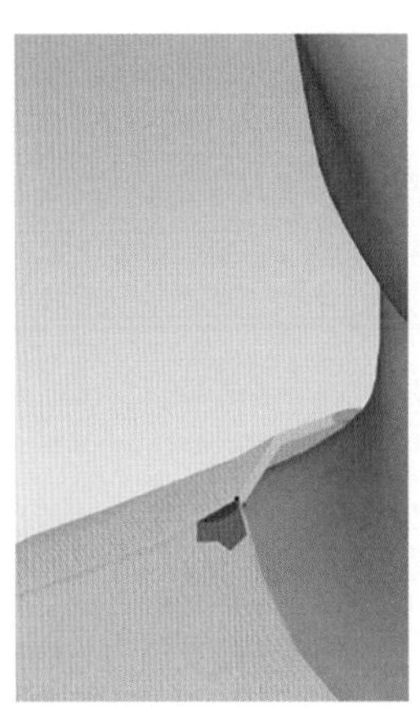

图 3.59　完成服装固定

（5）“移动绘制造型线”工具：用于给款式增加造型分割线。在 3D 窗口中选择“移动造型线”工具，进行服装造型设计，如图 3.60 所示。

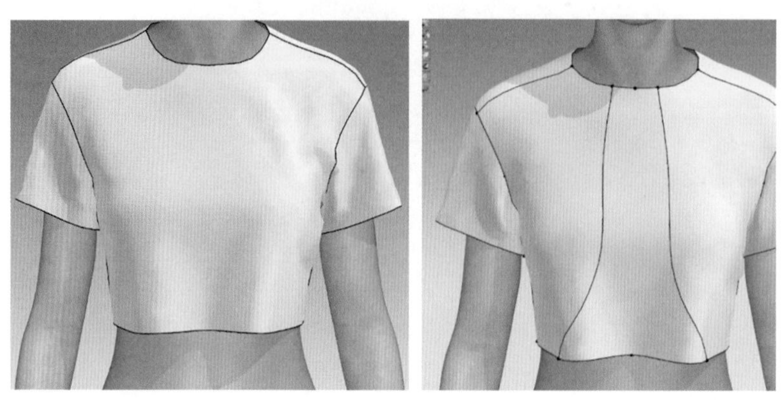

图 3.60　完成造型设计

（6）“缩放造型线”工具：用于对服装底摆等部位进行缩放造型。在 3D 窗口中选择“缩放造型线”工具，进行服装底摆缩放造型设计，如图 3.61 所示。

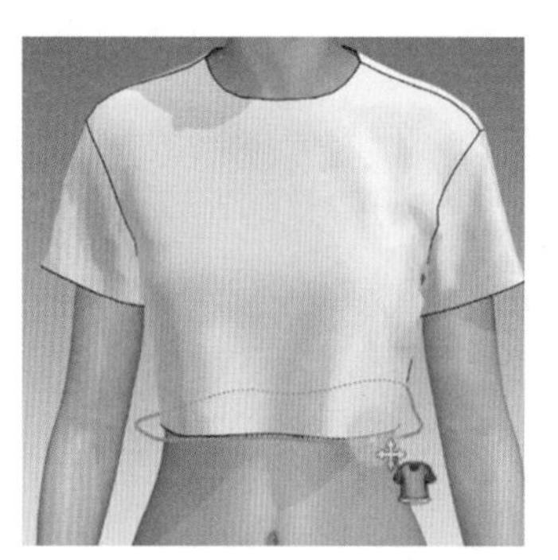

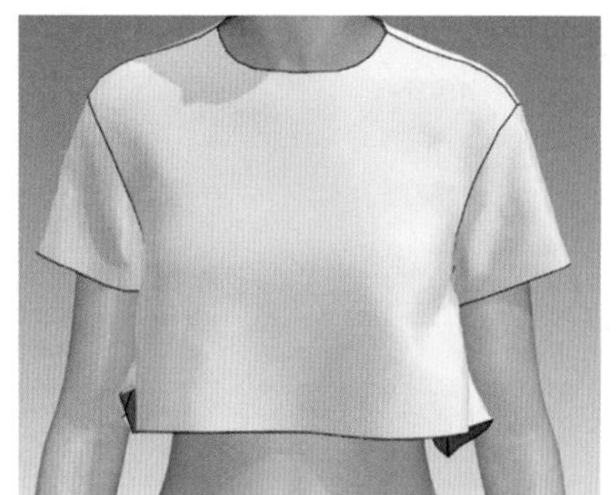

图 3.61　完成缩放造型

（7）“编辑造型线”工具：用于对服装造型线进行设计、调整和修改。在 3D 窗口中选择“编辑造型线”工具，对造型线进行编辑，如图 3.62 所示。

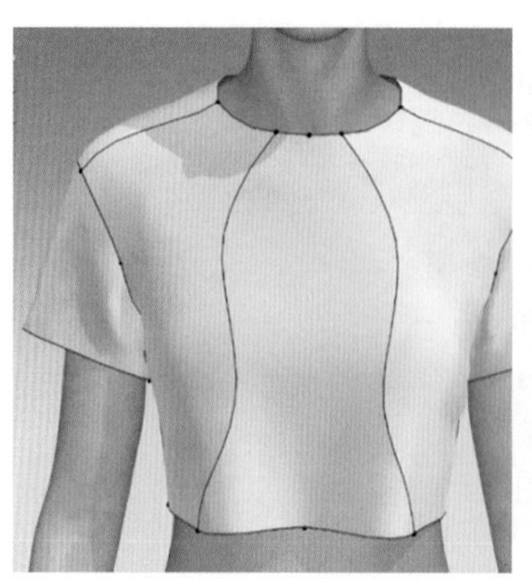

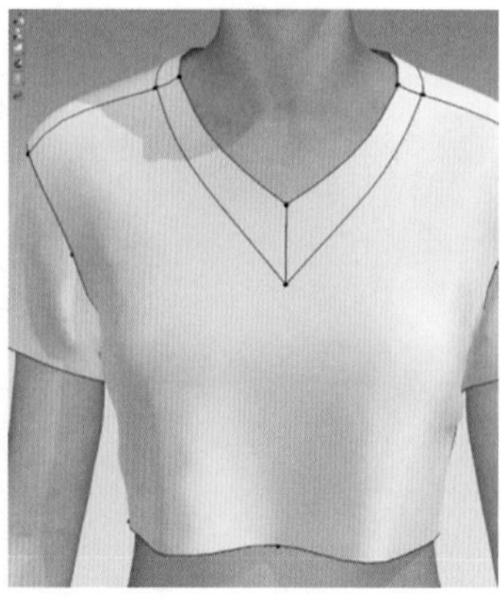

图 3.62　完成编辑造型线

（8）“编辑缝纫线”工具：用于缝合板片。在3D窗口中选择“编辑缝纫线”工具，对板片进行缝合，如图3.63所示。

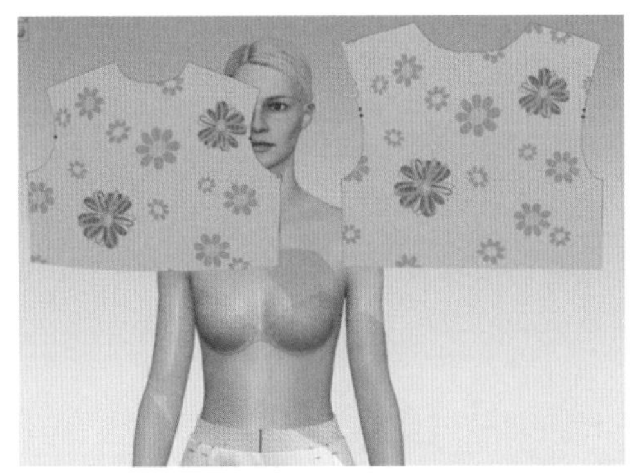
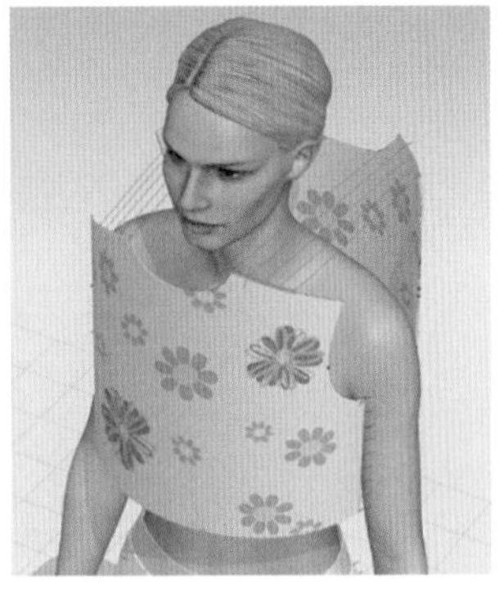

图3.63　完成板片缝合

（9）“假缝”工具：用于在已着装的服装上临时掐褶调整合适度。在3D窗口中选择“假缝”工具，选择要缝合处，如图3.64所示。

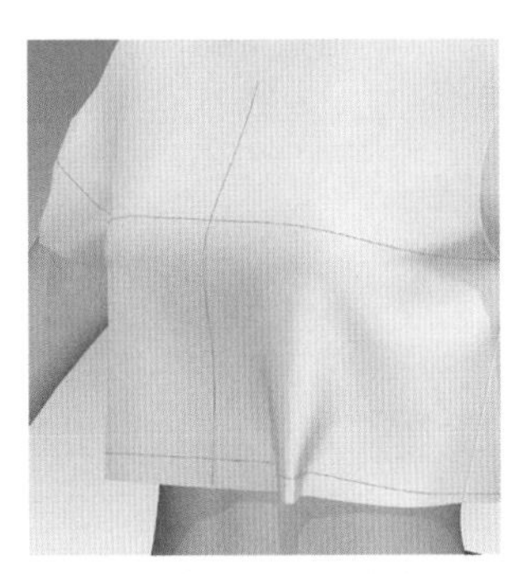

图3.64　完成假缝

（10）“折叠安排”工具：用于将领翻折至领座位置，为了更好的效果，在激活模拟前折叠缝份、领子和克夫。在3D窗口中选择“折叠安排”工具，先选择翻折线，再调整定位球位置，完成领子翻折，如图3.65所示。

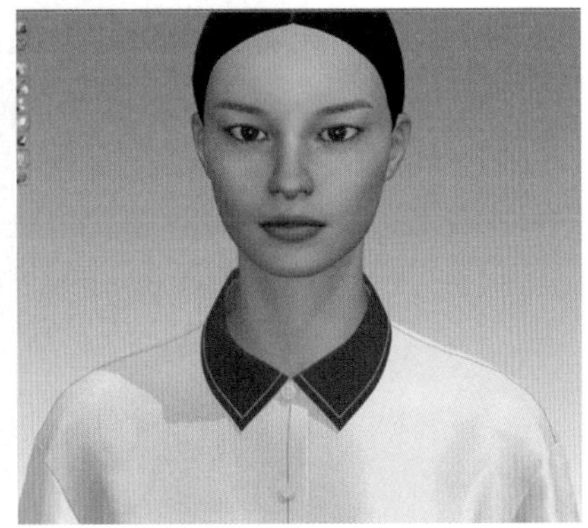

图3.65　完成领子翻折

（11）“重置 3D 安排位置（全部）”工具：用于将板片安放到模特身上。在 3D 窗口中选择“重置 3D 安排位置（全部）”工具，在选择的板片上右击，将全部或选择的板片安排位置重新恢复到模拟前的位置，如图 3.66 所示。使用此工具可解决部分模拟后出现问题的情况。

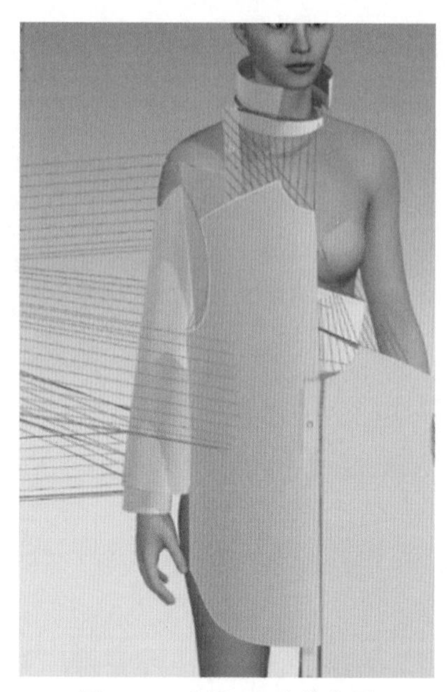

图 3.66　重置 3D 安排位置

（12）“提高服装品质”工具：用于提高服装品质以强调服装的真实性和更高的品质。在 3D 窗口中选择“提高服装品质”工具，通过调整粒子间距数值来调整，如图 3.67 所示。

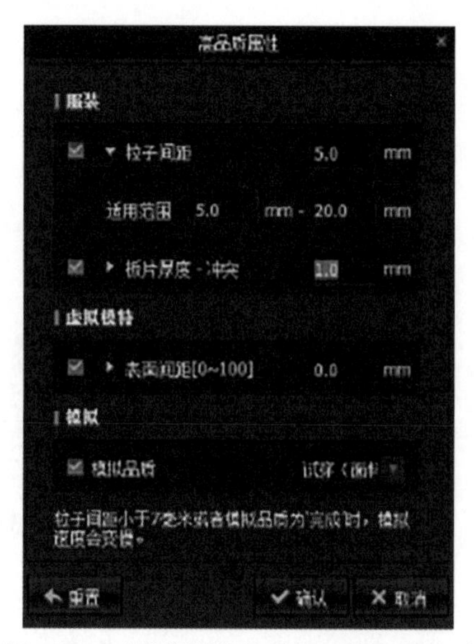

图 3.67　“提高服装品质”工具设置界面

（13）“编辑、测量（虚拟模特）”工具：用于量取模特尺寸。在3D窗口中选择“编辑、测量”工具，单击模特要编辑的部位，量取或者编辑测量虚拟模特，如图3.68所示。

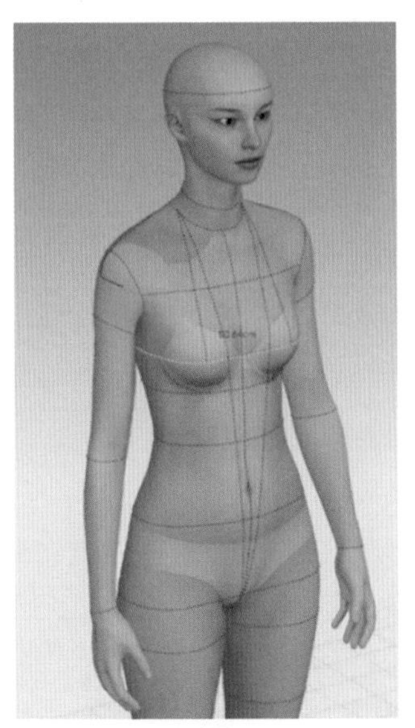
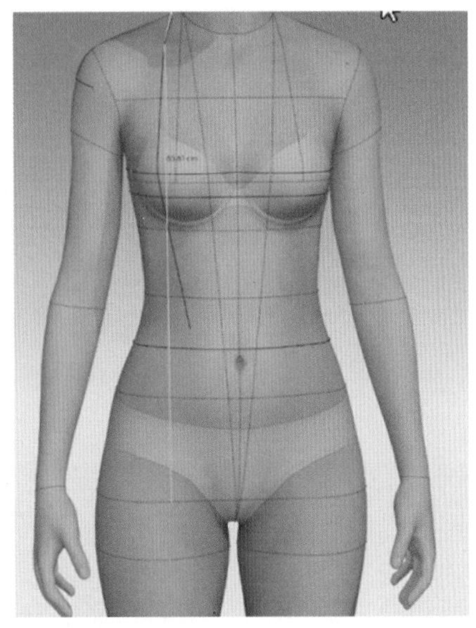

图3.68　测量衣长尺寸

（14）“贴覆到虚拟模特测量”工具：用于将服装固定到模特上。在3D窗口中选择“贴覆到虚拟模特测量”工具，在虚拟模特上生成的胶带能贴覆到板片的外轮廓线或内部线段上，如图3.69所示。

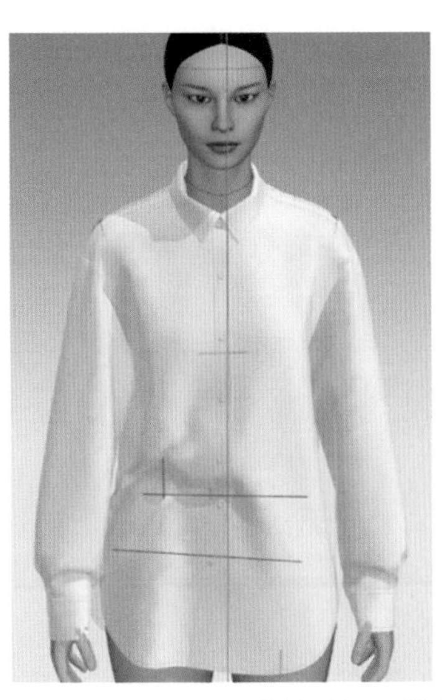
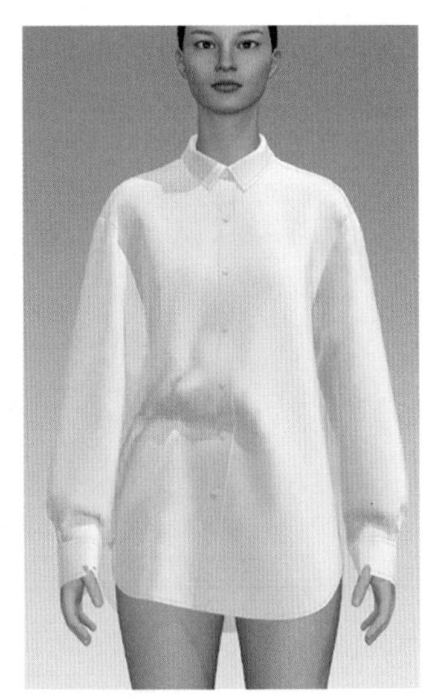

图3.69　胶带粘贴服装效果

（15）“打开动作”工具：用于打开姿势或动作文件，如图3.70所示。

（16）“3D笔”工具：用于在3D服装上直接画设计线，如图3.71所示。

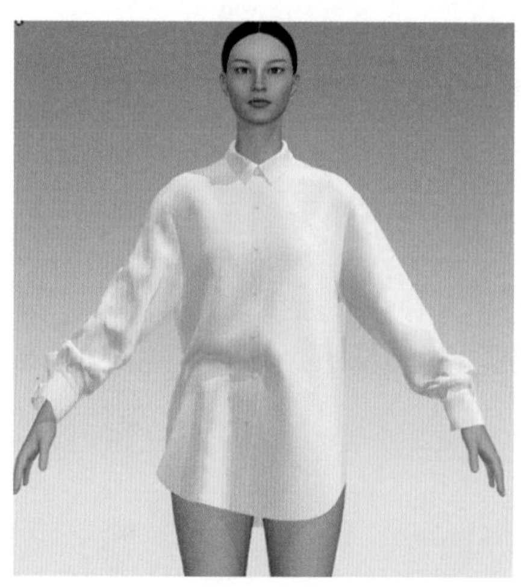

图 3.70　完成模特手臂打开

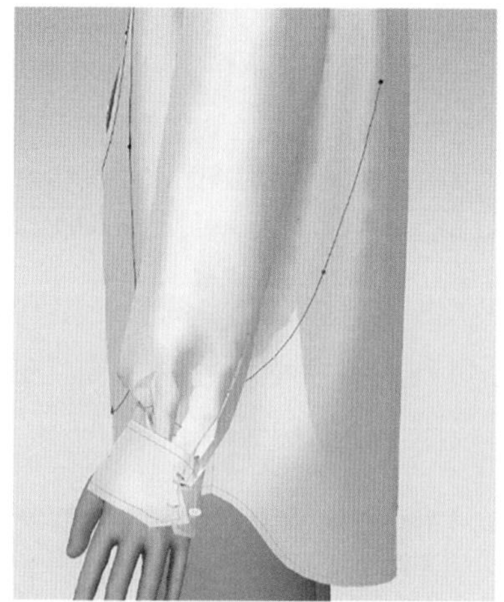

图 3.71　在 3D 服装上直接画设计线

（17）“3D 笔（虚拟模特）”工具：可以在虚拟模特表面画线并将其变为板片，如图 3.72 所示。

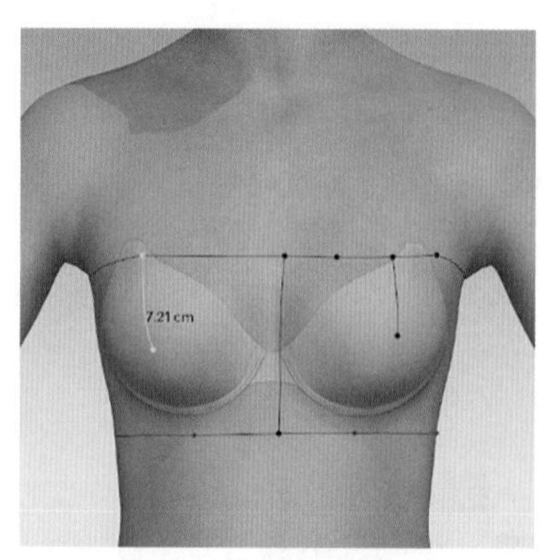

图 3.72　完成板片绘制

（18）“展平为板片”工具：用于将模特上的线段展平为板片，该功能仅作用于在模特上创建的图形。在 3D 窗口中选择“展平为板片”工具，在模特上单击选择展平的区域后按 Enter 键，2D 窗口中会生成所需板片，如图 3.73 所示。

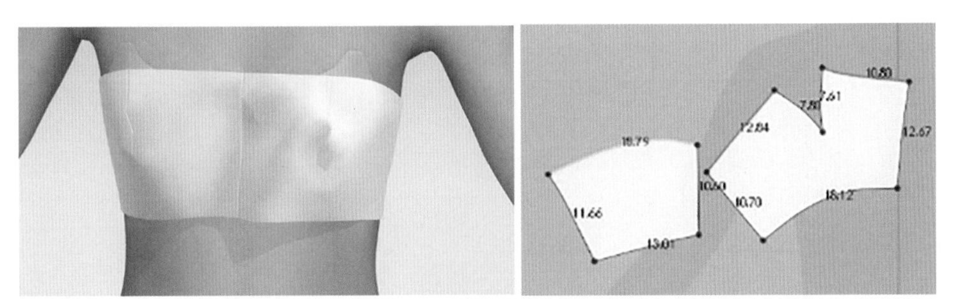

图 3.73　完成展平为板片

（19）“编辑纹理（3D）”工具：用于修改板片应用织物的丝缕线方向和位置，修改织物的大小，旋转织物的方向。在 3D 窗口中选择“编辑纹理（3D）”工具，选择要编辑的纹理，可以进行等比缩放、位置移动等，然后单击“确认”按钮，如图 3.74 所示。

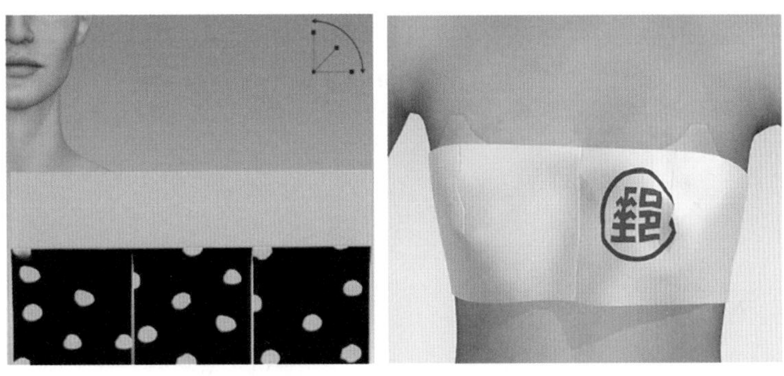

图 3.74　完成纹理编辑

（20）“纽扣”工具：用于创建纽扣并按需要放置。在 3D 窗口中选择“纽扣”工具，在要添加纽扣的平分线上单击就会自动生成纽扣，如图 3.75 所示。

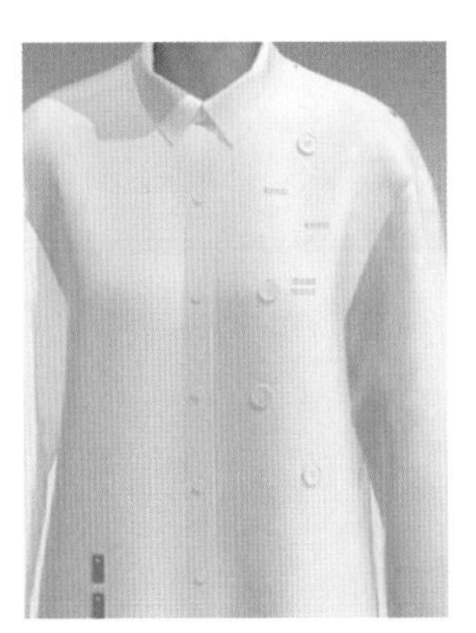

图 3.75　完成纽扣创建

（21）“扣眼”工具：用于创建扣眼并放至所需位置。在3D窗口中选择“扣眼”工具，在要添加扣眼的平分线上单击就会自动生成扣眼，如图3.76所示。

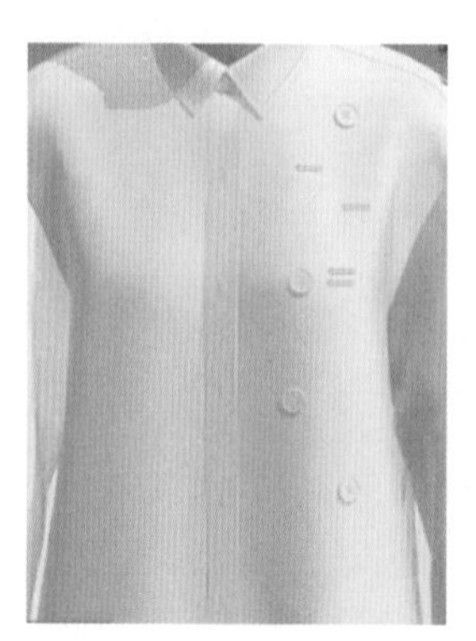

图3.76　完成扣眼创建

（22）“拉链”工具：用于方便快捷地生成并表现拉链。在3D窗口中选择“拉链”工具，在需要添加拉链门襟的位置单击，在结束的地方双击，完成后开启模拟，完成拉链安装，如图3.77所示。

（23）“嵌条”工具：用于在线缝处创建嵌条。在3D窗口中选择“嵌条”工具，在要加嵌条的缝缝部位单击起始端并拉到结束端，双击结束，然后模拟，如图3.78所示。

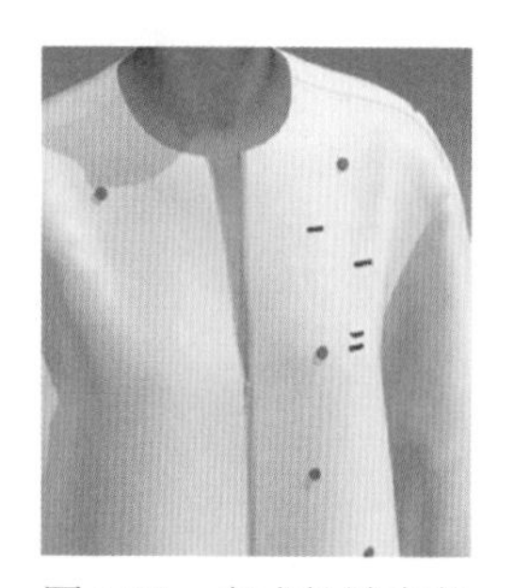

图3.77　完成拉链安装

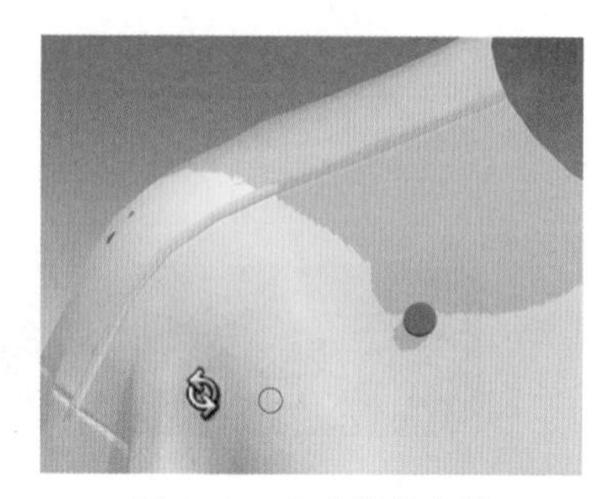

图3.78　完成嵌条安装

（24）“贴边”工具：用于简单地沿着板片外线创建贴边。在3D窗口中选择“贴边”工具，在要加贴边的缝缝部位单击起始端并拉到结束端，双击结束，然后模拟，如图3.79所示。

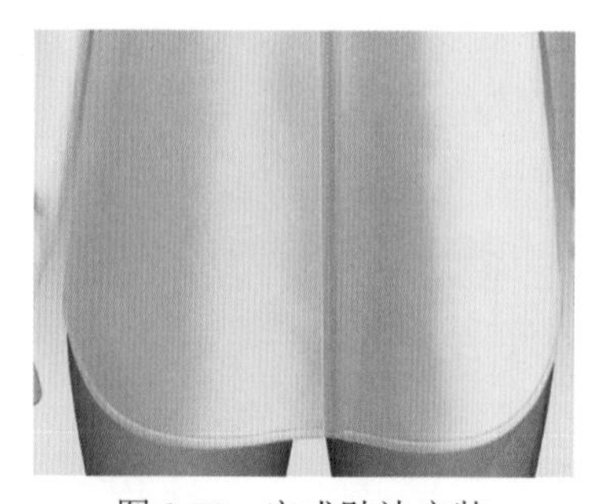

图3.79　完成贴边安装

3.6 模　　拟

（1）模拟。

功能：通过模拟查看3D服装模拟着装效果。在3D窗口中选择“模拟”工具，服装板片将因重力掉落在地板上，如果有物体（如虚拟模特）在它下方，那么它将会落在物体上，如果板片间存在缝纫线关系，当板片因重力而坠落时板片间将根据缝纫线关系进行缝纫。

操作方法：在菜单栏中选择“3D工具栏”→“模拟”选项，如图3.80所示。

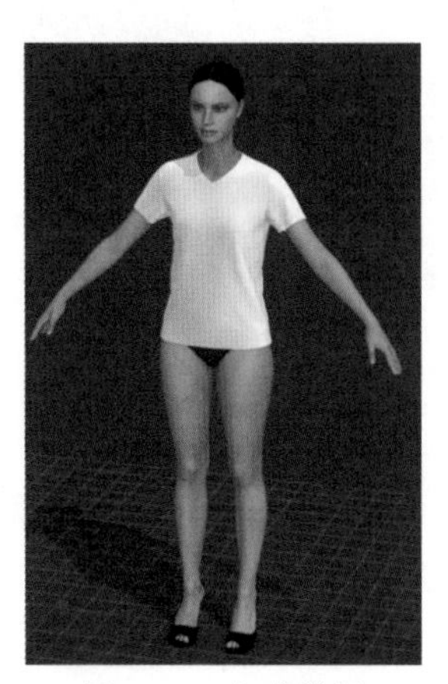

图3.80　完成模拟

（2）同步板片。

功能：在2D窗口中操作修改内容，3D窗口会自动同步。

操作方法：在2D窗口中选择“移动”工具，然后在3D板片上右击，选择“重设2D安排位置”选项，完成板片同步，如图3.81所示。

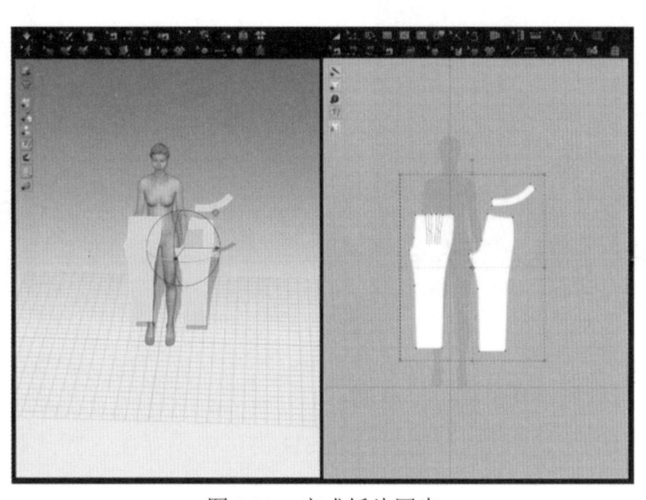

图3.81　完成板片同步

（3）选择 / 移动（3D）。

功能：在 3D 窗口中选择及移动板片。

操作方法：在 3D 工具栏中单击按钮，选择并移动目标板片，如图 3.82 所示。

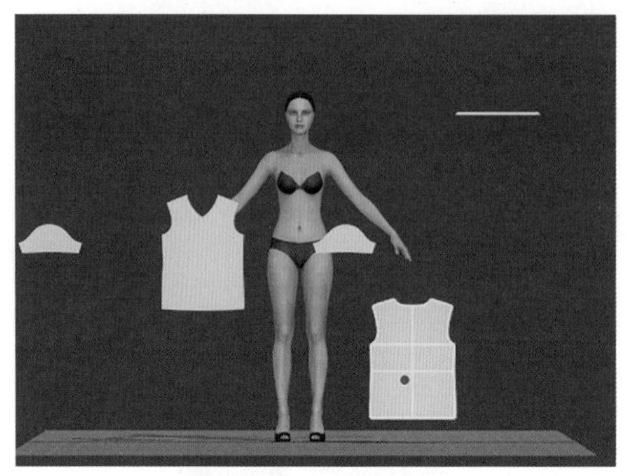

图 3.82　完成板片移动

（4）冷冻 / 解冻。

功能：冷冻固定住板片。在模拟过程中，反激活板片不会发生冲突，而冷冻的板片则会发生冲突，因此冷冻更加适用于处理多层次的服装。例如，调整并冷冻内层服装，然后立即调整外层服装，可以解决服装的不稳定问题。

操作方法：在 3D 工具栏中单击按钮，在 3D 服装上右击并选择“冷冻 / 解冻”选项，如图 3.83 所示。

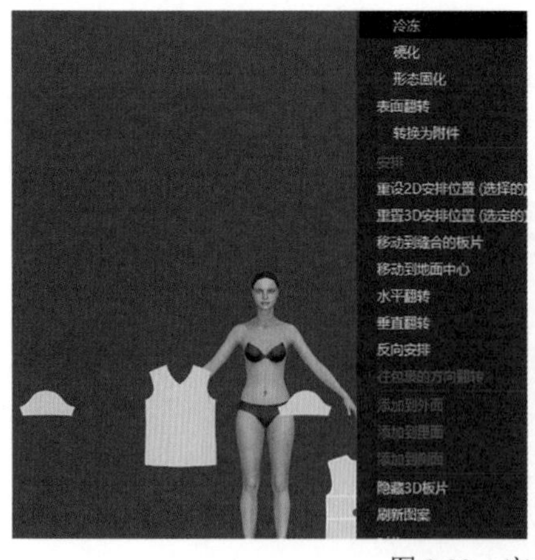

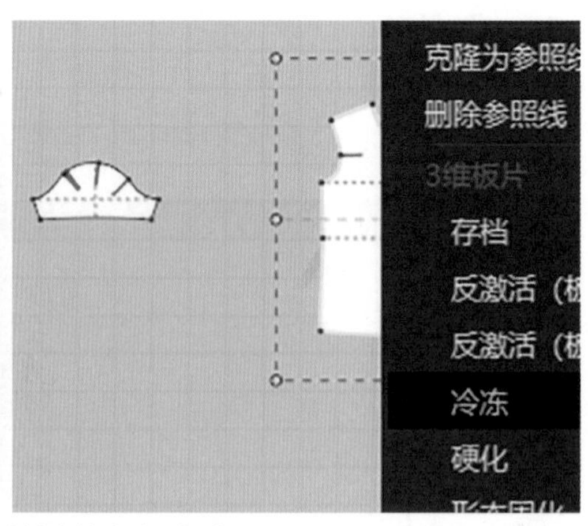

图 3.83　完成板片的冷冻 / 解冻

（5）反激活（板片和缝纫线）/ 激活。

功能：反激活的板片可以理解为板片在 3D 窗口中不存在，因此剩下的板片在模拟时可以穿过反激活板片。这个功能主要用于保持类似于褶或衩这种复杂细节的形态。

操作方法：在 3D 工具栏中单击“选择 / 移动”工具，在 3D 服装上右击并选择“反激活（板片和缝纫线）/ 激活”选项，在 2D 工具栏中单击“调整板片”工具，在 2D 服装上右击并选择“反激活（板片和缝纫线）/ 激活”选项，如图 3.84 所示。

（6）反激活（板片）/ 激活。

功能：反激活的板片可以理解为板片在 3D 窗口中不存在，因此剩下的板片在模拟时可以穿过反激活板片。这个功能主要用于保持类似于褶或衩这种复杂细节的形态。反激活多个板片后，模拟速度将变快。

操作方法：在 3D 工具栏中单击“选择 / 移动”工具，在 3D 服装上右击并选择“反激活（板片）/ 激活”选项，在 2D 工具栏中单击“调整板片”工具，在 2D 服装上右击并选择“反激活（板片）/ 激活”选项，如图 3.85 所示。

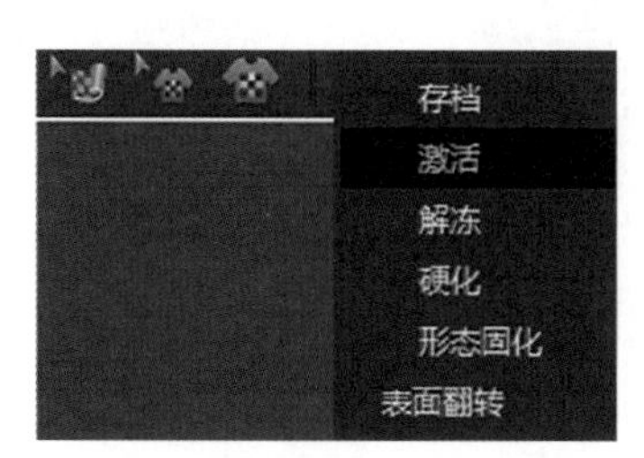

图 3.84　完成板片的反激活（板片和缝纫线）/ 激活

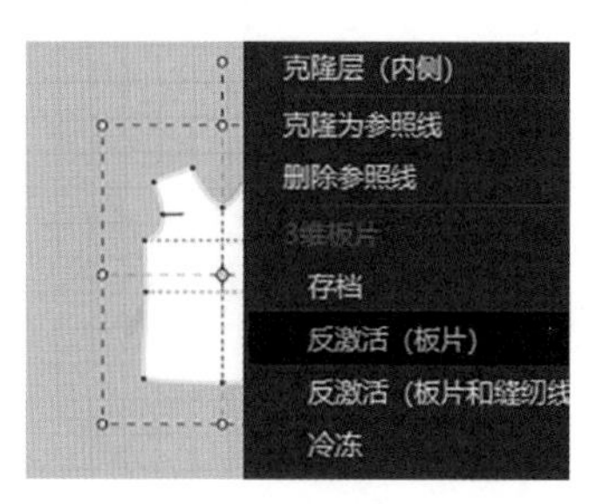

图 3.85　完成板片的反激活（板片）/ 激活

3.7　安　　排

（1）存档 3D 板片。

功能：在制作时，3D 窗口中没有用到的板片可以将它们存档。

操作方法：在 3D/2D 板片上右击，选择“存档 / 取消存档”选项，如图 3.86 所示。

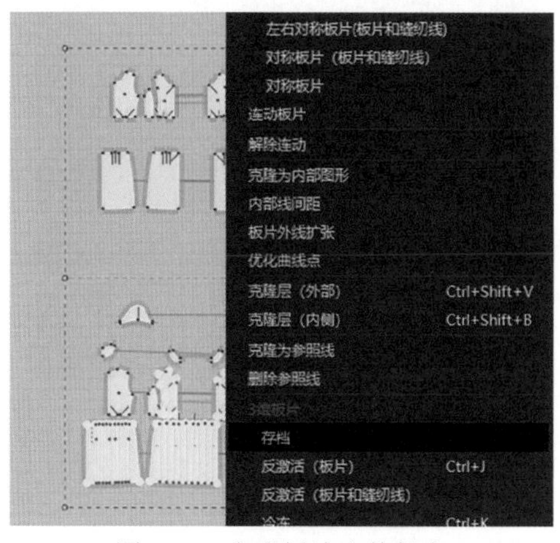

图 3.86　完成板片文件保存

（2）“安排点”工具。

功能：在安排板上增加安排点。注意，生成的安排点没有对应的安排板时是不能看到安排点的。

操作方法：选择“安排点”工具，安排板片 / 往包裹的方向翻转，在 3D 窗口的左上角显示虚拟模特，显示安排点，如图 3.87 所示。安排点是基于包围虚拟模特周围的体积来创建的，并根据模特曲线来安排。

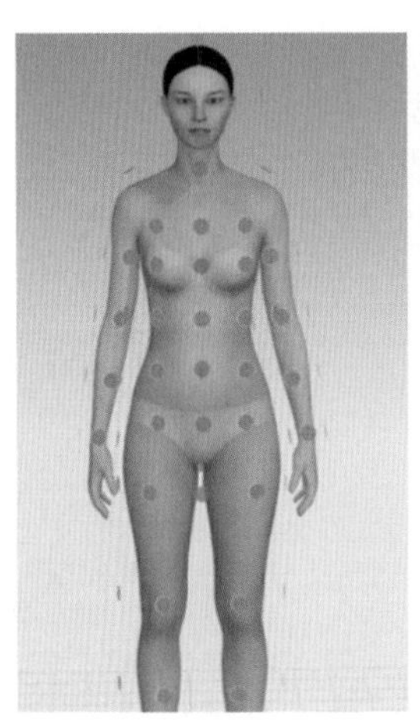
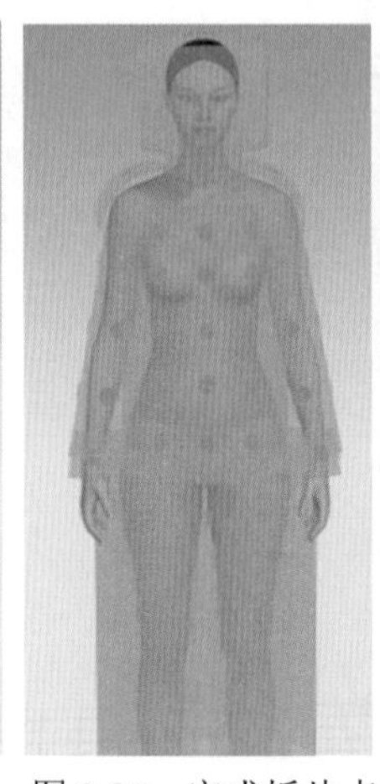
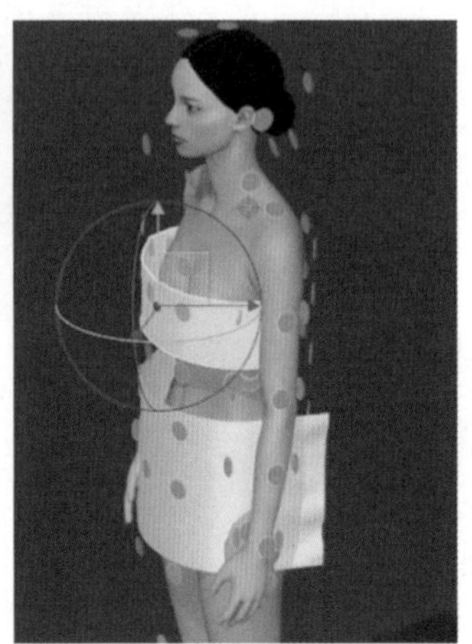

图 3.87　完成板片点安排

（3）安排属性设定。

功能：运用“安排属性设定”工具将板片安排在安排点后，可以具体调整安排属性。

操作方法：在 3D 工具栏中单击“选择 / 移动”工具，选择 3D 板片，然后选择“属性编辑器”→“安排”选项，在“属性编辑器”窗口中找到安排的相关属性设置，如图 3.88 所示。

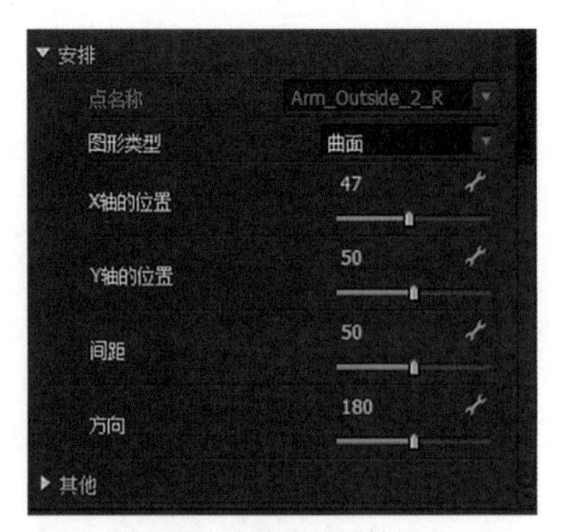

图 3.88　完成安排属性设定

（4）使用定位球旋转 / 移动板片。

功能：运用定位球工具旋转或移动板片、物体、模特关节等。

操作方法：在 3D 工具栏中单击“选择 / 移动”工具，然后选择 3D 服装板片（关闭模拟时），如图 3.89 所示。

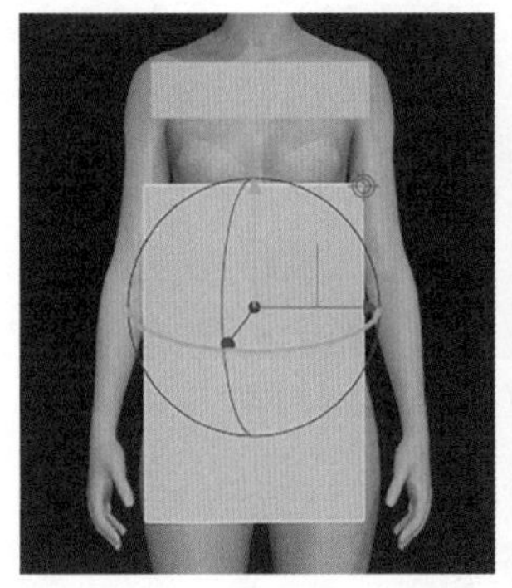
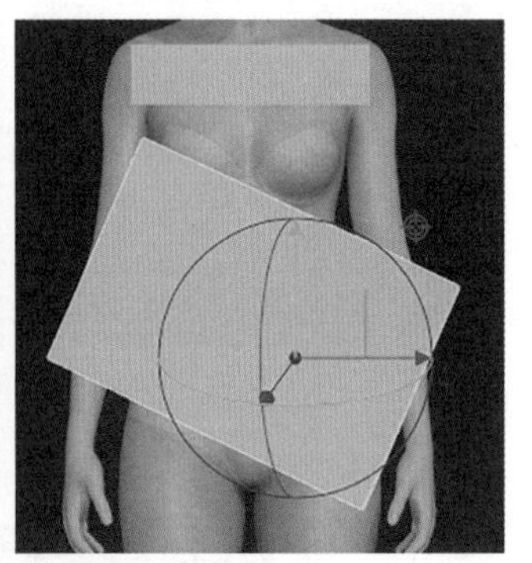

图 3.89　使用定位球旋转 / 移动板片

（5）使用方向键移动（3D）。

功能：在 3D 窗口中选择板片并使用键盘上的方向键按照预设值移动距离。

操作方法：在菜单栏中选择“3D 服装”→“选择 / 移动”选项，如图 3.90 所示。

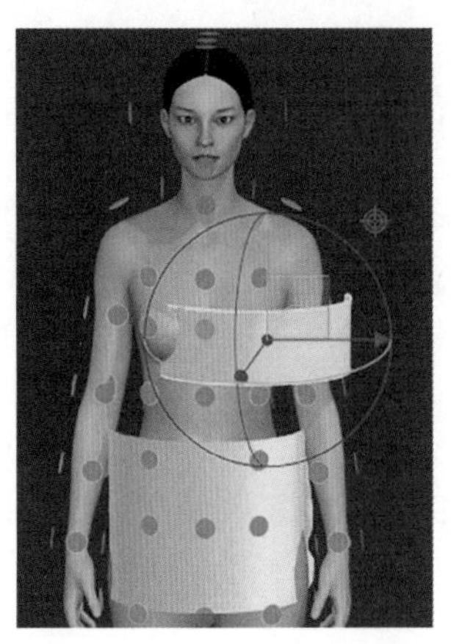

图 3.90　使用方向键进行移动

（6）重设 2D 安排位置。

功能：运用“重设 2D 安排位置”可以展平并按照 2D 窗口中的安排在 3D 窗口中安排板片。

操作方法：在 3D 工具栏中单击“选择 / 移动”按钮，在 3D 板片上右击并选择“重设 2D 安排位置（选择的）”选项，如图 3.91 所示。

（7）重置 3D 安排位置。

功能：运用“重置 3D 安排位置”工具将全部或选择的板片安排位置重新恢复到模拟前的位置。使用此工具可以解决部分模拟后出现问题的情况。

操作方法：在 3D 工具栏中单击“选择 / 移动”按钮，在 3D 板片上右击并选择“重置 3D 安排位置（选择的）”选项，如图 3.92 所示。

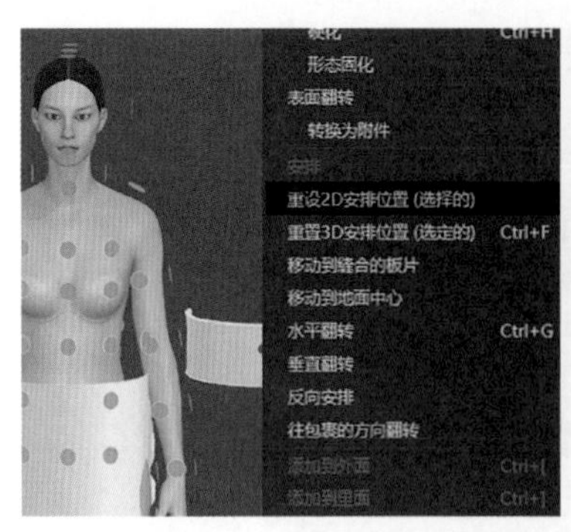

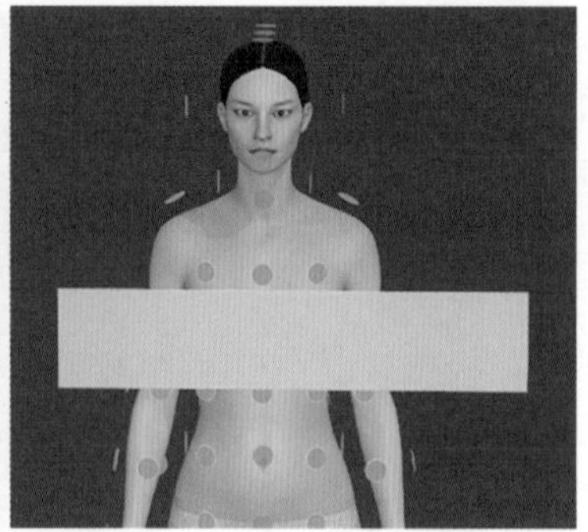

图 3.91　完成板片重设 2D 安排位置

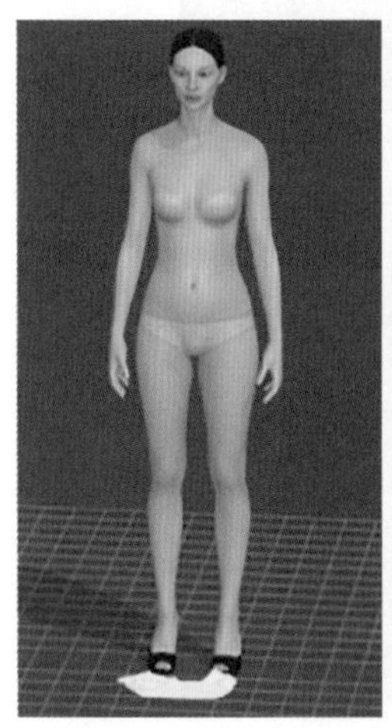
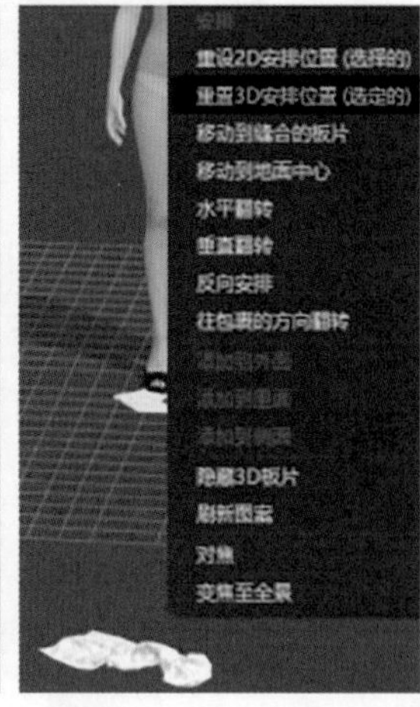

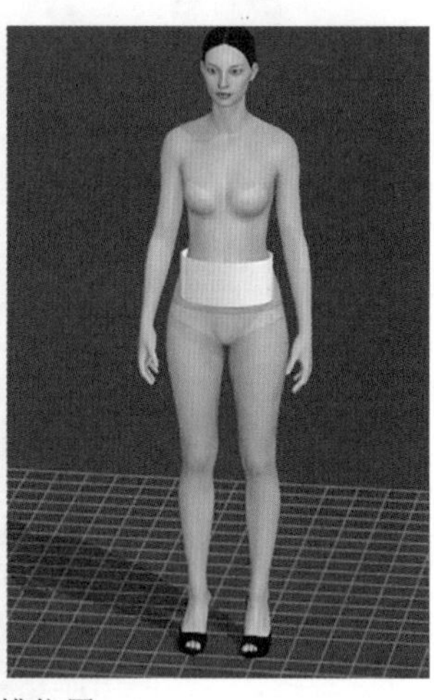

图 3.92　完成板片重置 3D 安排位置

（8）直接定位。

功能：运用“直接定位”工具可以简单地通过单击板片或 OBJ 来安排它们。

操作方法：在 3D 工具栏中单击“选择 / 移动”工具，单击 3D 板片，再单击“定位”工具，如图 3.93 所示。

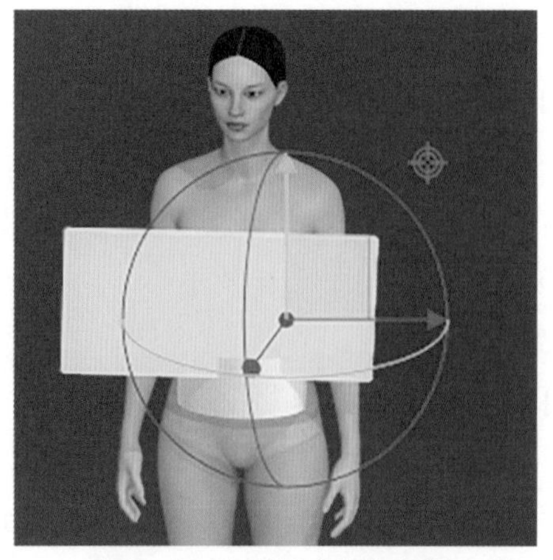

图 3.93　完成板片直接定位

（9）添加到外面 / 里面 / 侧面。

功能：将带有缝纫线关系的板片安排到与之缝纫的板片上。此功能用于安排贴布、里布、克夫、领子等需要安排在别的板片上的板片。

操作方法：

1）在 3D 工具栏中单击“选择 / 移动”工具，在 3D 板片上右击并选择“添加到外面”选项，如图 3.94 所示。

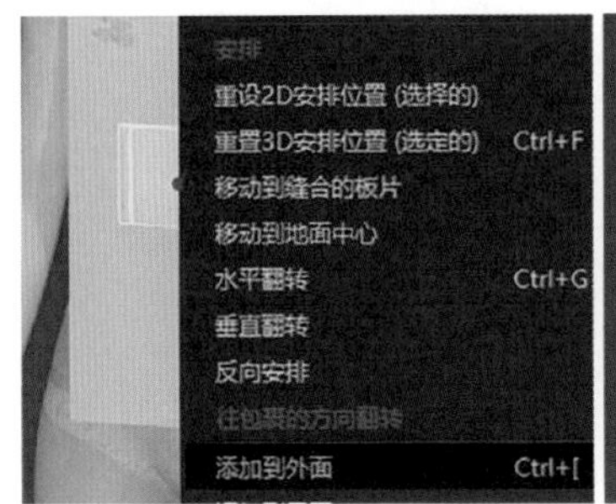

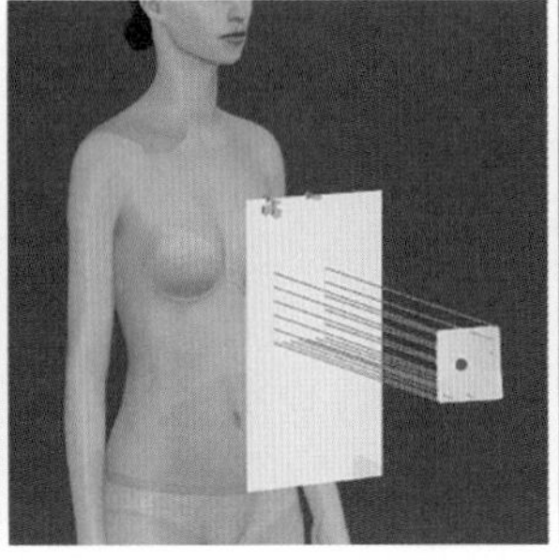
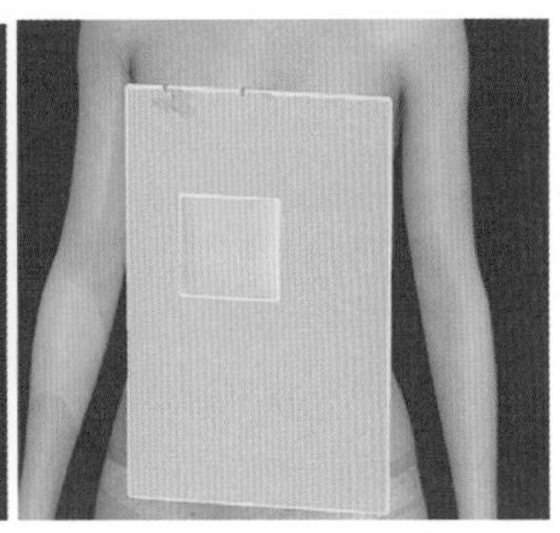

图 3.94　添加到外面

2）在 3D 工具栏中单击“选择 / 移动”工具，在 3D 板片上右击并选择“添加到里面”选项，如图 3.95 所示。

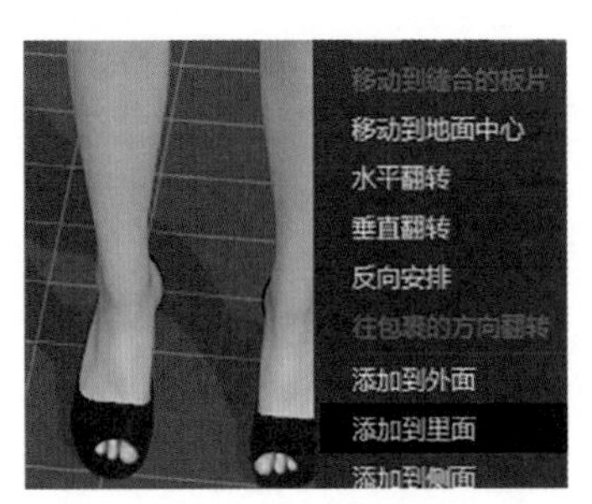

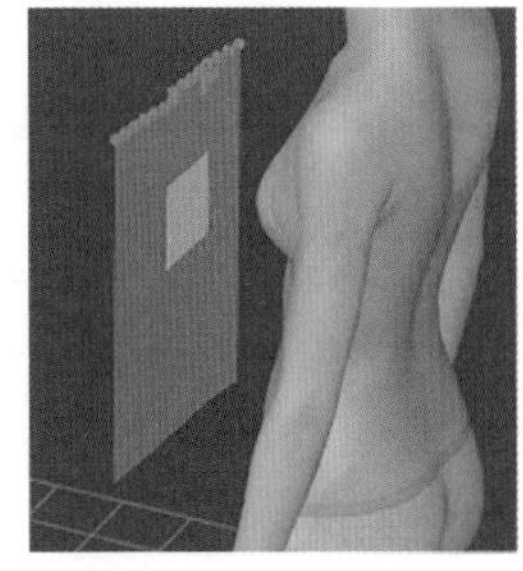

图 3.95　添加到里面

3）在 3D 工具栏中单击“选择 / 移动”工具，在 3D 板片上右击并选择“添加到侧面”选项，如图 3.96 所示。

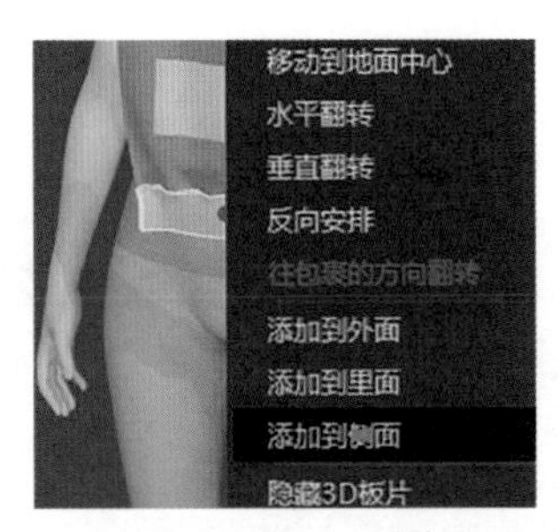

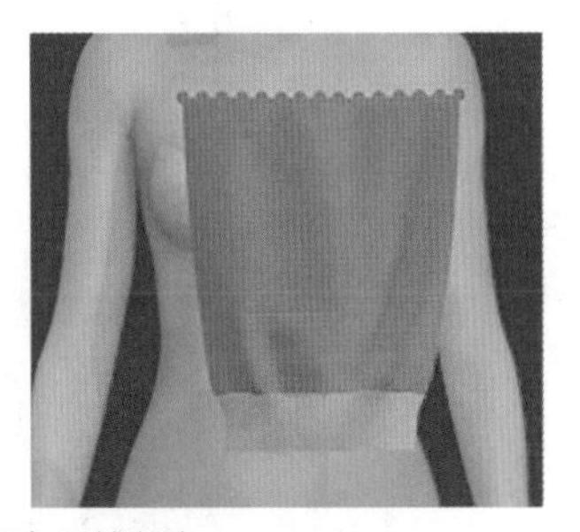

图 3.96　添加到侧面

（10）移动到缝合的板片。

功能：保持当前形态情况下将一个板片移动到与其缝合的板片附近。

操作方法：在 3D 工具栏中单击“选择 / 移动”工具，在 3D 板片上右击并选择“移动到缝合的板片”选项，如图 3.97 所示。

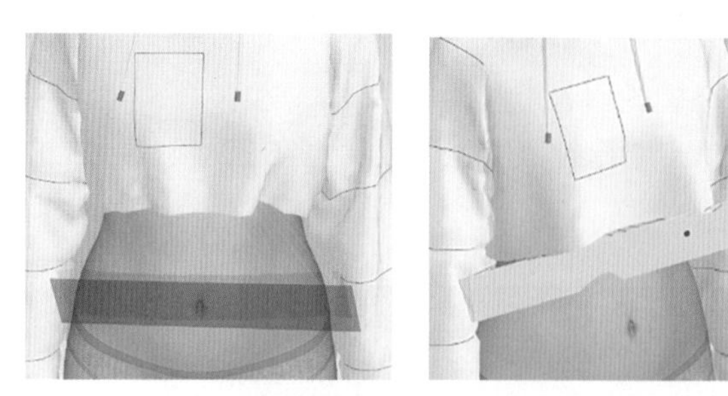

图 3.97 完成板片的移动

（11）自动试穿。

功能：根据虚拟模特的尺寸穿着 3D 服装。

操作方法：

1）在 3D 工具栏中单击“自动穿着”工具。

2）选择好模特，然后导入板片，如图 3.98 所示。

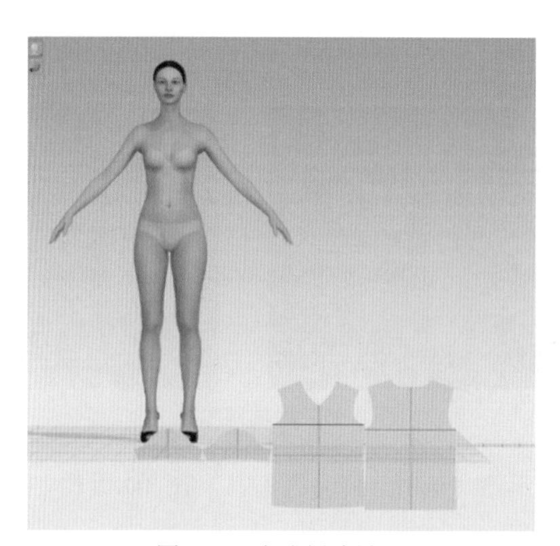

图 3.98 完成板片导入

3）模块预设板块，如图 3.99 所示。

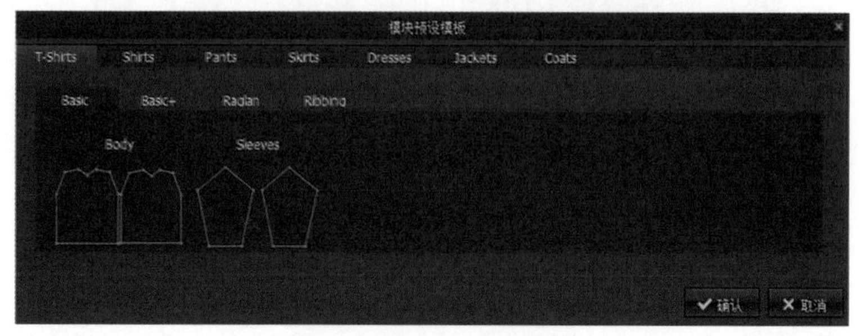

图 3.99 完成板片模块预设

4）运用“自动缝纫”工具自动缝合服装，如图 3.100 所示。

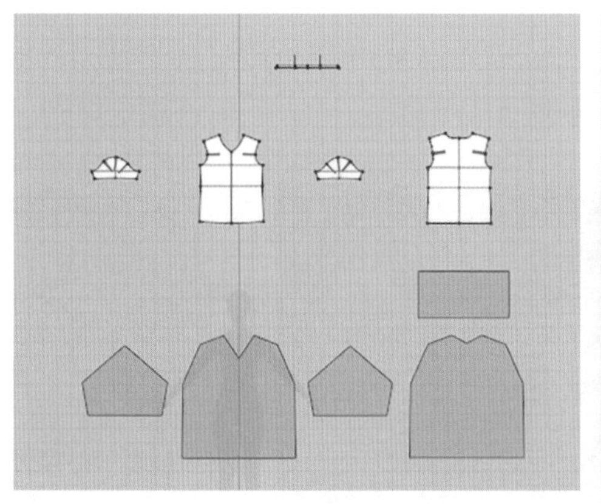

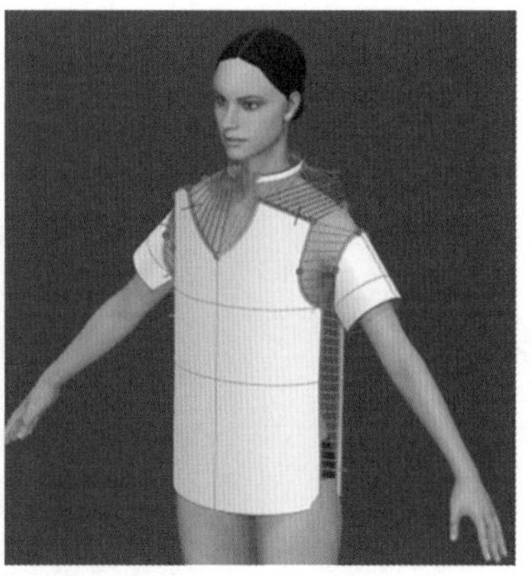

图 3.100　完成板片缝合

5）运用“模拟”工具完成服装模拟，如图 3.101 所示。

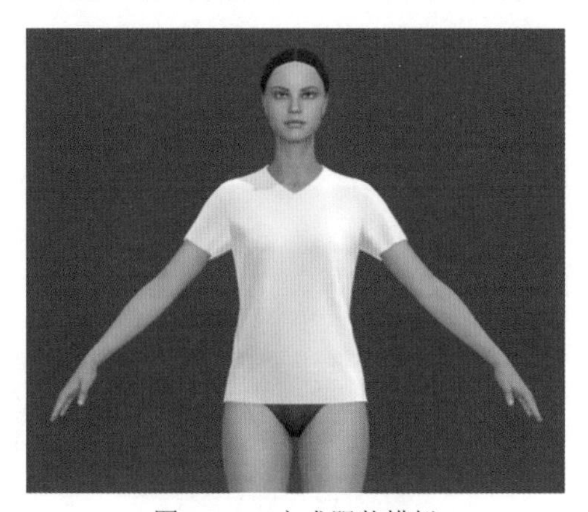

图 3.101　完成服装模拟

（12）水平 / 垂直翻转。

功能：在 3D 窗口中水平 / 垂直翻转一个板片。

操作方法：在 3D 工具栏中单击“选择 / 移动”工具，在 3D 板片上右击并选择“水平翻转”或“垂直翻转”选项，如图 3.102 所示。

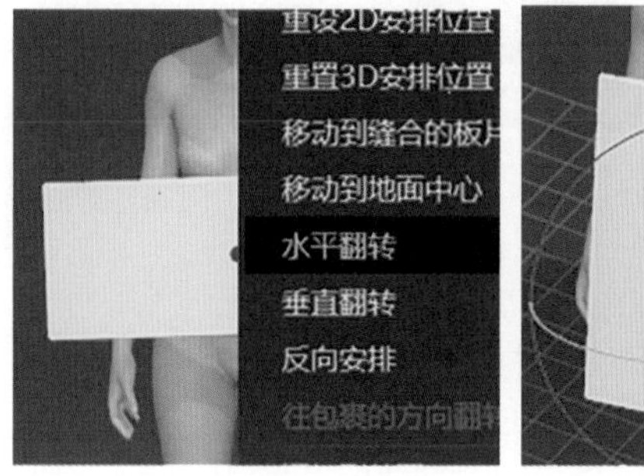

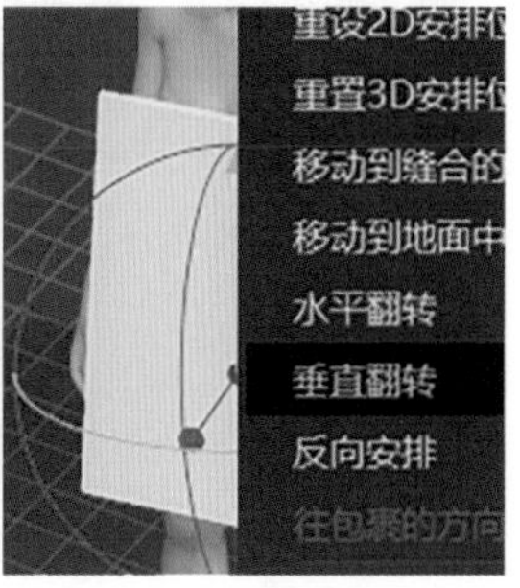

图 3.102　完成板片的水平 / 垂直翻转

（13）变焦至全景（3D）。

功能：调整模特到中心点位置。

操作方法：在 3D 窗口中显示所有的板片或将 3D 视野的中心变更至 3D 网格的中心，右击并选择“变焦至全景”选项，如图 3.103 所示。

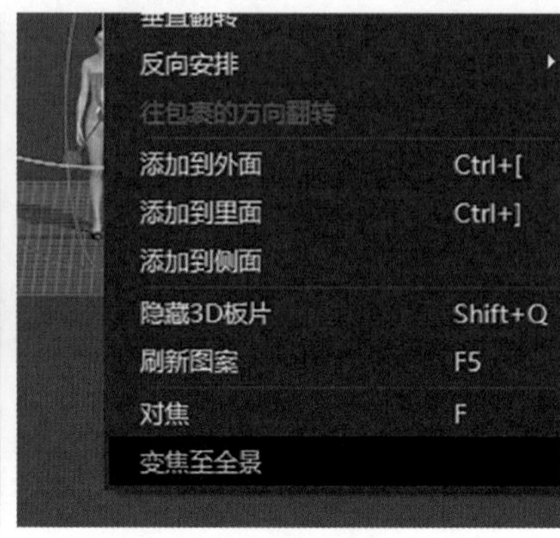

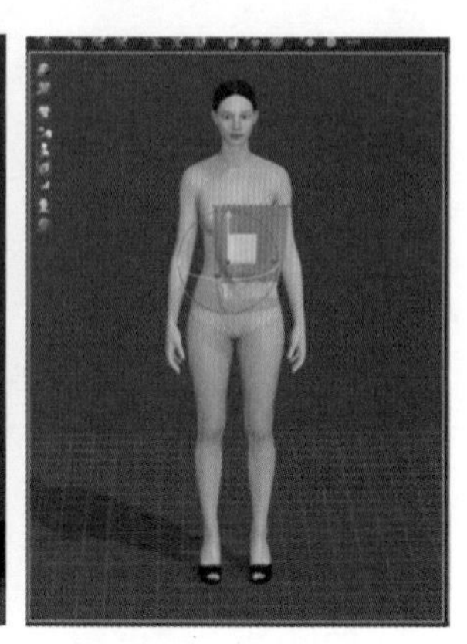

图 3.103　完成变焦至全景（3D）

（14）复制 / 粘贴（3D）。

功能：在 3D 窗口中复制或粘贴板片。

操作方法：在 3D 工具栏中选择“选择 / 移动”工具，右击板片并选择“复制”或“粘贴”选项，如图 3.104 所示。

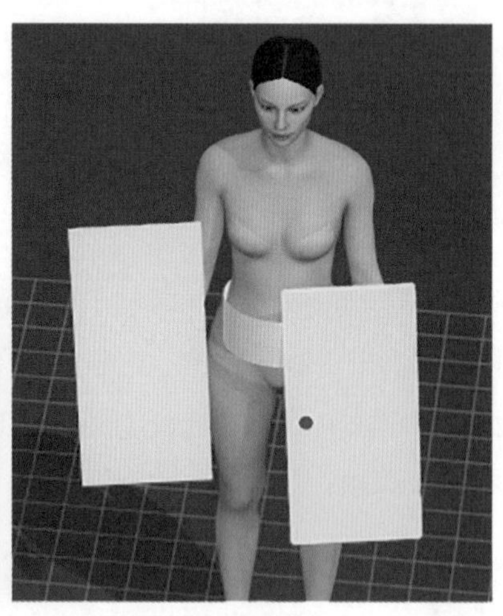

图 3.104　完成板片复制

第4章 CLO 3D服装虚拟仿真项目实践应用

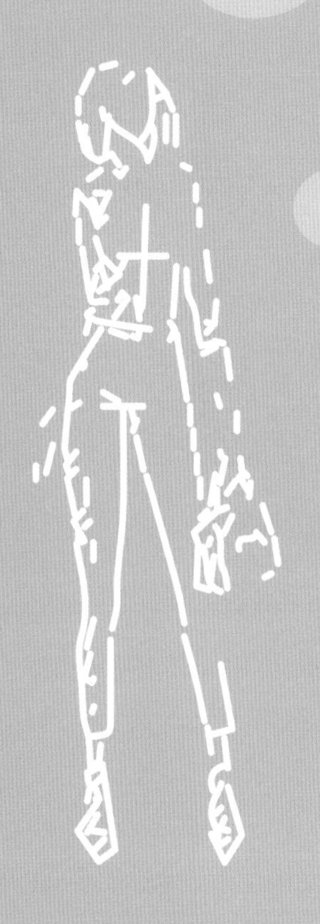

4.1 裤子实践应用

本例完成的款式图如图 4.1 所示。

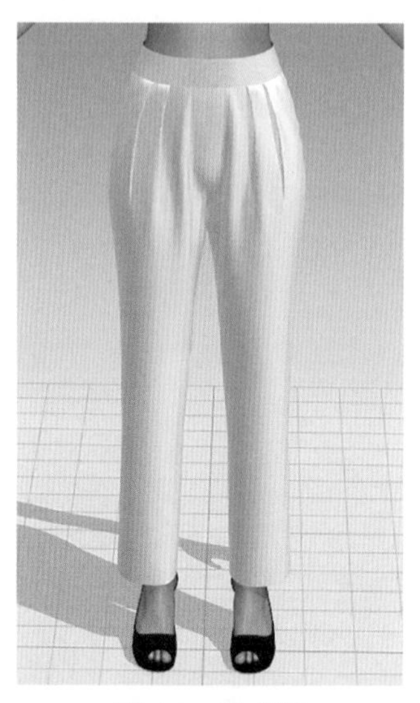

图 4.1 款式图

4.1.1 板片导入及校对

（1）导入 DXF 板片，如图 4.2 所示，打开的 DXF 板片文件如图 4.3 所示。

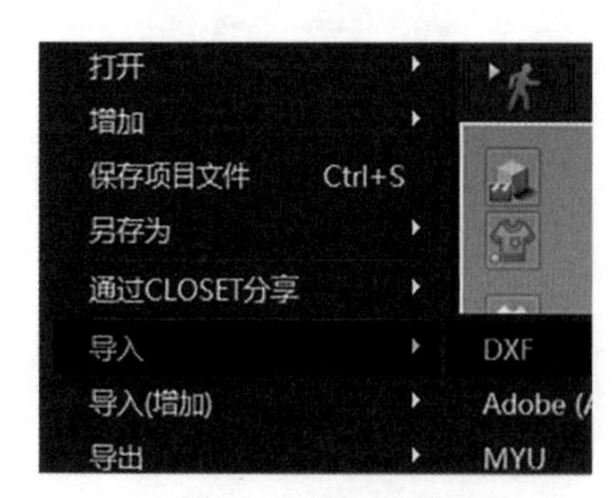

图 4.2 导入文件

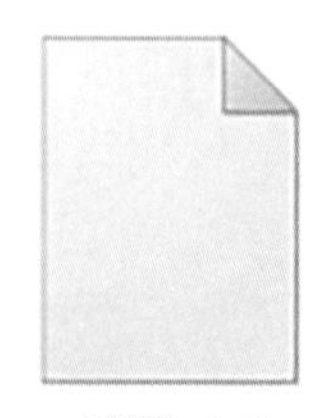

图 4.3 导入的文件

（2）从图库里选择女模特 Feifei 并调入，如图 4.4 所示。

（3）在 2D 窗口中运用“板片调整”工具对所有板片进修整理，然后框选所有板片并置于人体中心合适的位置，如图 4.5 和图 4.6 所示。

（4）在 2D 窗口中运用“板片调整”工具对所有板片进行整理，如图 4.7 所示。在 3D 窗口中运用移动工具将所有选择的板片进行重设 2D 安排位置，操作如图 4.8 所示。

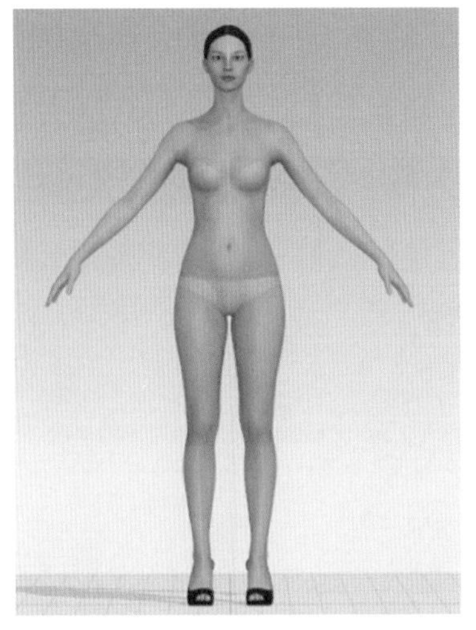
图 4.4　从图库里选择的模特

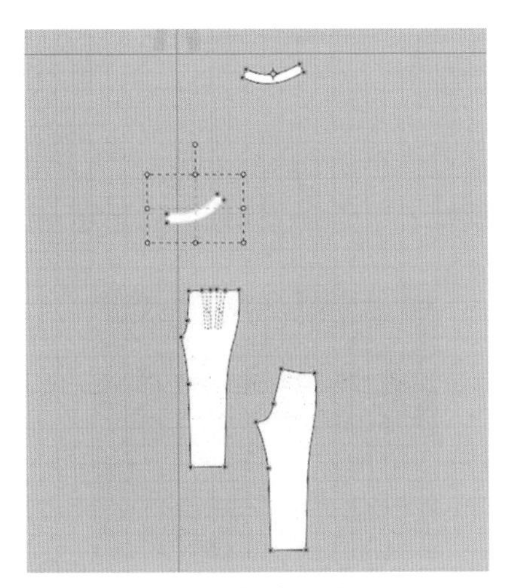
图 4.5　整理前

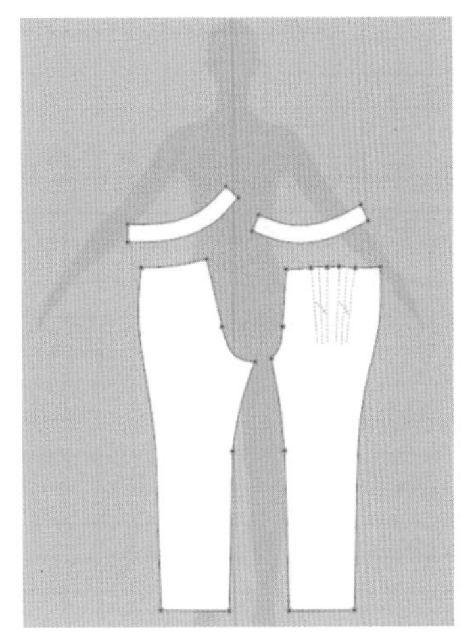
图 4.6　整理后

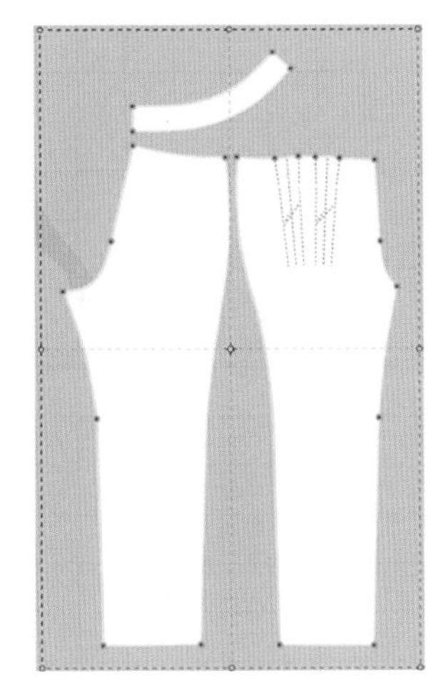
图 4.7　在 2D 窗口中整理好的板片

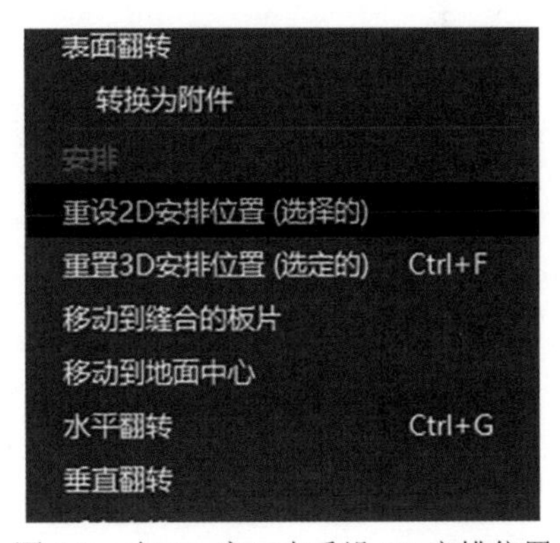

图 4.8　在 3D 窗口中重设 2D 安排位置

（5）在 3D 窗口中运用“移动”工具将所有被选择的板片移到模特正前方位置，在 2D 和 3D 窗口中同步板片，完成效果如图 4.9 所示。

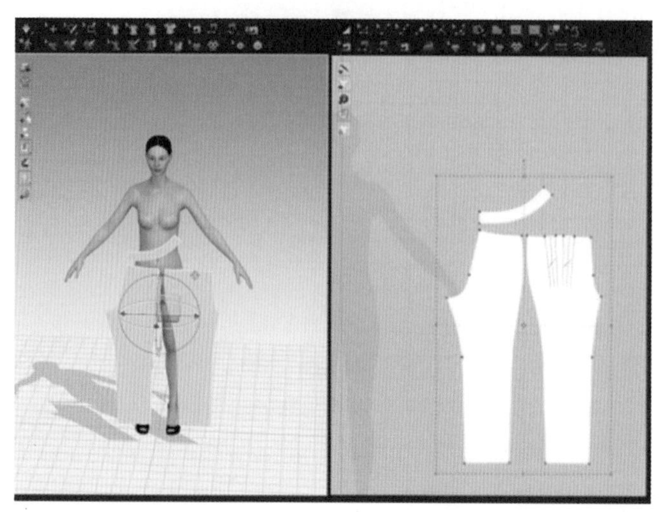

图 4.9 板片同步完成效果

（6）在 2D 窗口中选择“板片调整”工具，然后选择腰部板片（图 4.10）并右击，在弹出的快捷菜单中选择“对称板片（板片和缝纫线）”选项，如图 4.11 所示。

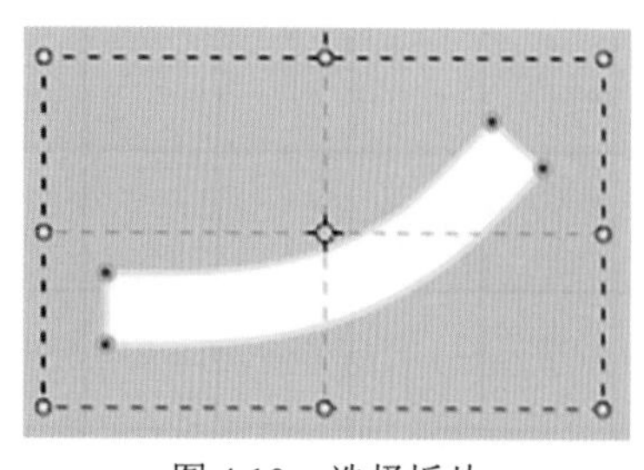

图 4.10 选择板片

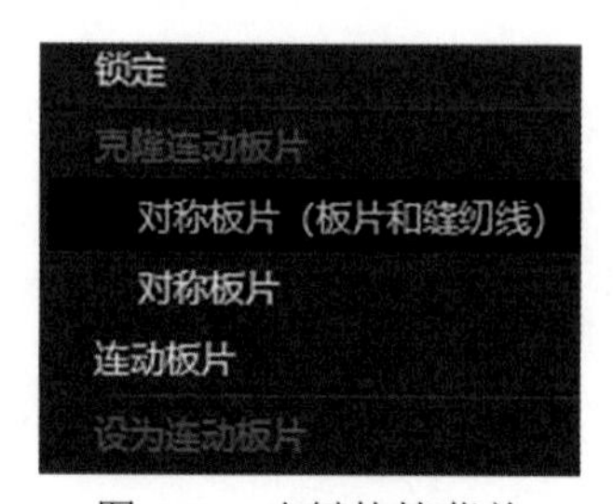

图 4.11 右键快捷菜单

（7）在 2D 窗口中运用“板片调整”工具将新腰部板片与原腰部板片以后腰缝中心线对齐摆放，如图 4.12 所示。

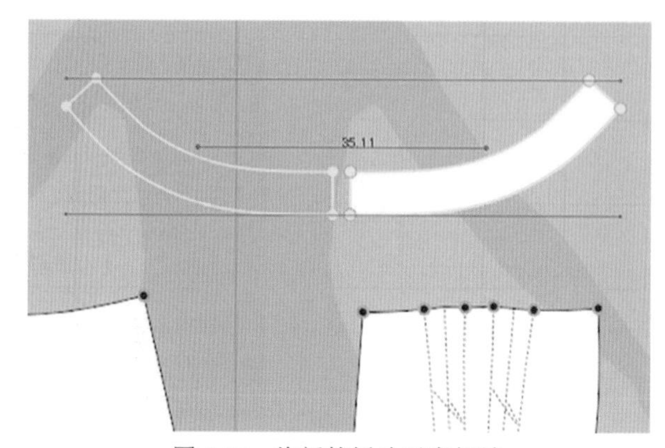

图 4.12 将新的板片对齐摆放

（8）在2D窗口中运用“缝纫”工具将后腰中缝缝合（图4.13），再将前腰中缝、侧缝缝合（图4.14）。

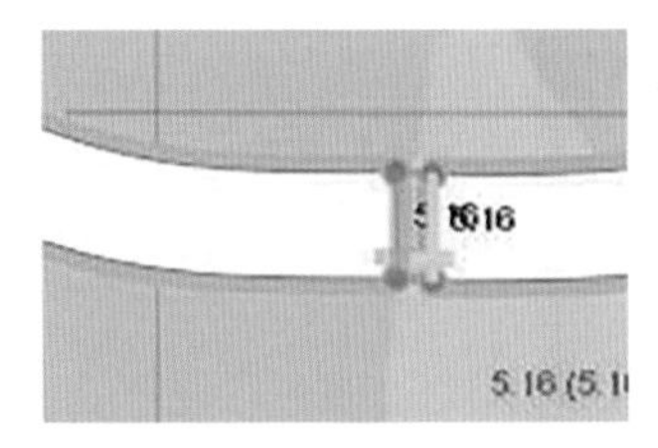

图4.13 缝合后腰中缝

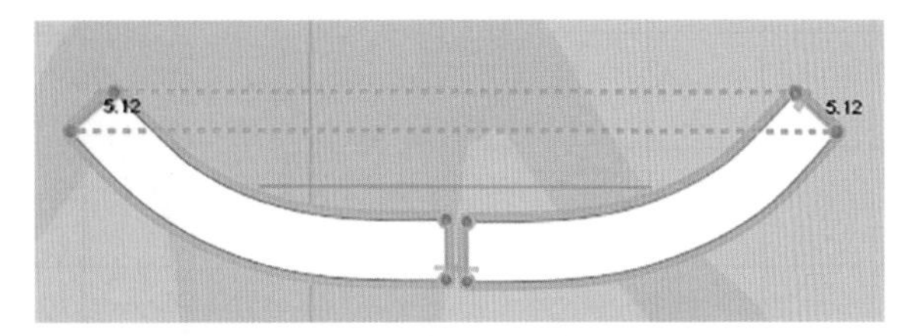

图4.14 缝合前腰中缝和侧缝

（9）在2D窗口中将板片整理好后，在3D窗口中点开“显示虚拟模特”工具下的“显示安排点”工具，如图4.15所示，点安排效果如图4.16所示。

图4.15 在3D窗口中选择“显示安排点”工具

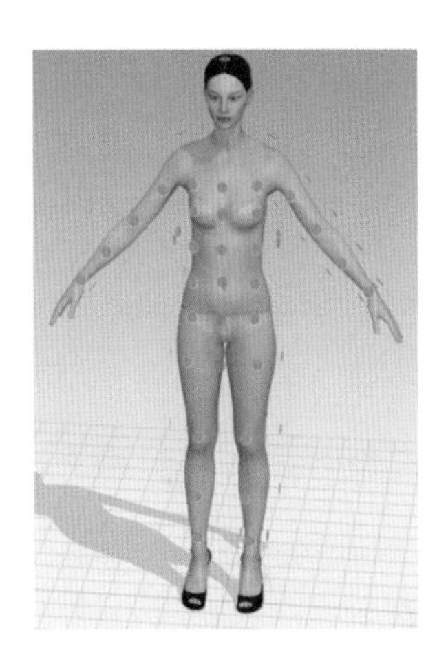

图4.16 点安排效果

（10）在3D窗口中运用“板片调整”工具将所有板片再次整理好（图4.17），然后在板片上右击并选择“重设2D安排位置（选择的）”选项（图4.18）。

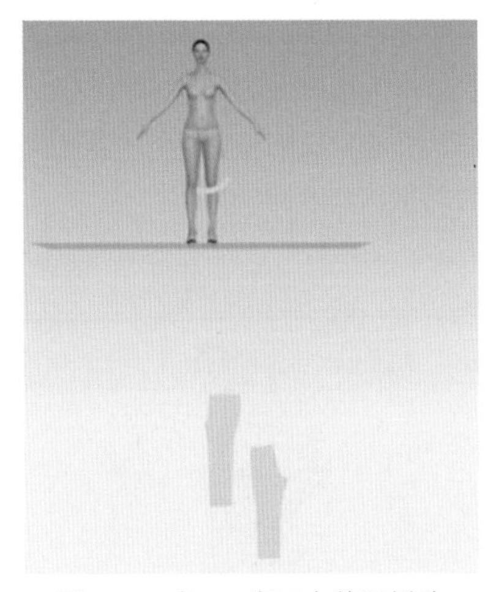

图4.17 在3D窗口中整理板片

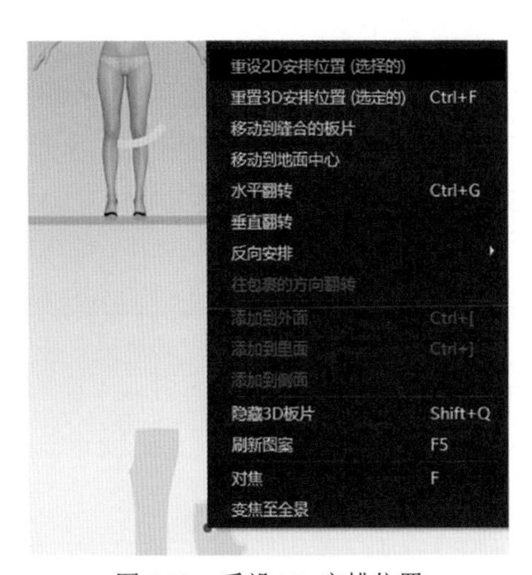

图4.18 重设2D安排位置

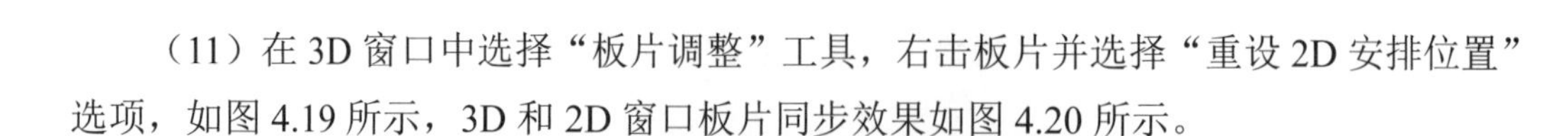

（11）在 3D 窗口中选择“板片调整”工具，右击板片并选择“重设 2D 安排位置”选项，如图 4.19 所示，3D 和 2D 窗口板片同步效果如图 4.20 所示。

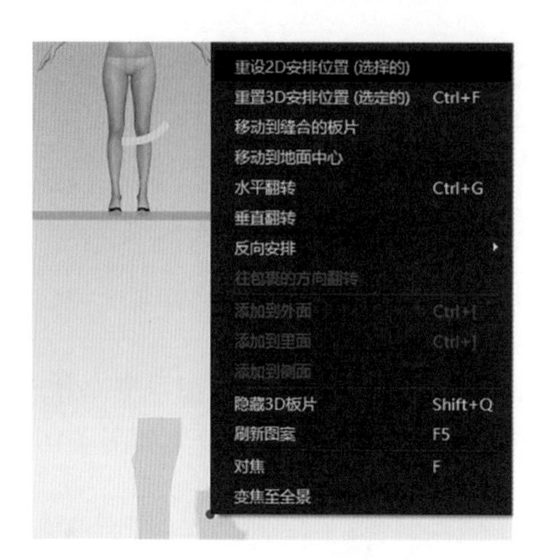

图 4.19　再次同步板片

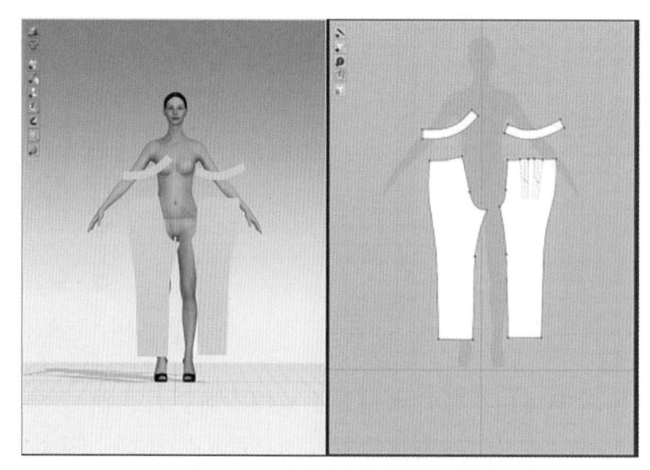

图 4.20　再次同步板片效果

（12）为了方便后面操作，先将腰部板片穿到模特上。在 3D 窗口中选择“移动”工具，再选择腰部板片，如图 4.21 所示。选择模特的腰部安排点，如图 4.22 所示。将其安排到模特上，前面的效果如图 4.23 所示，后面的效果如图 4.24 所示。

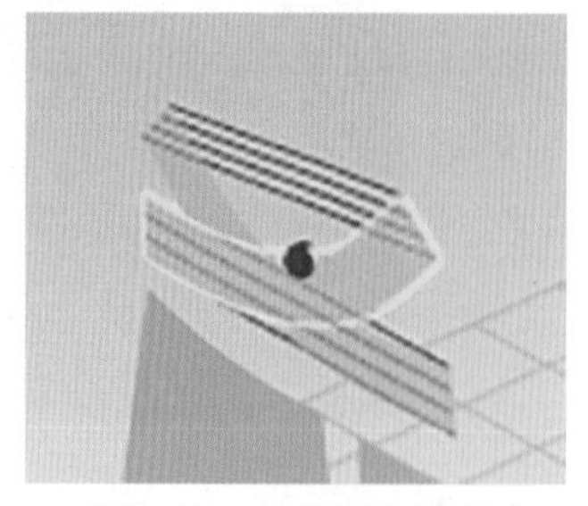

图 4.21　选择腰部板片

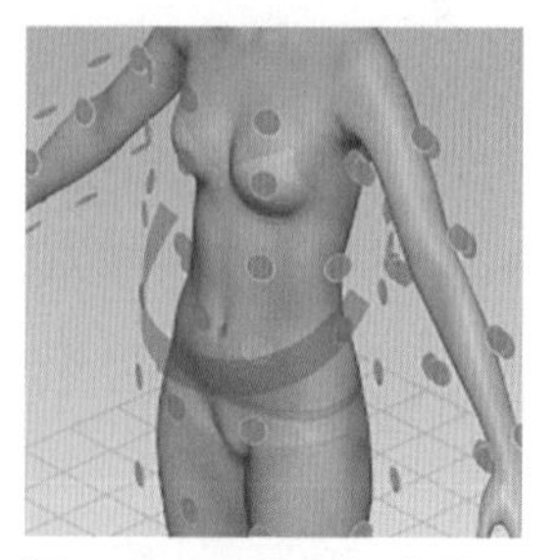

图 4.22　选择腰部安排点

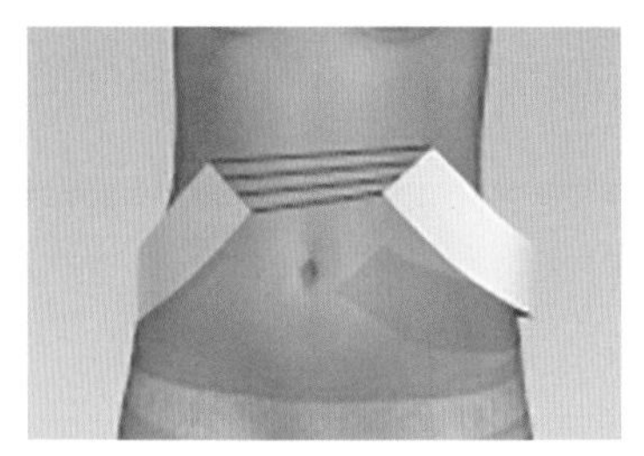
图 4.23 腰部板片被安排到模特上（前）

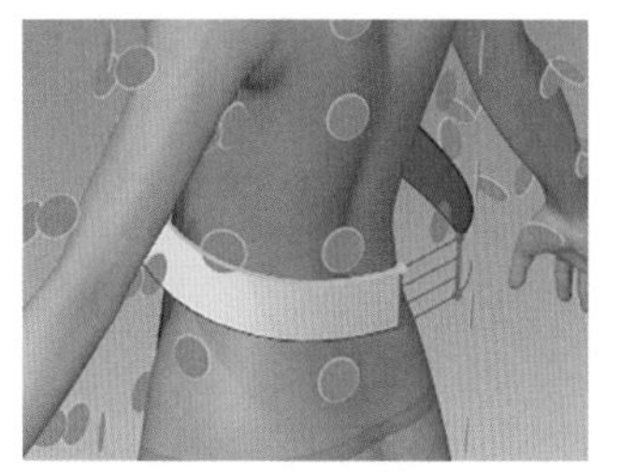
图 4.24 腰部板片被安排到模特上（后）

（13）在 3D 窗口中选择“移动”工具，再选择前后裤片，如图 4.25 所示。右击裤片并选择“冷冻”选项，如图 4.26 所示。

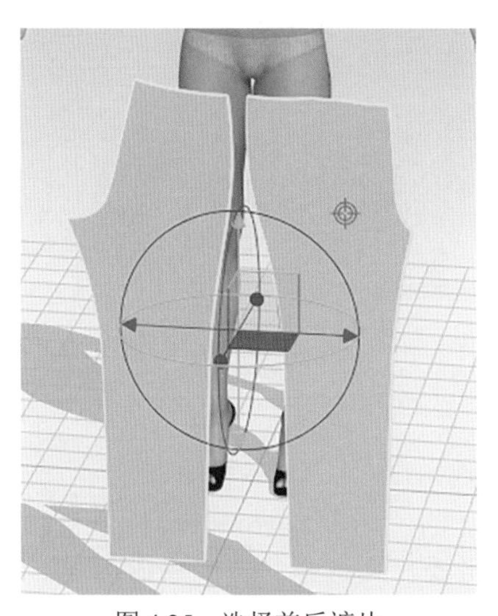
图 4.25 选择前后裤片

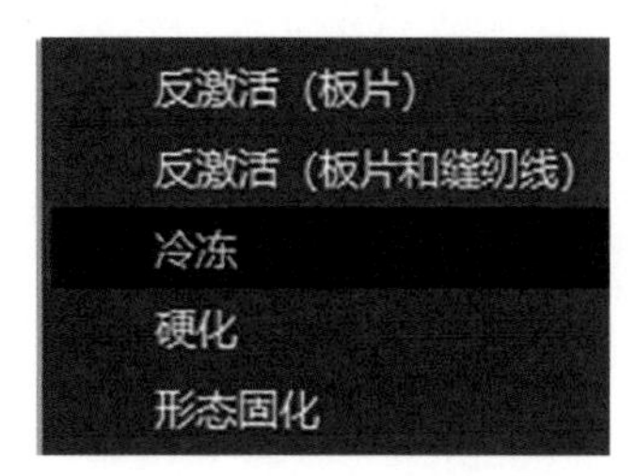

图 4.26 选择“冷冻”选项

（14）在 2D 窗口中选择“板片调整”工具，选择要粘衬的腰部板片，在属性编辑器中选择“粘衬”，再选择“底领无纺衬”，如图 4.27 所示。完成效果如图 4.28 所示。

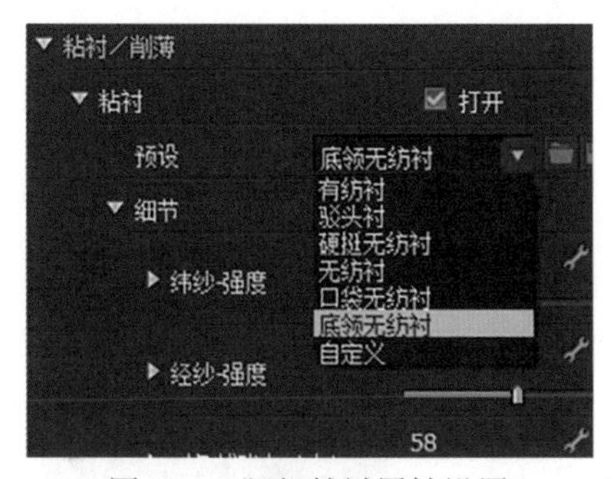

图 4.27 腰部粘衬属性设置

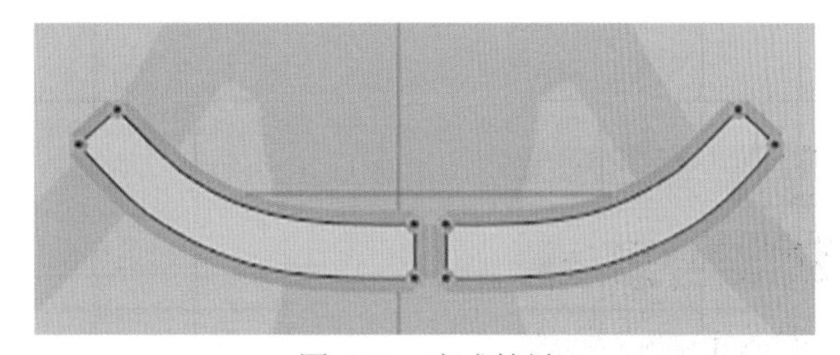
图 4.28 完成粘衬

（15）运用“模拟”工具在 3D 窗口中对腰部进行模拟，效果如图 4.29 所示。

（16）在 3D 窗口中选择“移动”工具，然后选择腰部板片并右击，在弹出的快捷菜单中选择“冷冻”选项，如图 4.30 所示，效果如图 4.31 所示。

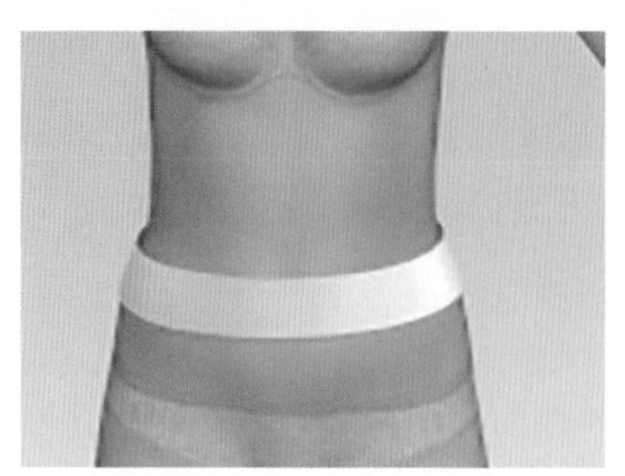

图 4.29 腰部板片模拟效果

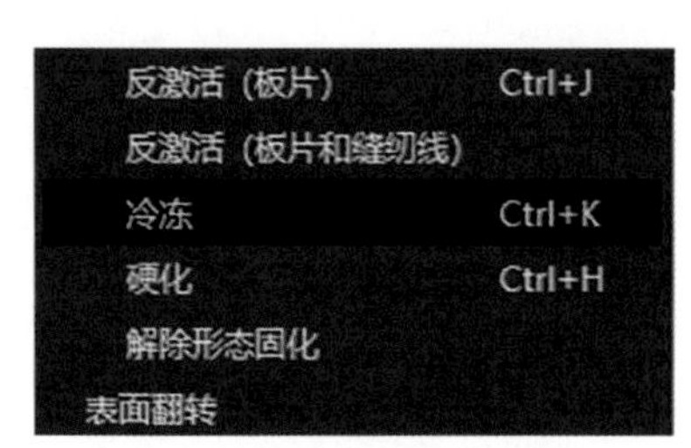

图 4.30 右键快捷菜单

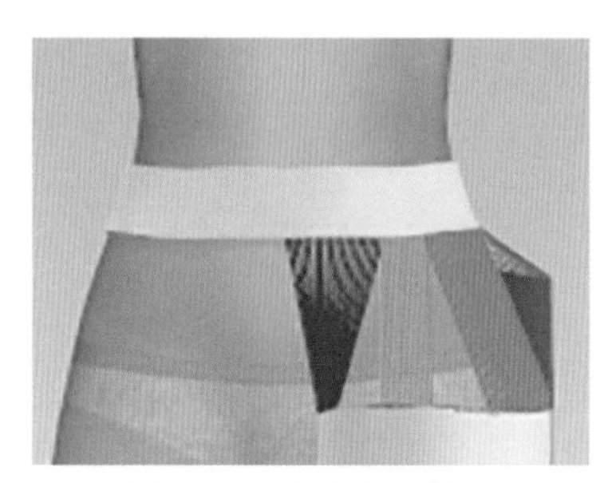

图 4.31 冷冻完成效果

4.1.2 缝前片板片褶

（1）在 2D 窗口中选择“勾勒”工具，右击板片并选择“转换成内部线”选项（图 4.32）完成基础线转换，如图 4.33 所示。右击板片上的基础线，在弹出的快捷菜单中选择“剪切 & 缝纫”选项将每个线段剪断，如图 4.34 所示。

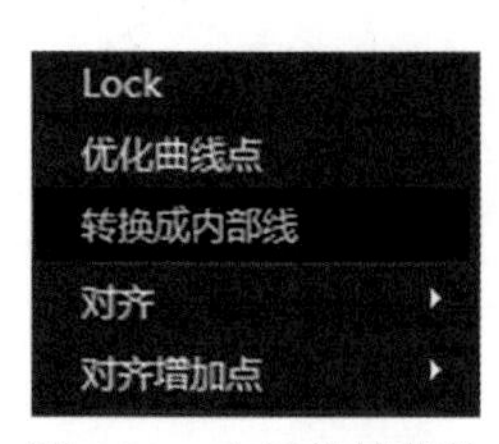

图 4.32 右键快捷菜单

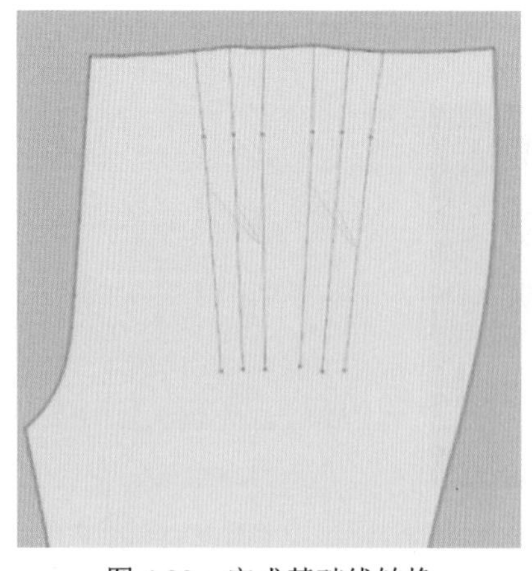

图 4.33 完成基础线转换

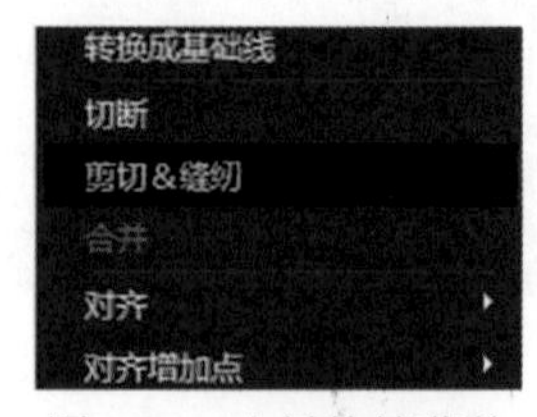

图 4.34 右键快捷菜单

（2）在 2D 窗口中运用“褶皱”工具标记出褶皱方向，如图 4.35 所示。工具操作界面如图 4.36 所示。选定褶皱线条数量，然后单击“确定”按钮。选择“加点”工具，在内部线上加点，如图 4.37 所示。

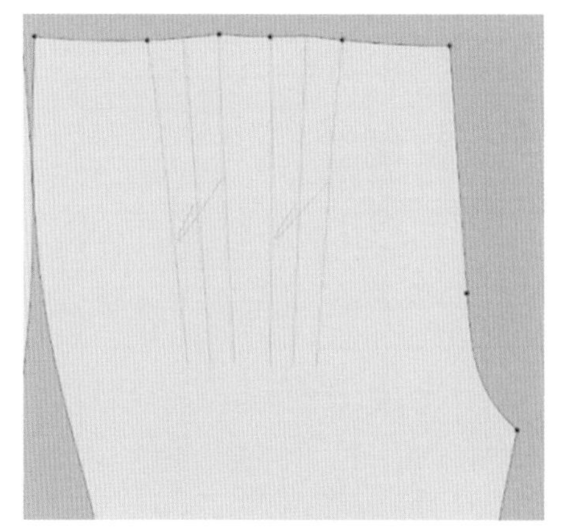

图 4.35 标记褶皱方向

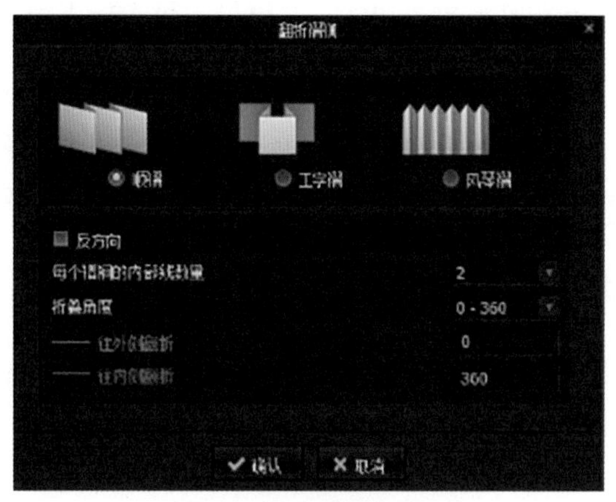

图 4.36 工具操作界面

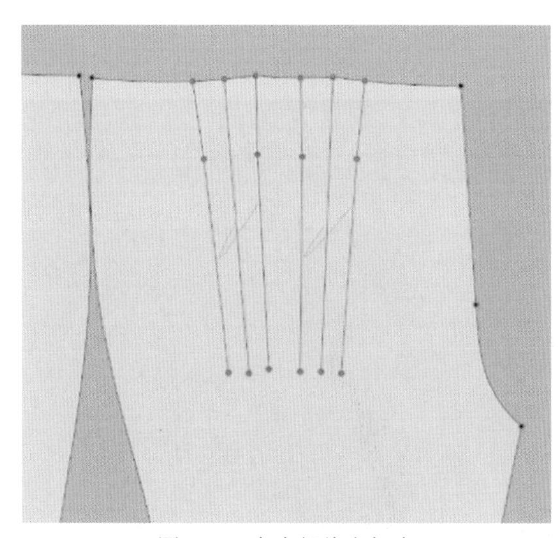

图 4.37 在内部线上加点

（3）在 2D 窗口中运用“缝纫线”工具缝纫褶，如图 4.38 所示。运用“自由缝纫”工具进行褶的缝纫和裤片的缝纫，如图 4.39 所示。

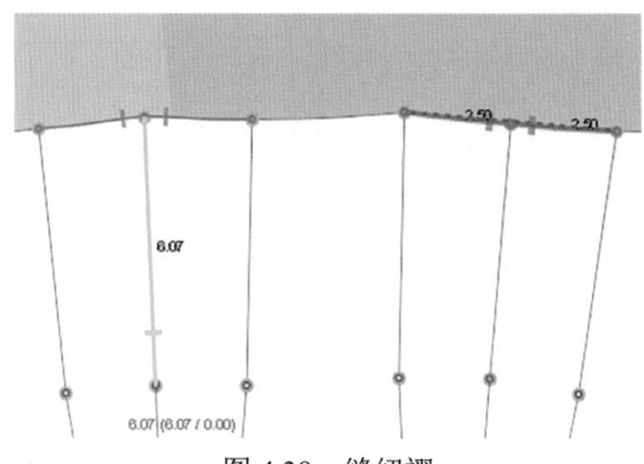

图 4.38 缝纫褶

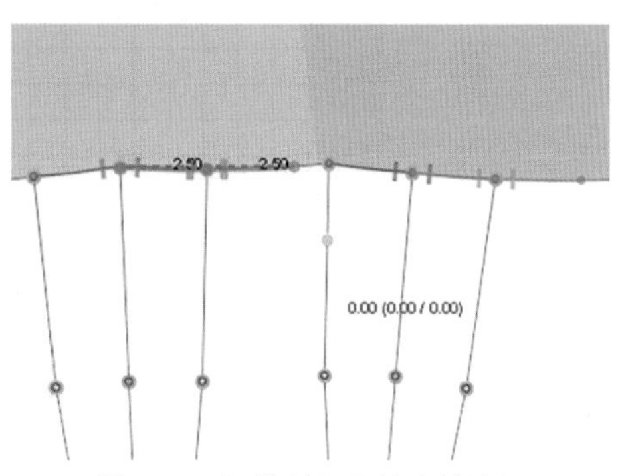

图 4.39 褶的缝纫和裤片的缝纫

（4）在 2D 窗口中选择“翻折褶裥”工具，根据褶裥的倒向标出褶裥方向，如图 4.40 所示。在“翻折褶裥”对话框中将“每个褶裥的内部线数量”改成 3，单击“确认”按钮，如图 4.41 所示。在属性编辑器里选择“叠缝”，如图 4.42 所示。

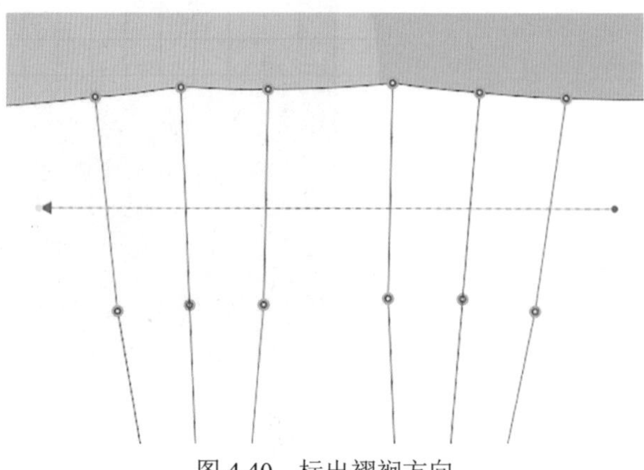

图 4.40　标出褶裥方向

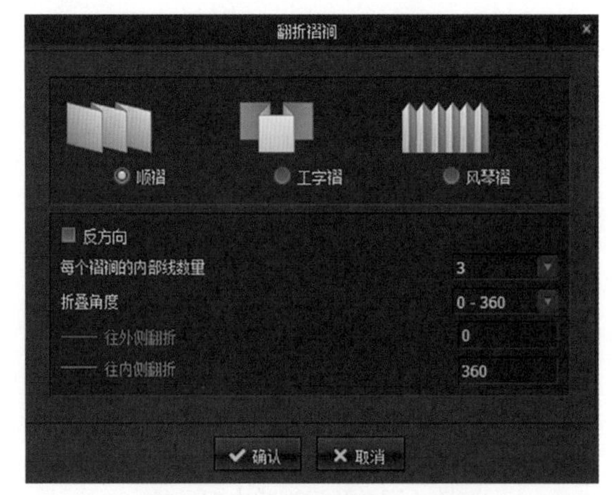

图 4.41　“翻折褶裥”对话框

图 4.42　属性编辑器

（5）在 3D 窗口中运用“选择”工具选择要模拟的前片板片，如图 4.43 所示。单击“模拟”工具进行模拟，如图 4.44 所示。

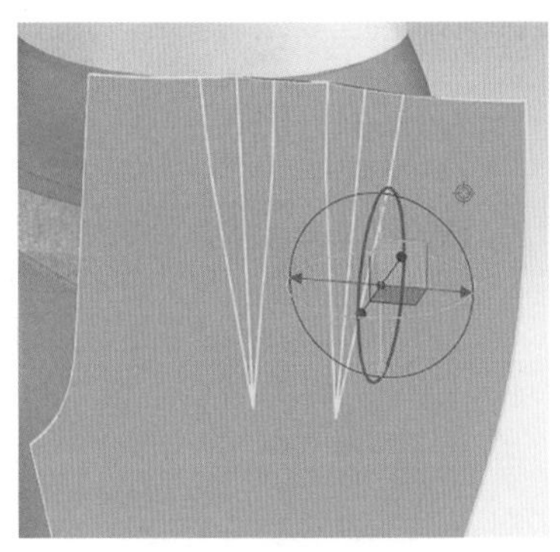

图 4.43　选择板片

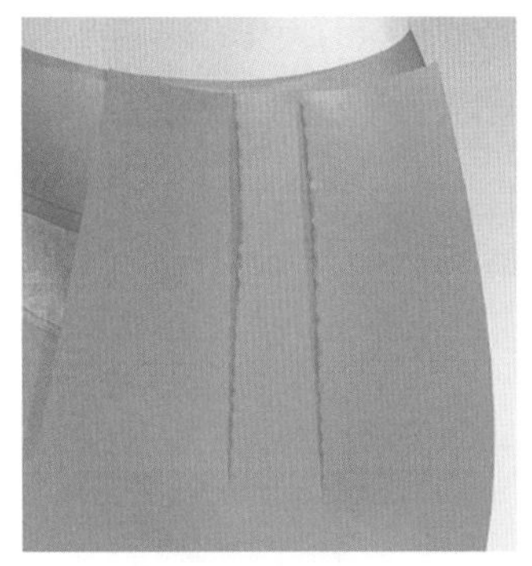

图 4.44　完成模拟

4.1.3　安排板片

（1）准备好所有板片，在 2D 窗口中运用“选择”工具选择前后板片（图 4.45），右击板片并选择“对称板片（板片和缝纫线）”选项（图 4.46）完成板片对称复制，效果如图 4.47 所示。3D 窗口同时完成板片复制，如图 4.48 所示。

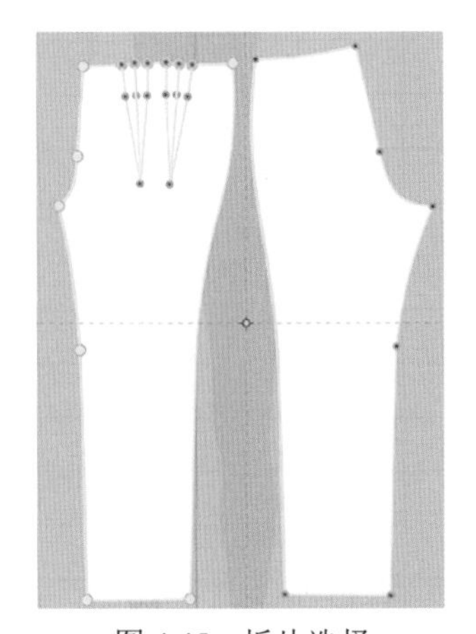

图 4.45　板片选择

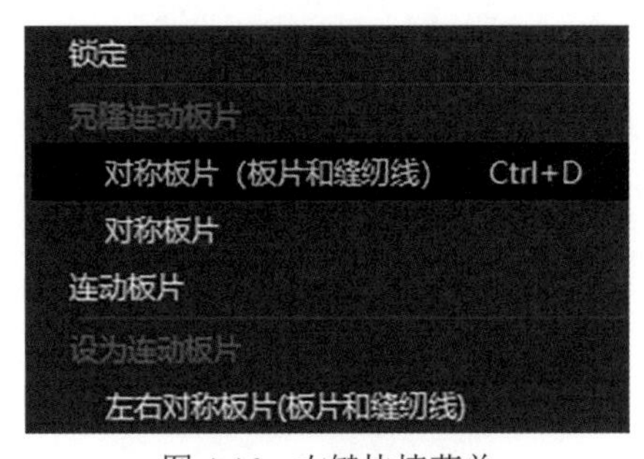

图 4.46　右键快捷菜单

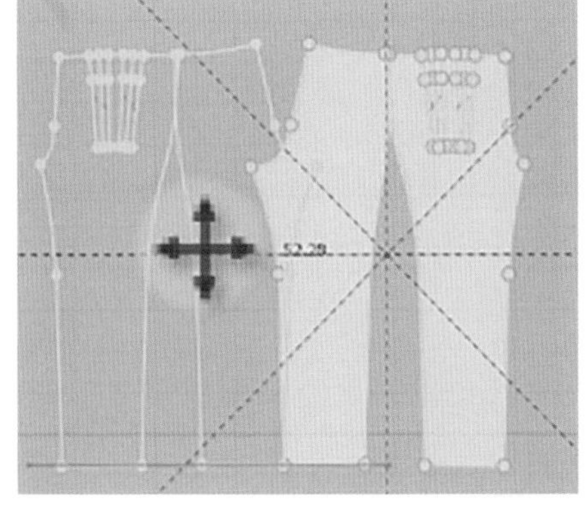

图 4.47　在 2D 窗口中完成板片对称复制

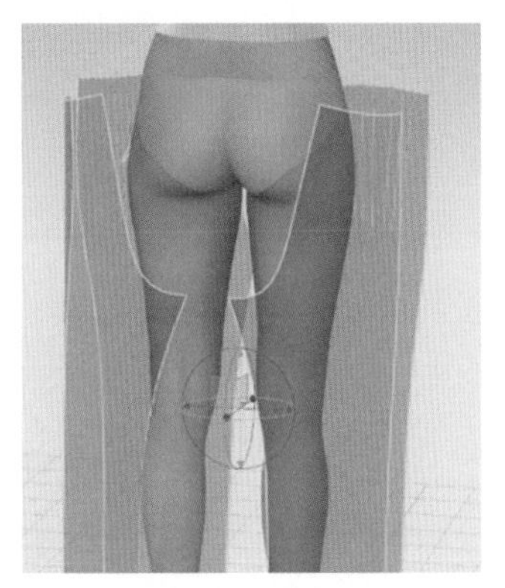

图 4.48　3D 窗口中同时完成板片复制

（2）在3D窗口中选择“移动”工具，选择“显示安排点”，如图4.49所示，完成效果如图4.50所示。

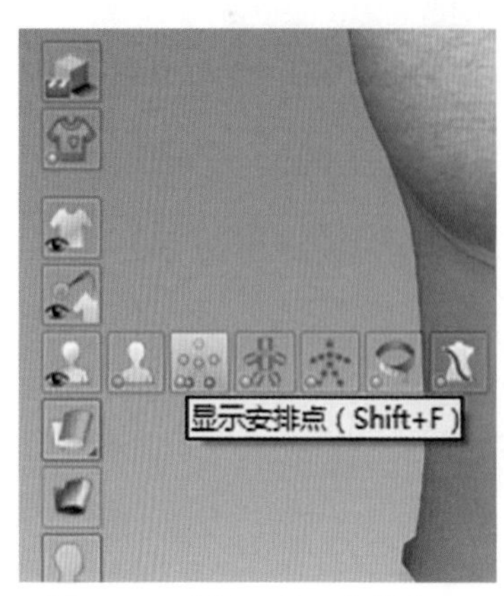

图4.49　选择“显示安排点”

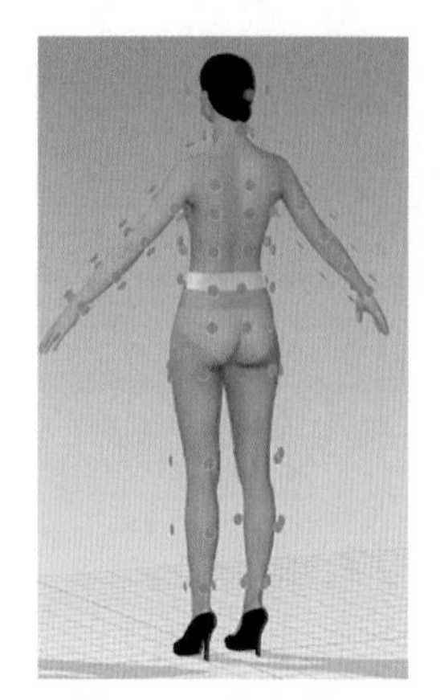

图4.50　完成效果

（3）运用“移动”工具在3D窗口中选择板片，如图4.51所示。在模特上选取合适的安排点并单击安排点，如图4.52所示，板片安排完成效果如图4.53所示。

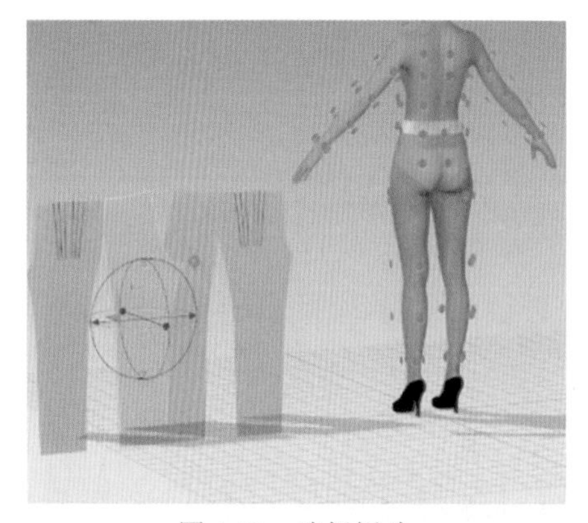

图4.51　选择板片

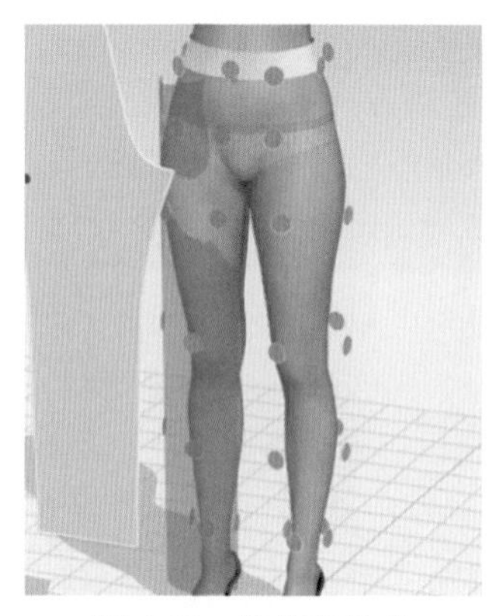

图4.52　选择安排点

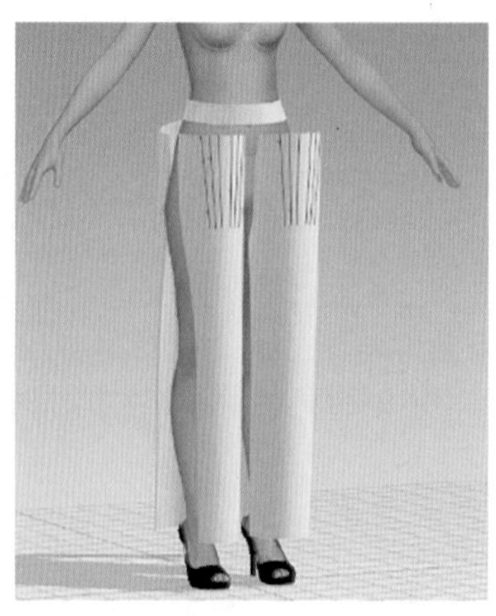

图4.53　板片安排完成效果

4.1.4 缝合板片

（1）运用“线段缝纫”工具缝合裤片外侧缝，如图4.54所示。缝合裤片内侧缝，如图4.55所示。缝合裤片后裆缝，如图4.56所示。缝合裤片前裆缝，如图4.57所示。

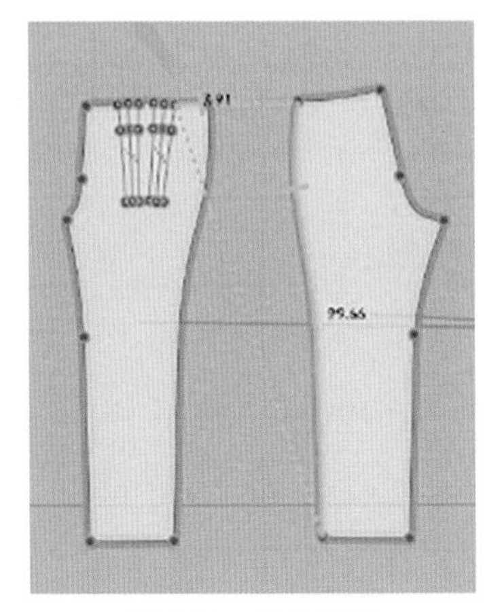

图4.54　缝外侧缝

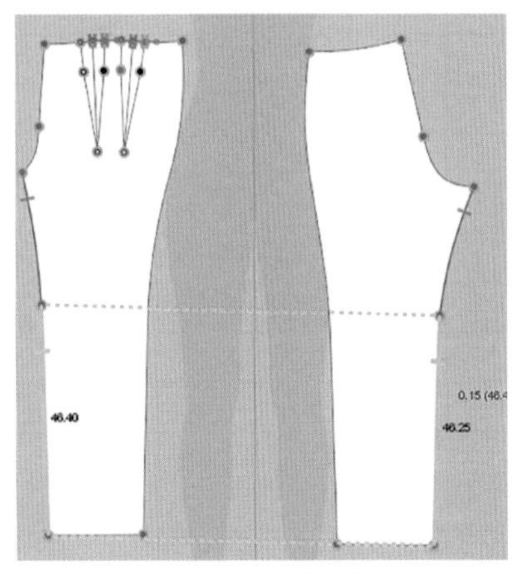

图4.55　缝内侧缝

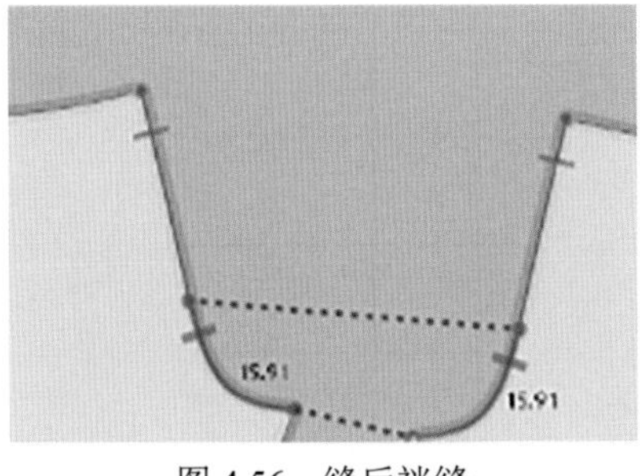

图4.56　缝后裆缝

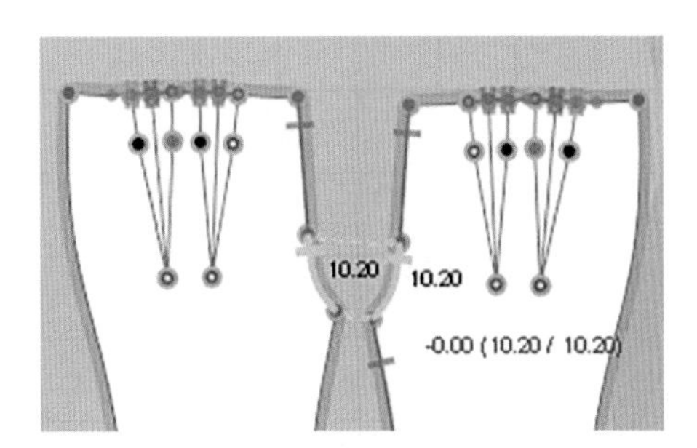

图4.57　缝前裆缝

（2）运用“线段缝纫”工具缝合裤片外侧缝和腰部缝，如图4.58所示。缝合后整体效果如图4.59所示。

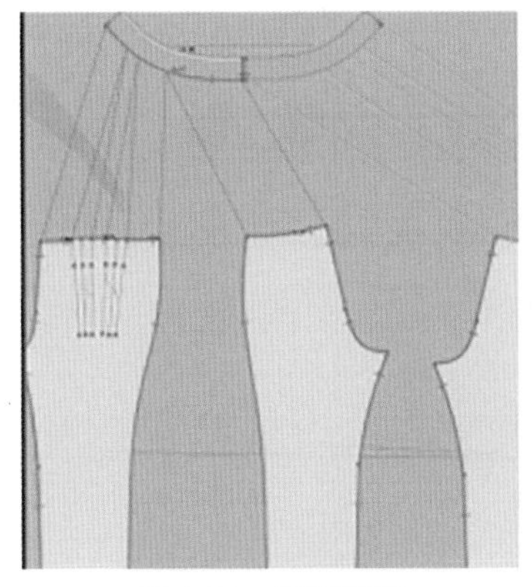

图4.58　缝腰部缝

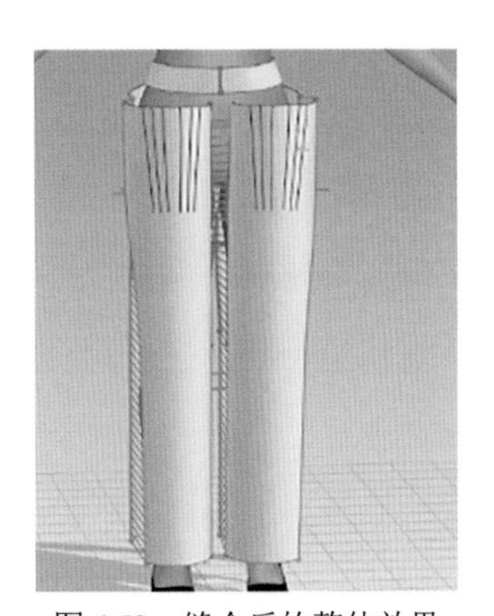

图4.59　缝合后的整体效果

4.1.5 试穿模拟

在完成所有的程序之后，在 3D 窗口中单击“模拟”工具进行模拟，效果如图 4.60 所示。

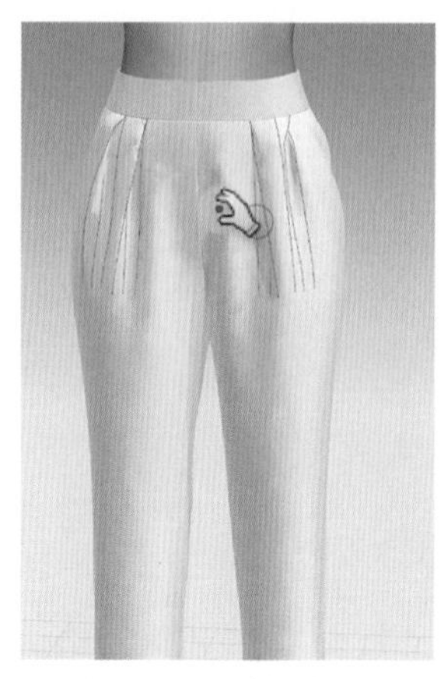

图 4.60 模拟效果

4.1.6 产品展示

裤子的正面、侧面、背面展示如图 4.61 所示。

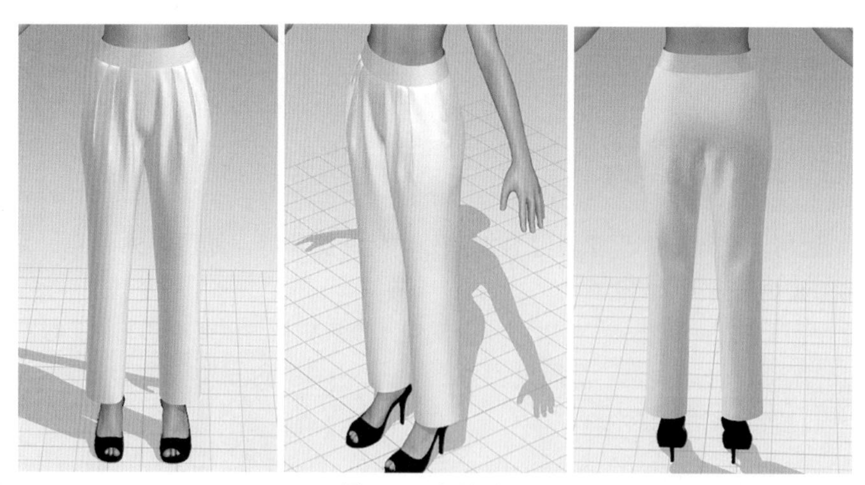

图 4.61 产品展示

4.2 女衬衣实践应用

本例完成的款式图如图 4.62 所示。

图 4.62　款式图

4.2.1　板片导入及校对

（1）在菜单栏选择“文件”→“导入”→ DXF 命令，如图 4.63 所示。打开的 DXF 板片文件如图 4.64 所示。

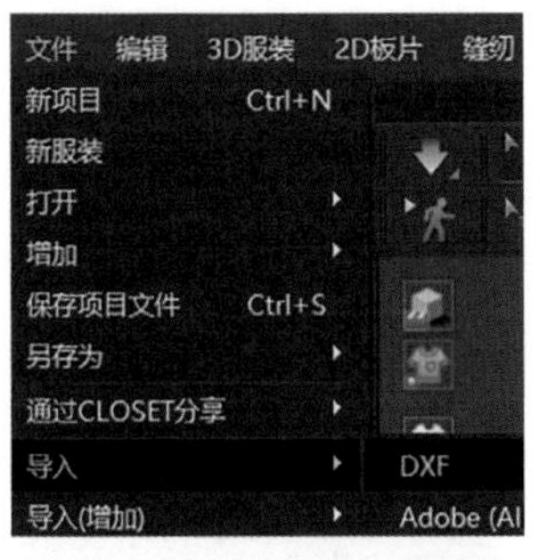

图 4.63　导入文件菜单操作

图 4.64　打开的 DXF 板片文件

（2）在“图库”窗口中单击“虚拟模特”，如图 4.65 所示。选择女模 _V2，如图 4.66 所示。

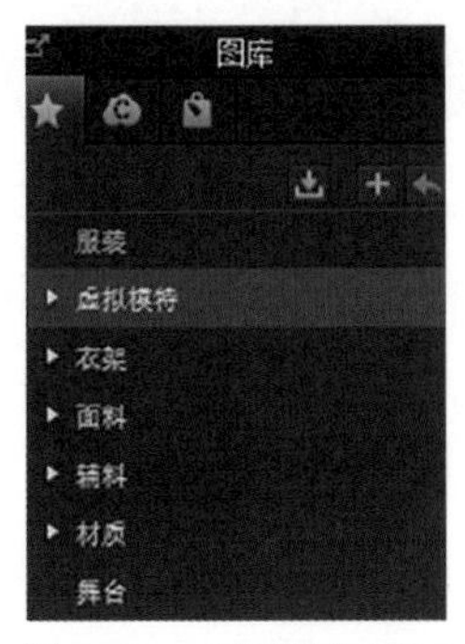

图 4.65　“图库”窗口

图 4.66　导入女模 _V2

（3）导入文件后2D和3D窗口中同时出现女衬衣项目文件，刚导入的板片比较乱，如图4.67所示。

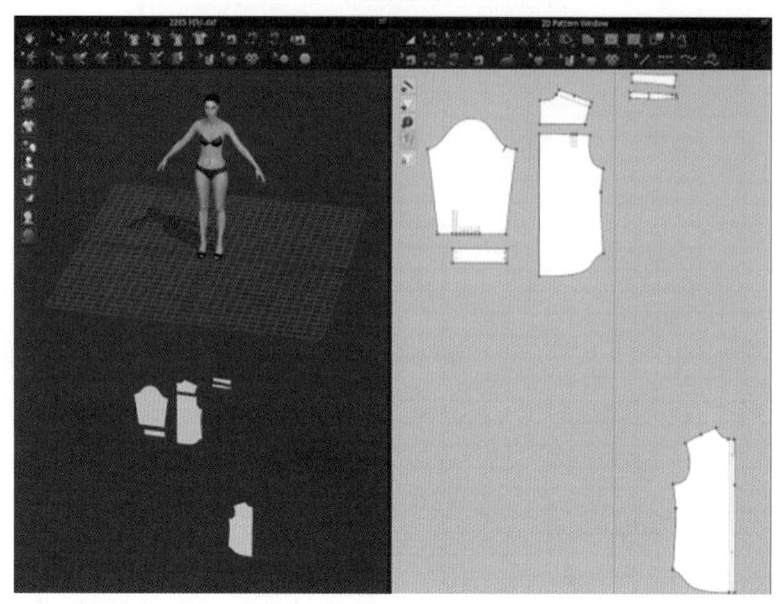

图4.67 2D和3D窗口状态

（4）运用“板片调整”工具在2D窗口中把所有板片摆放整齐，如图4.68所示。选择“移动”工具，在3D窗口中右击板片并选择“重设2D安排位置（选择的）”选项，如图4.69所示。

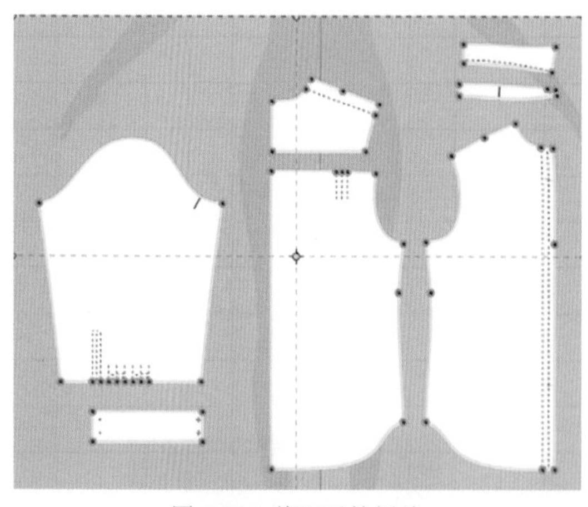

图4.68 整理后的板片

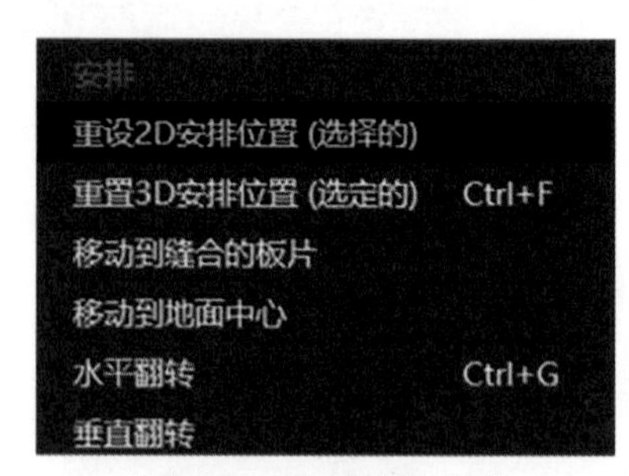

图4.69 右键快捷菜单

（5）在2D窗口中选择“板片调整”工具，在前片上右击并选择“对称板片（板片和缝纫线）”选项，将前片对称板片，如图4.70所示。完成板片对称后的效果如图4.71所示。

（6）在2D窗口中选择“板片调整”工具，选择前片，将前片门禁重叠摆放，摆放时按住Shift键让左右门襟保持在一条水平线上，如图4.72所示。

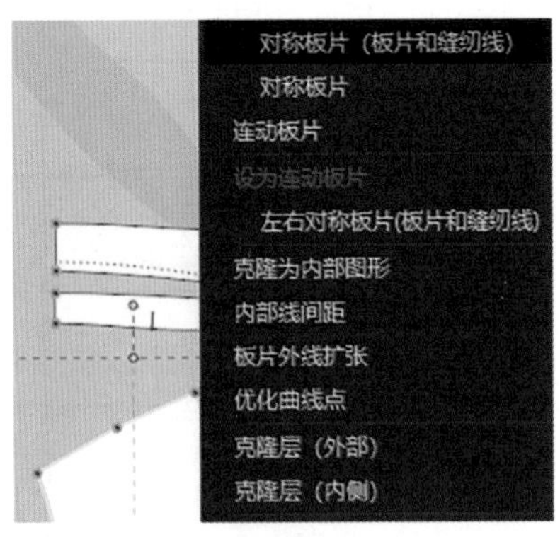

图 4.70　对称板片

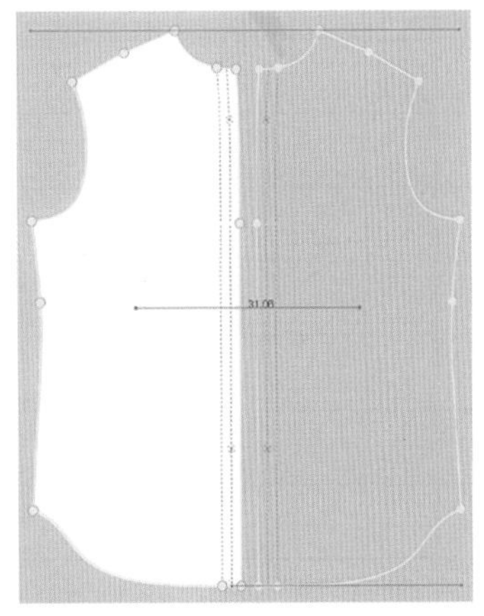

图 4.71　完成板片对称后的效果

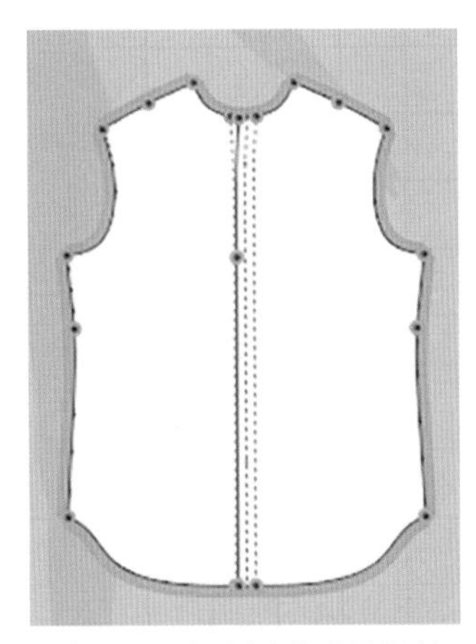

图 4.72　完成板片重叠摆放

（7）在 2D 窗口中选择“板片调整”工具，选择后片，如图 4.73 所示。右击板片并选择“对称板片（板片和缝纫线）”选项，如图 4.74 所示。先将后片中缝对齐摆放，摆放时按住 Shift 键让左右后片中心线对齐，如图 4.75 所示。

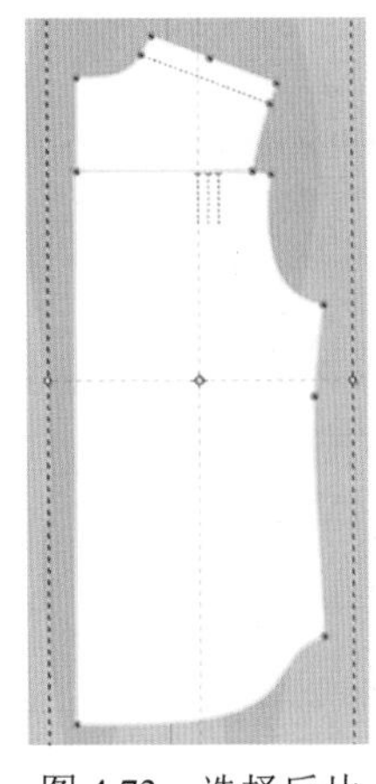

图 4.73　选择后片

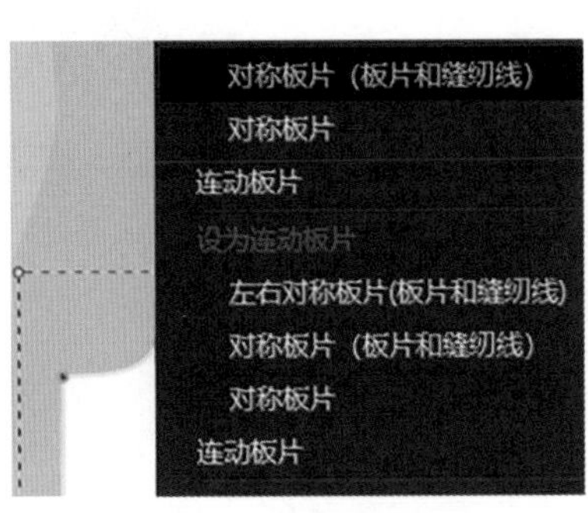

图 4.74　右键快捷菜单

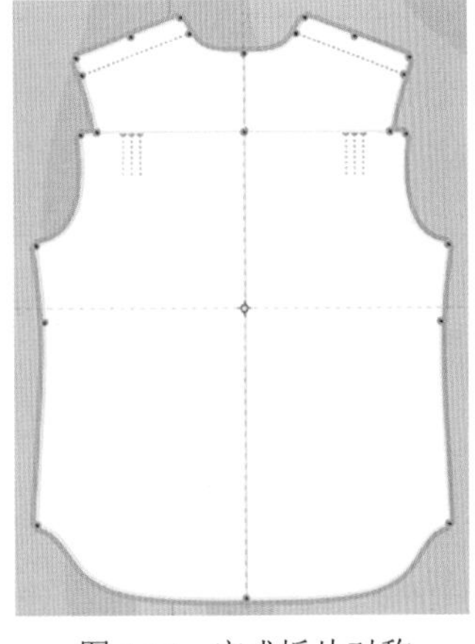

图 4.75　完成板片对称

（8）在 2D 窗口中选择“板片调整”工具，选择领片，如图 4.76 所示。右击板片并选择“对称板片（板片和缝纫线）”选项，如图 4.77 所示。完成摆放后的效果如图 4.78 所示。

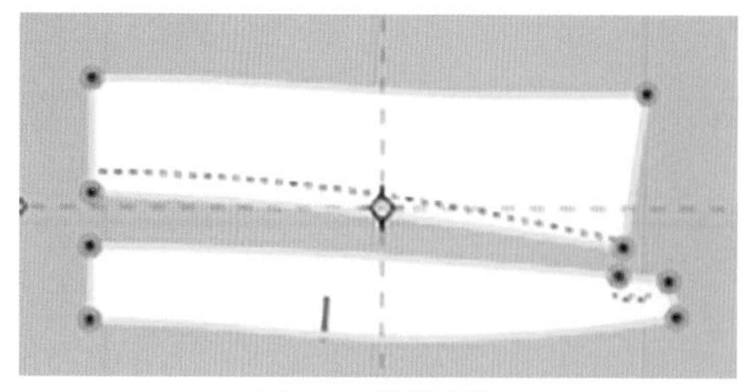

图 4.76　选择领片

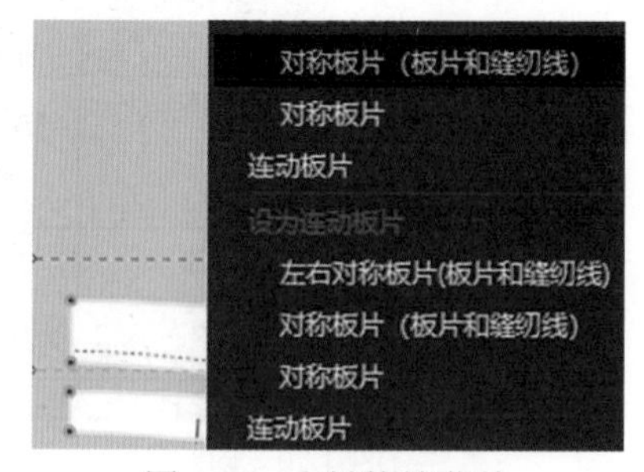

图 4.77　右键快捷菜单

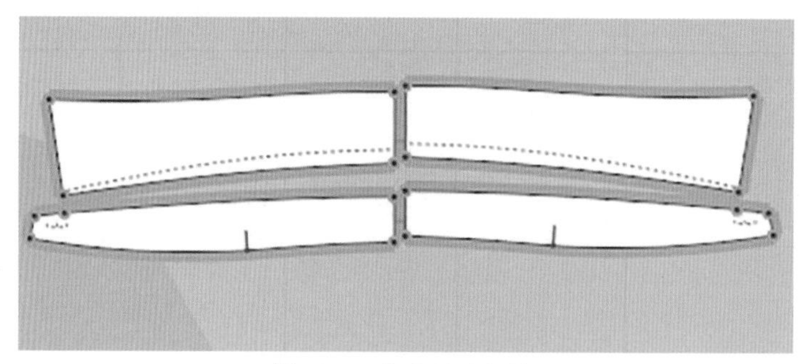

图 4.78　完成板片摆放

（9）在 2D 窗口中选择“板片调整”工具，选择袖片，如图 4.79 所示。右击板片并选择“对称板片（板片和缝纫线）”选项，如图 4.80 所示。完成板片对称后的效果如图 4.81 所示。

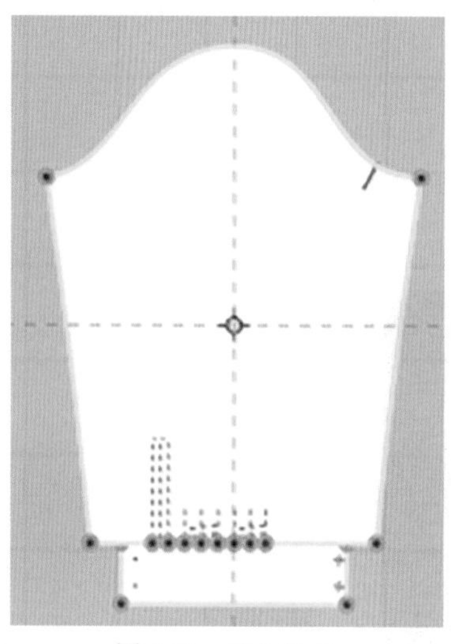

图 4.79　选择袖片

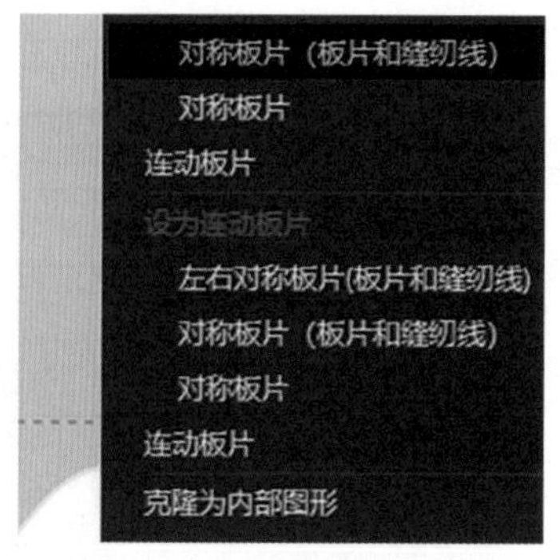

图 4.80　右键快捷菜单

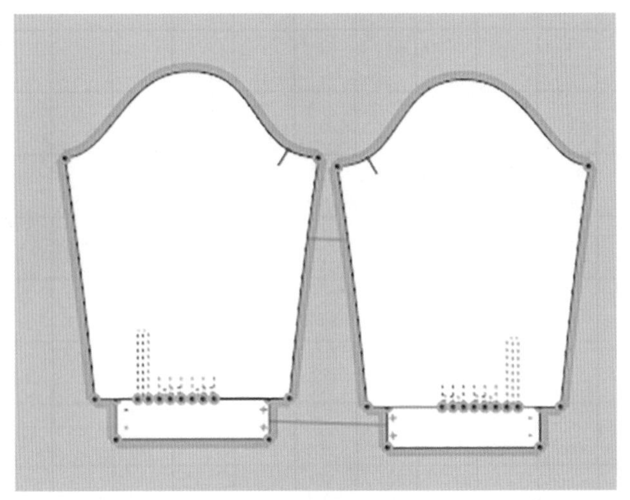

图 4.81 完成板片对称

（10）在 2D 窗口中运用“板片调整”工具摆放好所有的板片，如图 4.82 所示。

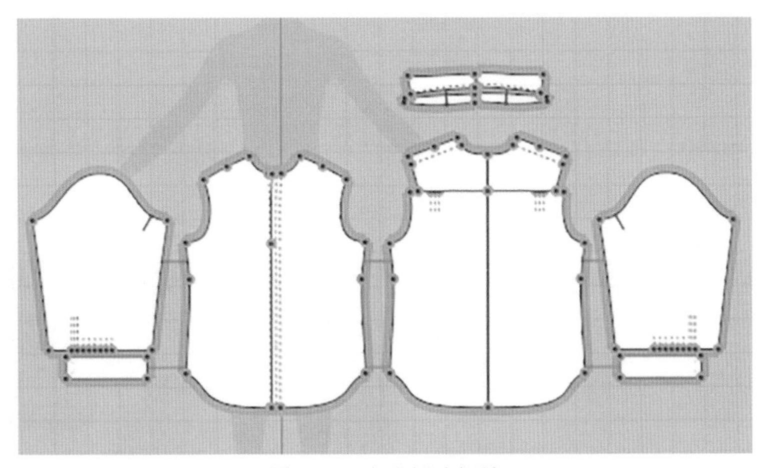

图 4.82 完成板片摆放

（11）在 3D 窗口中运用“板片调整”工具选择板片，如图 4.83 所示。在选择的板片上右击并选择“重设 2D 安排位置（选择的）”选项，如图 4.84 所示。完成后的效果如图 4.85 所示。

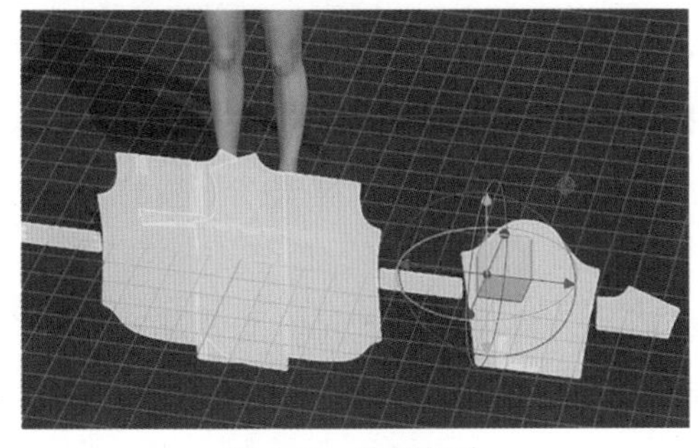

图 4.83 选择板片

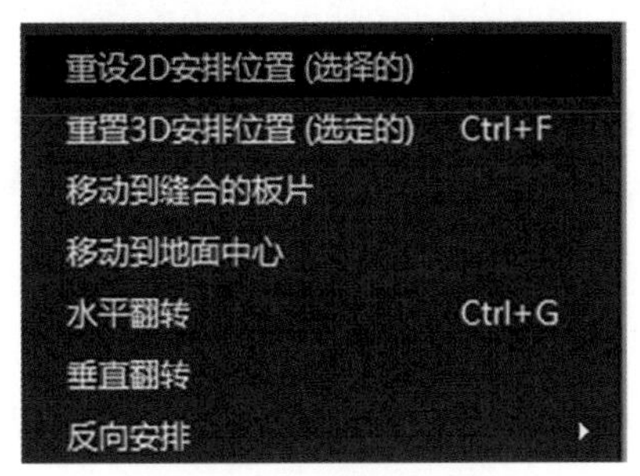

图 4.84 右键快捷菜单

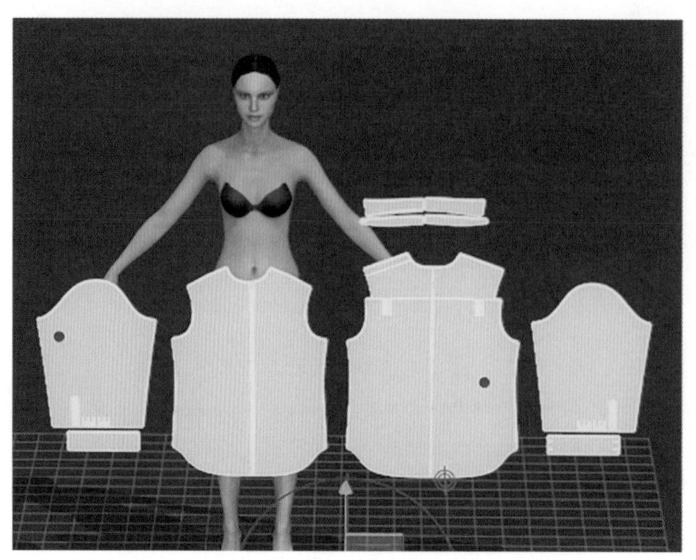

图 4.85　完成板片重设 2D 安排位置后的效果

4.2.2　安排板片

（1）在 3D 窗口中点开“显示虚拟模特”工具下的“显示安排点”工具，如图 4.86 所示。点安排效果显示如图 4.87 所示。

图 4.86　在 3D 窗口中选择“显示安排点”工具

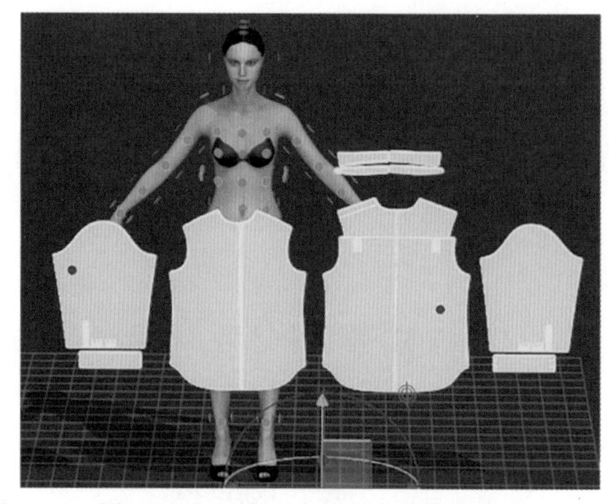

图 4.87　3D 窗口中的点安排效果显示

（2）运用“移动”工具在 3D 窗口中选择前片，将鼠标放到对应的胸部安排点会显示黑色提示预览，如图 4.88 所示。点击胸部中间的安排点前片被安排到模特身上，如图 4.89 所示。

（3）运用“移动”工具在 3D 窗口中选择后片，将鼠标放到对应的背部安排点会显示黑色提示预览，如图 4.90 所示。点击背部中间的安排点后片被安排到模特身上，如图 4.91 所示。

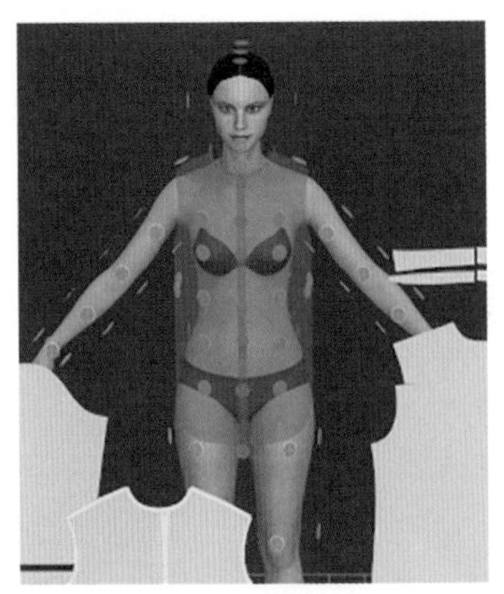

图 4.88　点安排提示预览

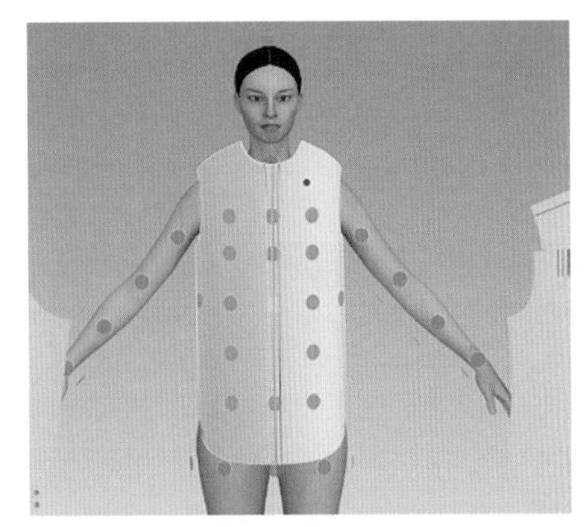

图 4.89　板片被安排到模特身上

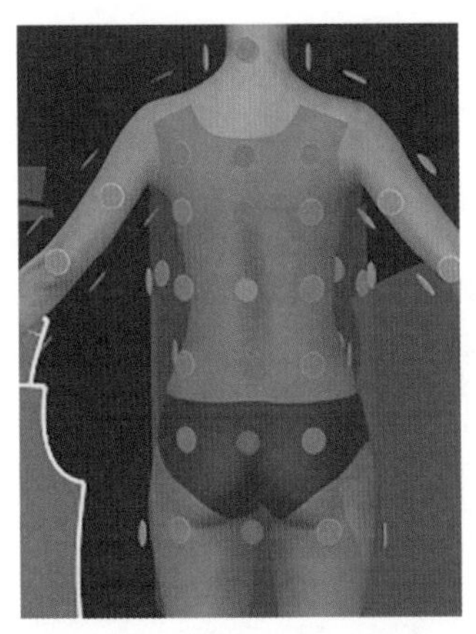

图 4.90　点安排提示预览

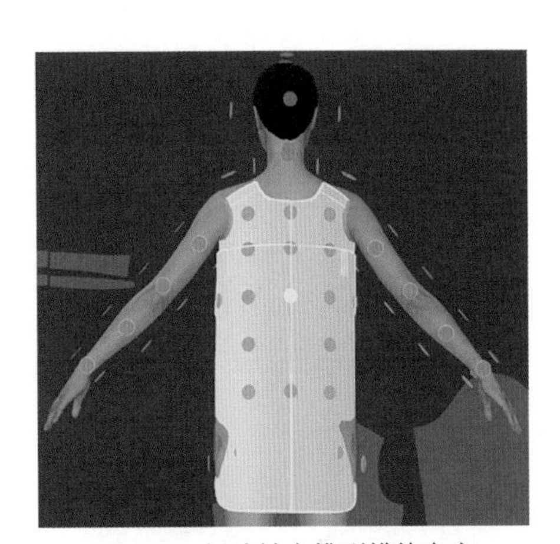

图 4.91　板片被安排到模特身上

（4）运用“移动”工具在 3D 窗口中选择袖片，将鼠标放到对应的手臂部安排点会显示黑色提示预览，如图 4.92 所示。点击手臂部中间的安排点袖片被安排到模特身上，如图 4.93 所示。

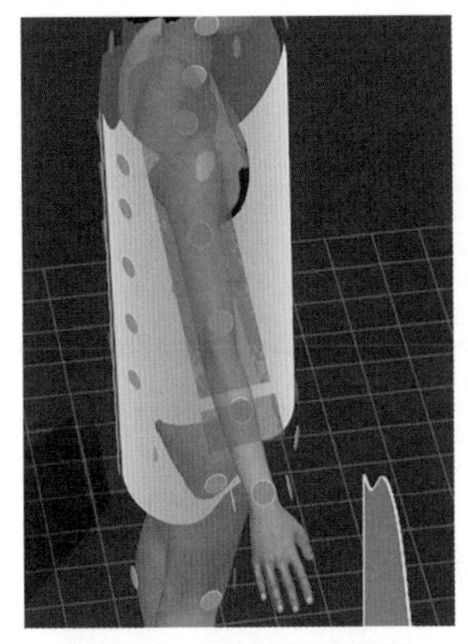

图 4.92　点安排提示预览

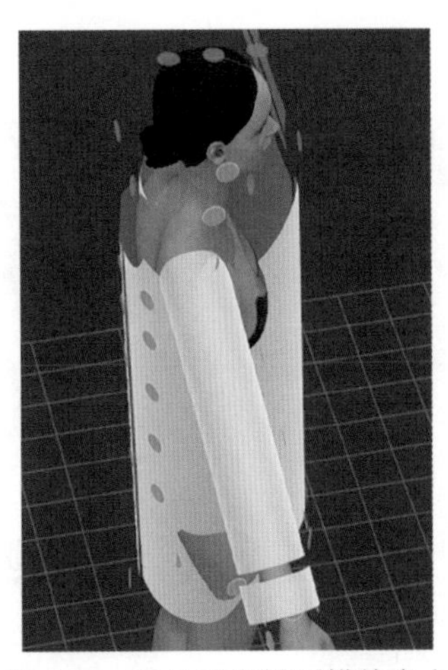

图 4.93　板片被安排到模特身上

（5）运用“移动”工具在3D窗口中选择领片，将鼠标放到对应的颈部安排点会显示黑色提示预览，如图4.94所示。点击颈部中间的安排点领片被安排到模特身上，如图4.95所示。

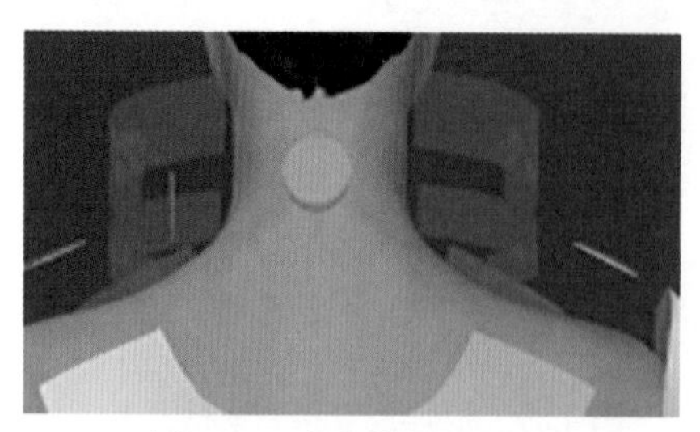

图4.94　点安排提示预览

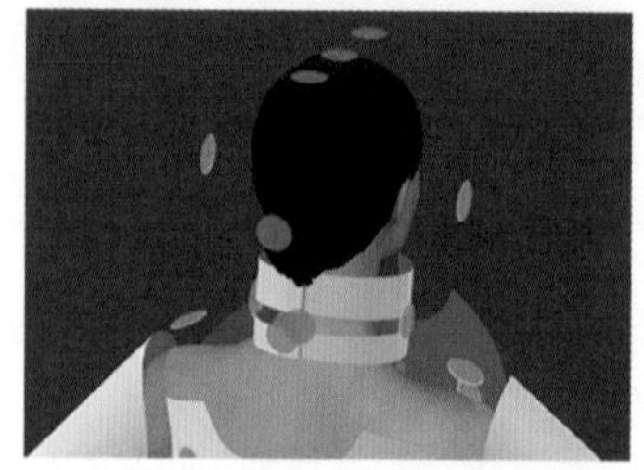

图4.95　板片被安排到模特身上

（6）运用“移动”工具在3D窗口中选择袖克夫片，将鼠标放到对应的腕部安排点会显示黑色提示预览，如图4.96所示。点击腕部中间的安排点袖克夫片被安排到模特身上，如图4.97所示。

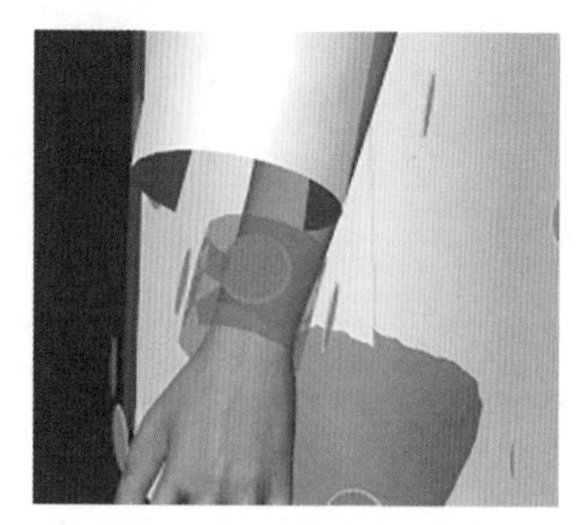

图4.96　点安排提示预览

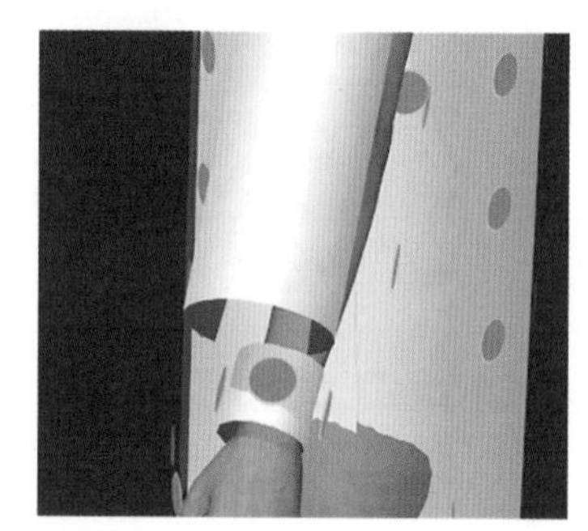

图4.97　板片被安排到模特身上

（7）完成所有板片安排，效果如图4.98所示。

（8）为了方便后面的操作，先将前片门襟锁扣眼板片放在最上层并摆放好，如图4.99所示。

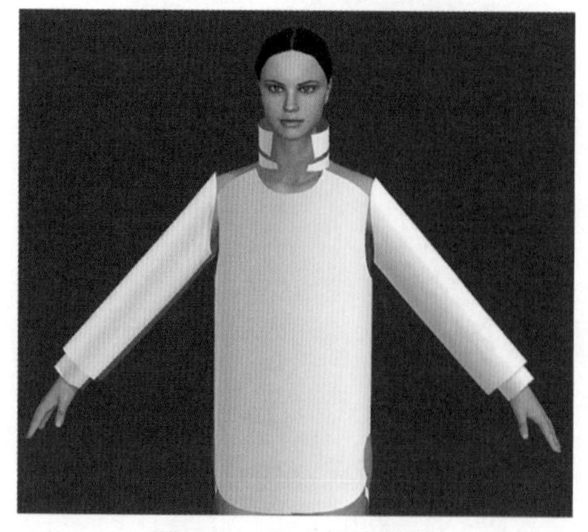

图4.98　完成板片安排

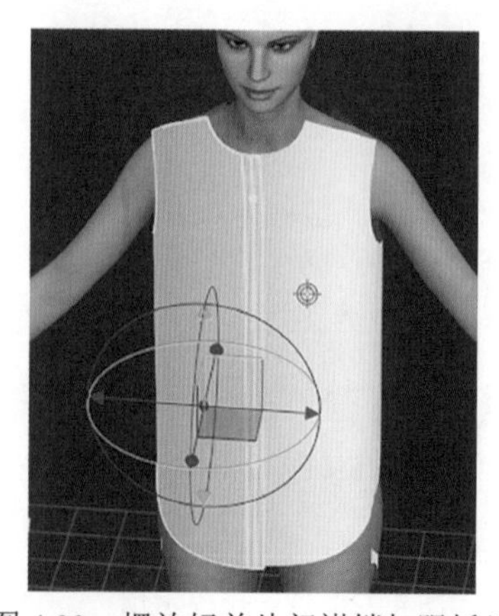

图4.99　摆放好前片门襟锁扣眼板片

4.2.3 缝合板片

1. 衣片板片缝合

（1）在 2D 窗口中运用“板片调整”工具将两个前板片分开，如图 4.100 所示。选择“线段缝纫”工具将前片缝合，如图 4.101 所示。

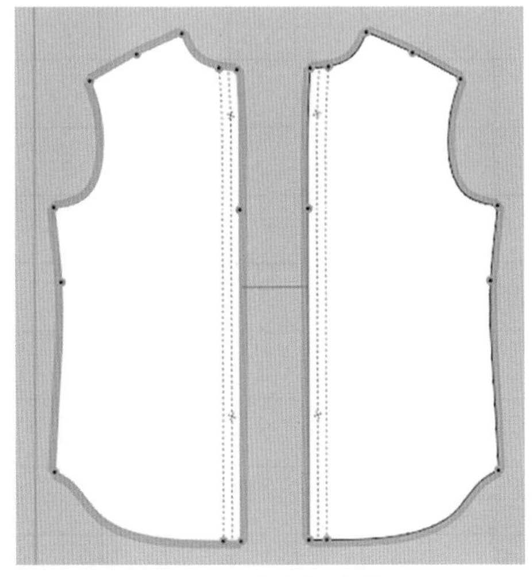

图 4.100　完成板片分开

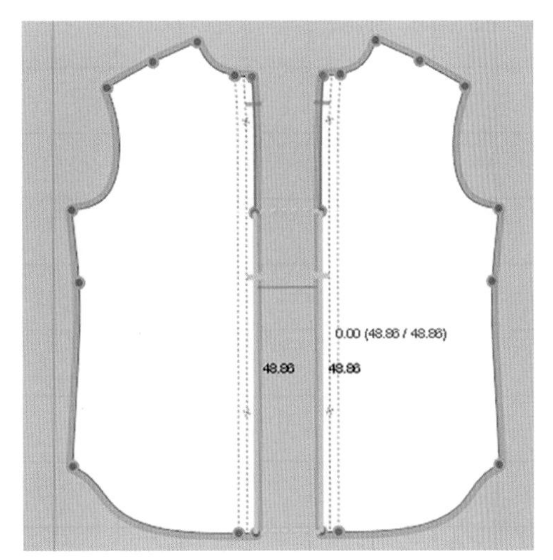

图 4.101　完成板片缝合

（2）在 2D 窗口中运用“板片调整”工具将两个后板片分开，如图 4.102 所示。选择“线段缝纫”工具将后片缝合，如图 4.103 所示。

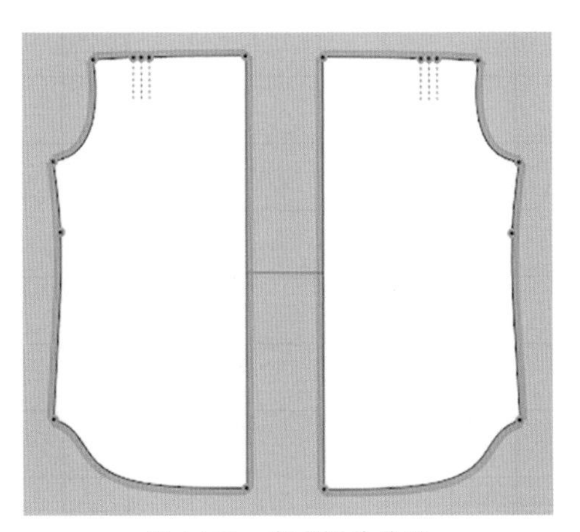

图 4.102　完成板片分开

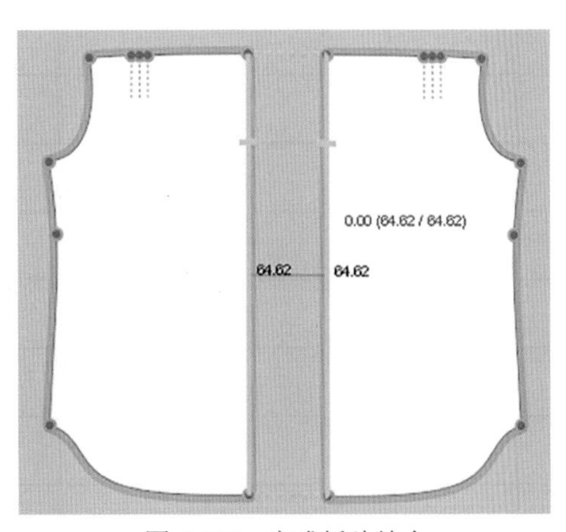

图 4.103　完成板片缝合

（3）在 2D 窗口中运用“板片调整”工具将两个后过肩板片分开，如图 4.104 所示。选择“线段缝纫”工具将后过肩板片缝合，如图 4.105 所示。

（4）在 2D 窗口中运用“线段缝纫”工具将肩部板片缝合，如图 4.106 所示。

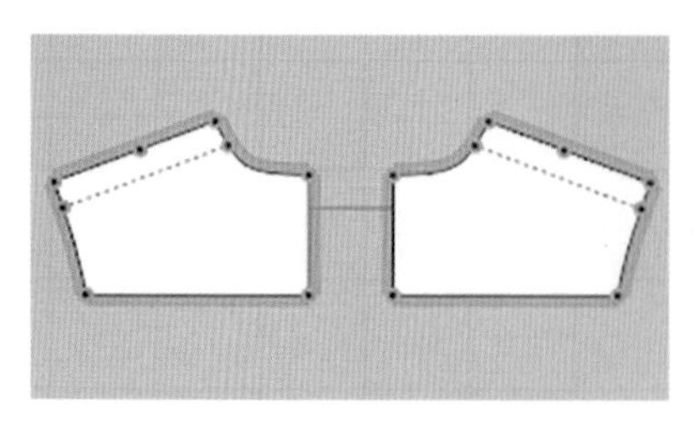

图 4.104　完成板片分开

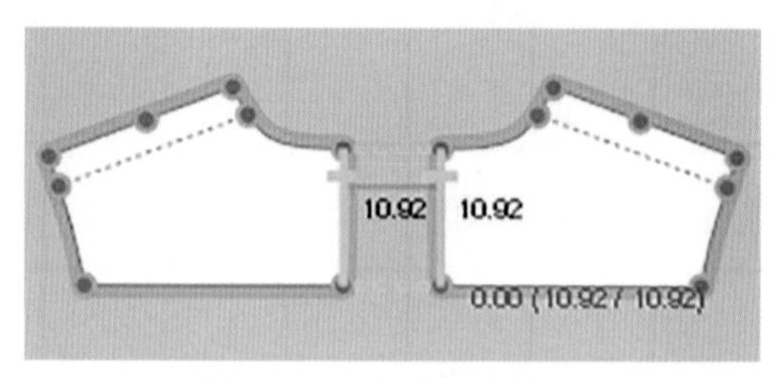

图 4.105　完成板片缝合

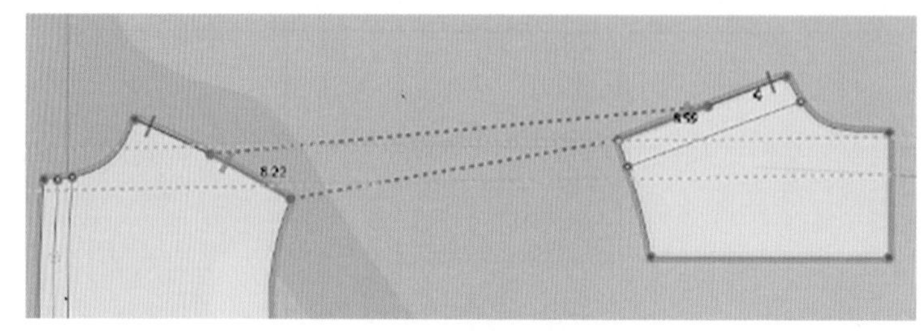

图 4.106　完成肩部板片缝合

（5）在 2D 窗口中运用“线段缝纫”工具将前后衣片侧缝板片缝合，如图 4.107 所示。

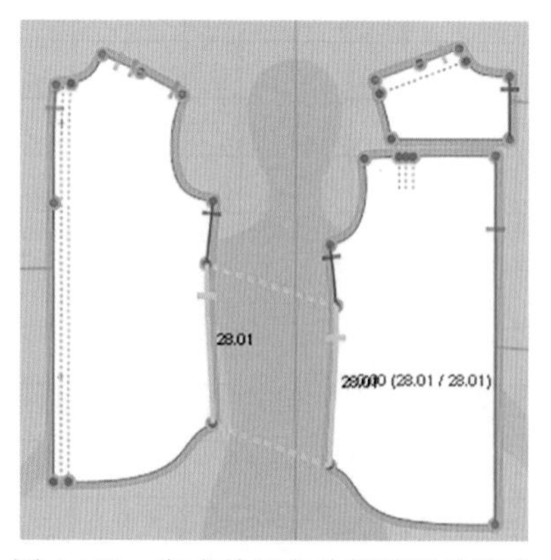

图 4.107　完成前后衣片侧缝板片缝合

（6）在 2D 窗口中运用“自由缝纫”工具将前后衣片肩缝缝合，如图 4.108 所示。

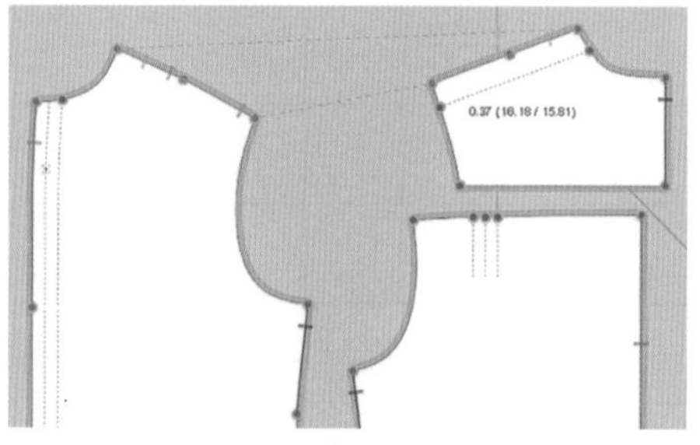

图 4.108　完成前后衣片肩缝缝合

（7）在 2D 窗口中运用“线段缝纫”工具将袖片侧缝缝合，如图 4.109 所示。

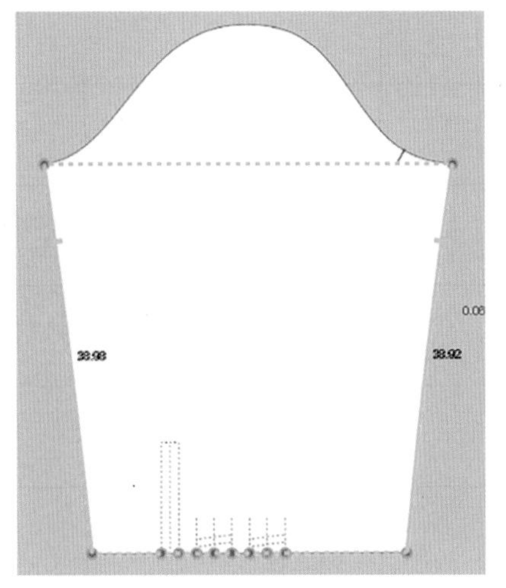

图 4.109　完成袖片侧缝缝合

（8）在 2D 窗口中运用“线段缝纫”工具将领片后中线缝合（图 4.110），再将领座与领面缝合（图 4.111），接着将领座与领圈缝合（图 4.112）。

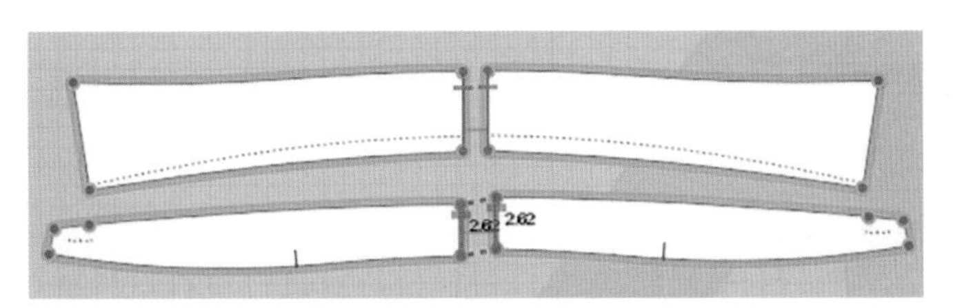

图 4.110　完成领片后中线缝合

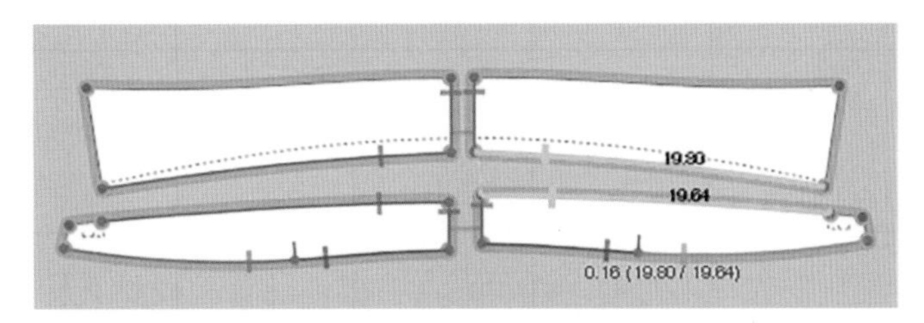

图 4.111　完成领座与领面的缝合

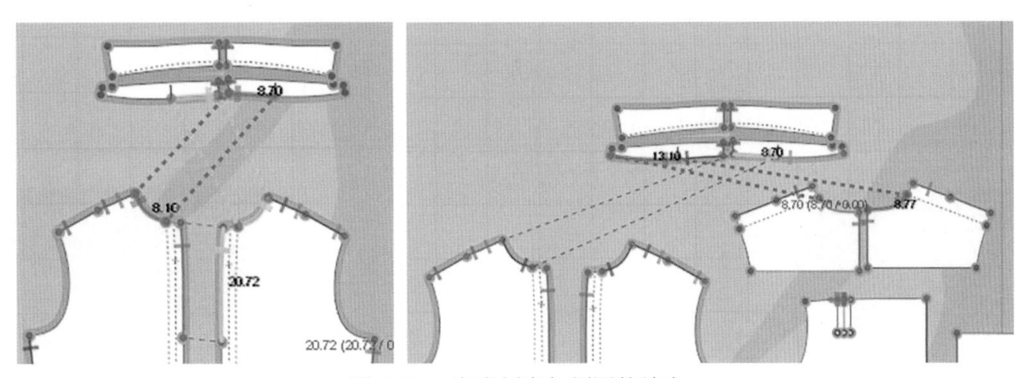

图 4.112　完成领座与领圈的缝合

（9）在3D窗口中运用“模拟”工具模拟领子板片，如图4.113所示；运用“移动”工具将领子板片硬化，如图4.114所示；运用“折叠安排”工具以翻折线为基准将领子翻折覆盖领座，如图4.115所示。

图4.113　完成领子板片模拟

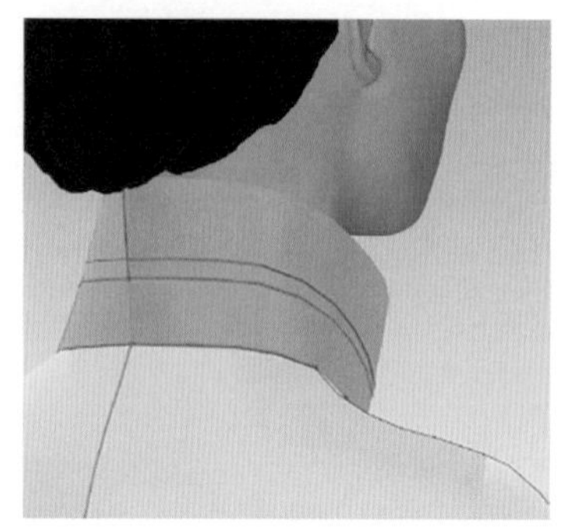
图4.114　完成领子板片硬化

（10）在完成所有的程序之后，在3D窗口中单击“模拟”工具进行模拟，如图4.116所示。

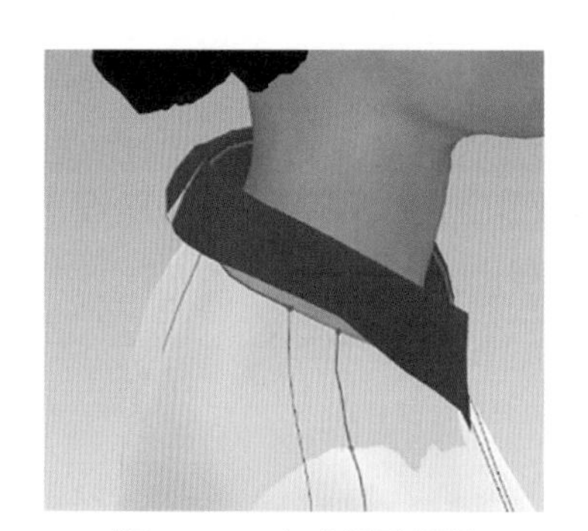
图4.115　完成领子翻折

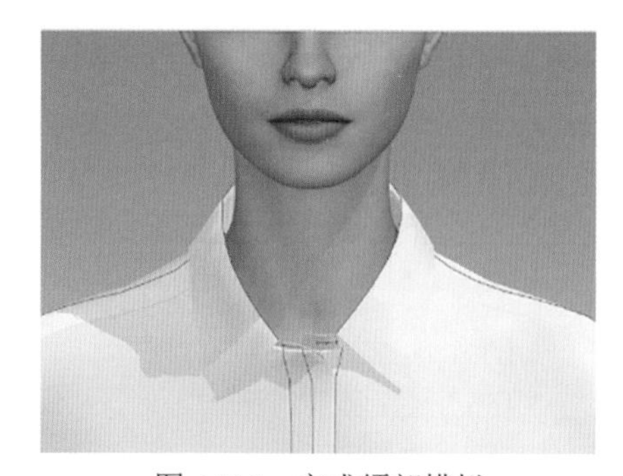
图4.116　完成领部模拟

2. 缝纫后片褶

（1）在2D窗口中选择“勾勒”工具，右击板片的基础线将其转换成内部线，如图4.117所示。完成基础线转换后如图4.118所示。在2D窗口中选择“勾勒”工具，右击板片的基础线并选择“剪切&缝纫”选项将每个线段剪断，如图4.119所示。

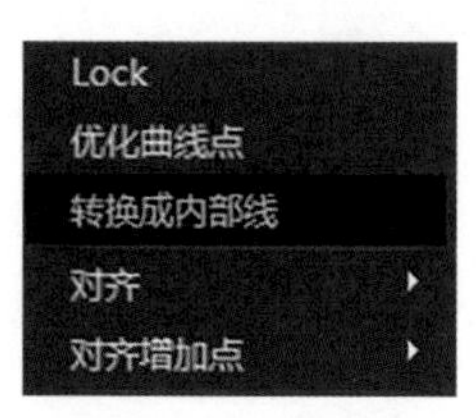

图4.117　右键快捷菜单

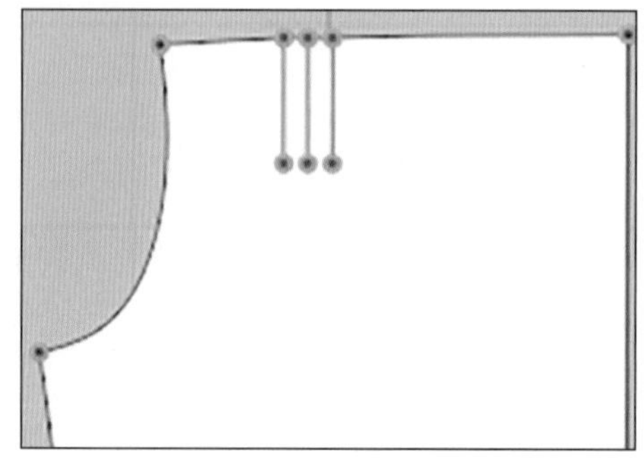
图4.118　完成基础线转换

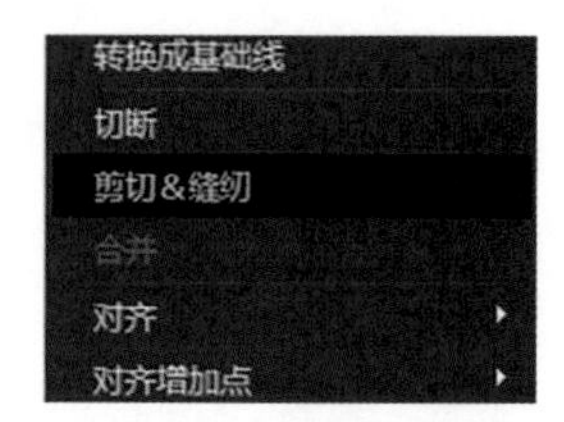

图4.119　右键快捷菜单

（2）在 2D 窗口中运用“褶皱”工具标记出褶皱方向，如图 4.120 所示。在“翻折褶裥”对话框中设置褶皱线条数量，然后单击“确认”按钮，如图 4.121 所示。选择“加点”工具，在内部线上加点。接着完成基础线转换，如图 4.122 所示。

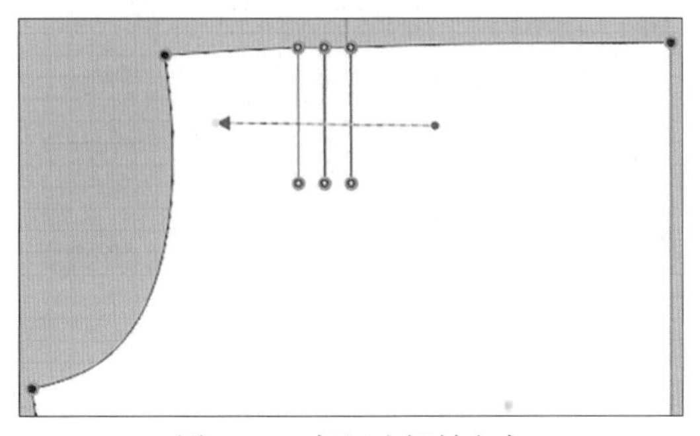
图 4.120　标记出褶皱方向

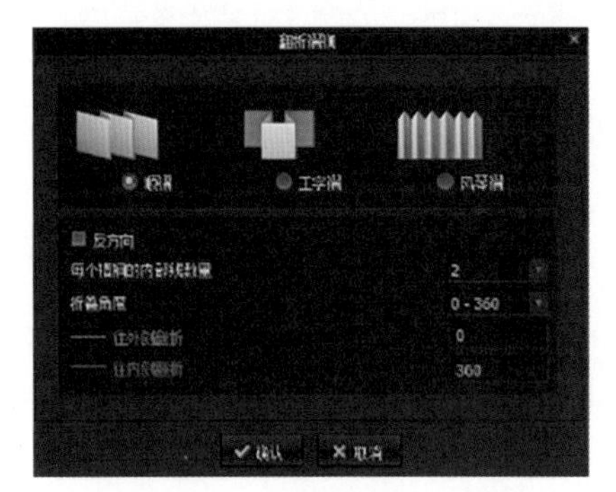

图 4.121　“翻折褶裥”对话框

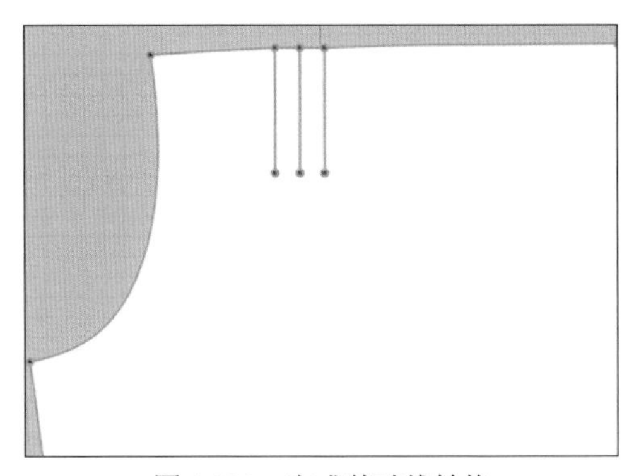
图 4.122　完成基础线转换

（3）运用“线段缝纫”工具缝褶，如图 4.123 所示。运用“自由缝纫”工具使褶缝在裤片上与裤片一致，如图 4.124 所示。在 2D 窗口中运用“移动”工具框选所有褶的缝纫线，如图 4.125 所示。在属性编辑器里把缝纫类型选择为“叠缝”，如图 4.126 所示。

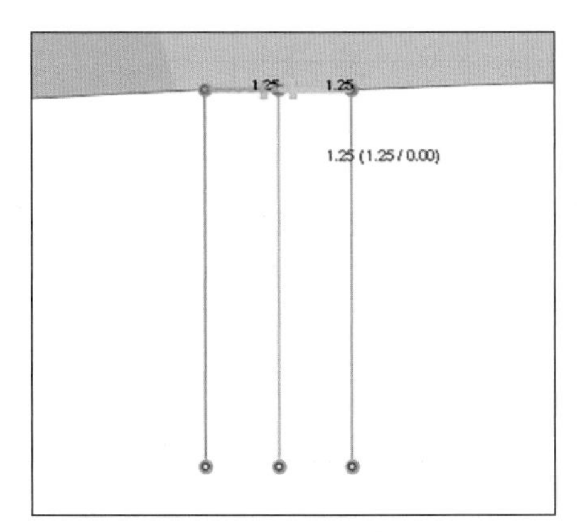

图 4.123　缝纫褶

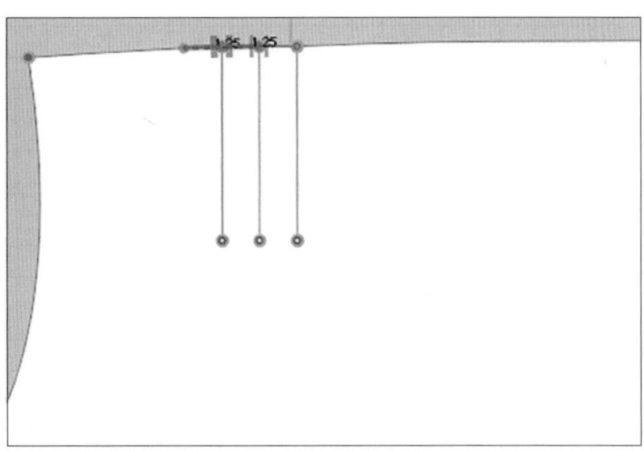
图 4.124　将褶与裤片缝合

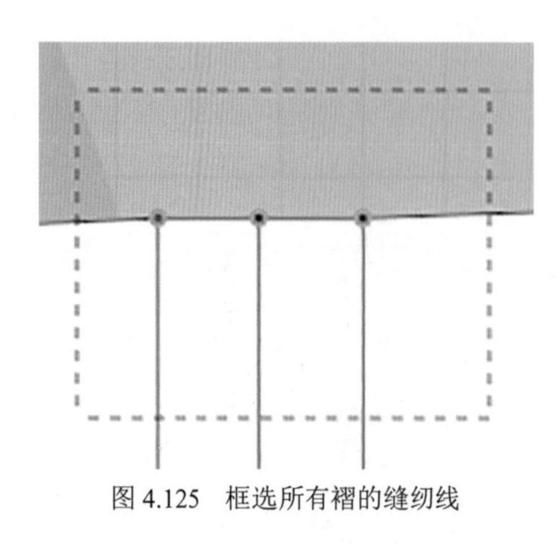

图 4.125　框选所有褶的缝纫线

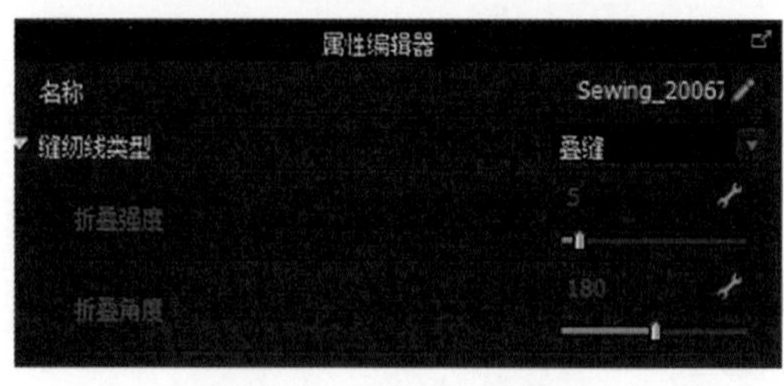

图 4.126　选择“叠缝”

（4）在 3D 窗口中运用“选择”工具选择要模拟的前片板片，单击“模拟”工具进行模拟，完成褶模拟后的效果如图 4.127 所示。

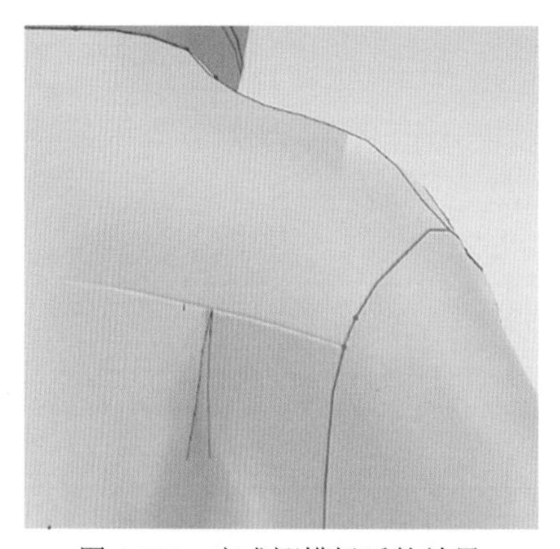

图 4.127　完成褶模拟后的效果

3. 缝纫袖口褶

（1）在 2D 窗口中运用“编辑板片”工具将基础线选中，如图 4.128 所示，对其进行锁定，如图 4.129 所示。

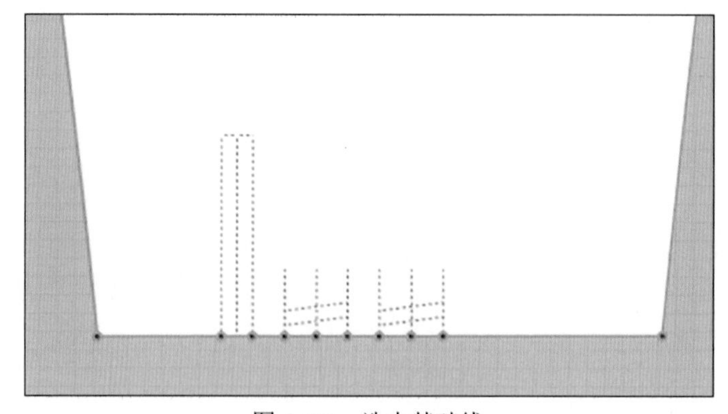

图 4.128　选中基础线

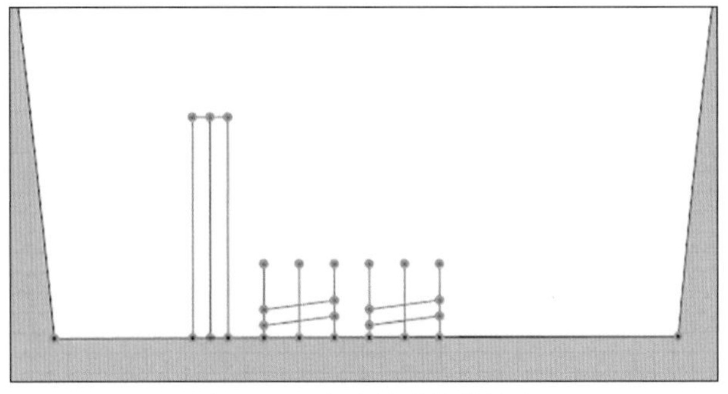

图 4.129　完成基础线的锁定

（2）在 2D 窗口中运用“编辑板片”工具将基础线转换成内部线，如图 4.130 所示。

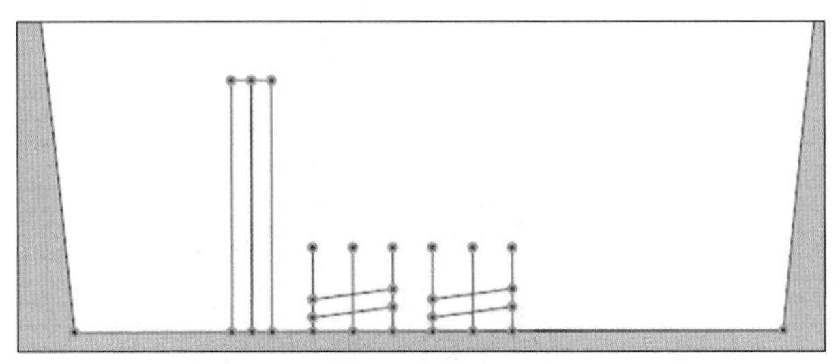

图 4.130　完成内部线的转换

（3）为了方便后面的操作，运用“板片调整”工具将褶标记的内部线锁定，如图 4.131 所示；完成内部线的转换，如图 4.132 所示；完成标记内部线锁定，如图 4.133 所示。

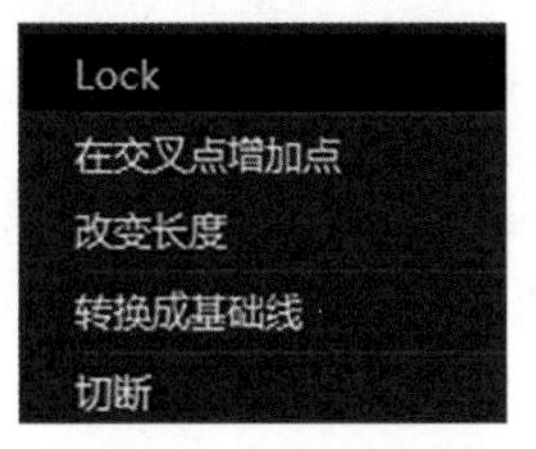

图 4.131　锁定内部线

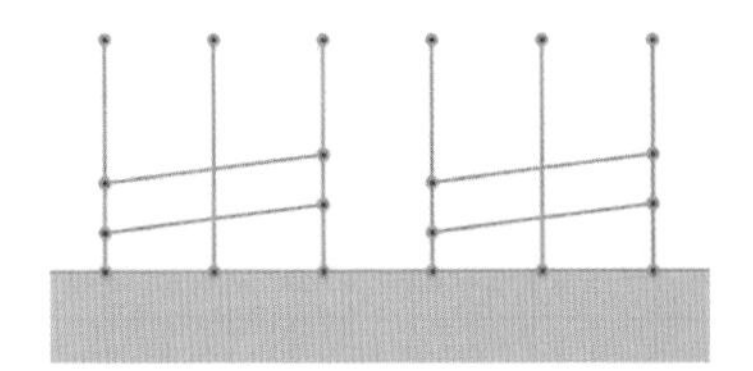

图 4.132　完成内部线的转换

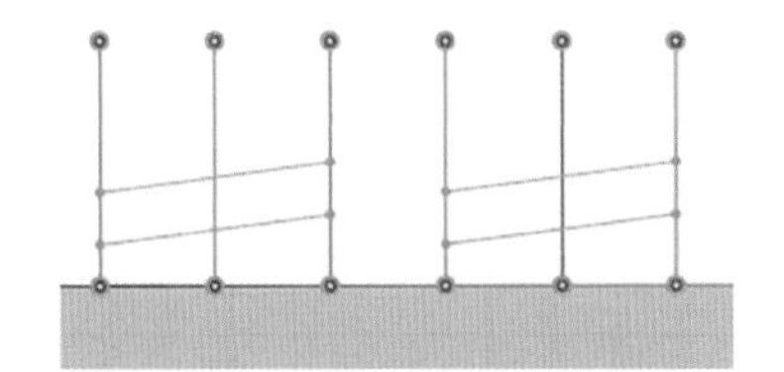

图 4.133　完成标记内部线锁定

（4）在 2D 窗口中运用“翻折褶裥”工具根据褶裥的倒向标出褶裥方向，如图 4.134 所示。在“翻折褶裥”对话框中将褶裥的数量改成 3，单击“确认”按钮，如图 4.135 所示。在属性编辑器里选择“叠缝”，如图 4.136 所示。

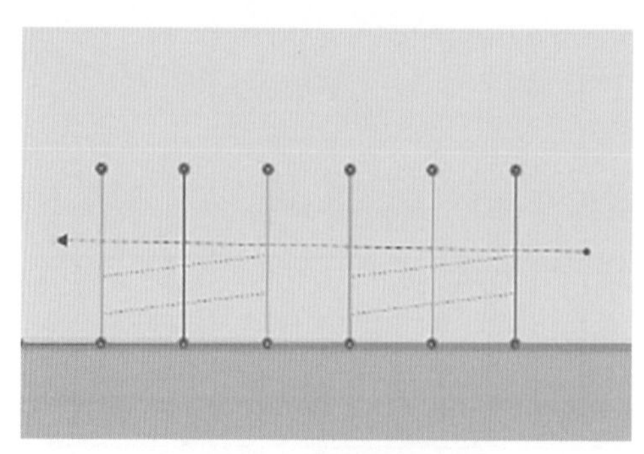

图 4.134　标出褶裥方向

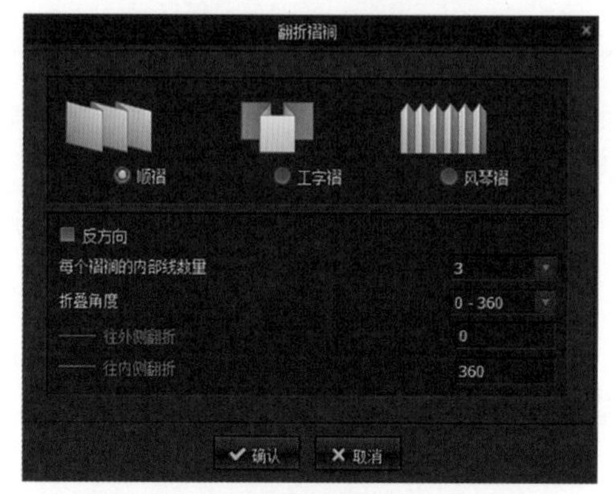

图 4.135　“翻折褶裥”对话框

图 4.136　选择“叠缝”

（5）在 2D 窗口中运用“线段缝纫”工具将袖衩褶缝合，如图 4.137 所示；运用“自由缝纫”工具缝合袖衩褶与袖片，如图 4.138 所示。

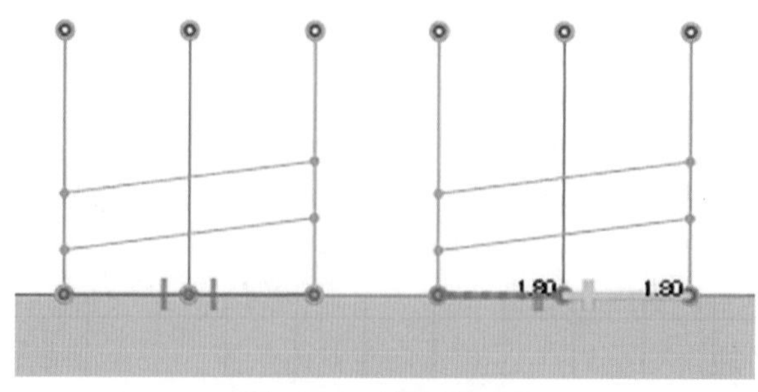

图 4.137　缝合袖衩褶

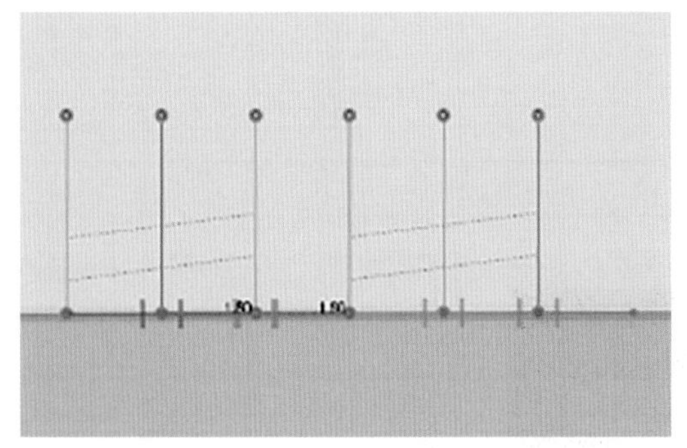

图 4.138　缝合袖衩褶与袖片

（6）在 3D 窗口中运用“选择”工具选择要模拟的袖片板片，单击“模拟”工具进行模拟，如图 4.139 所示。

（7）在 2D 窗口中运用“线段缝纫”工具将袖克夫和袖片缝合，如图 4.140 所示。

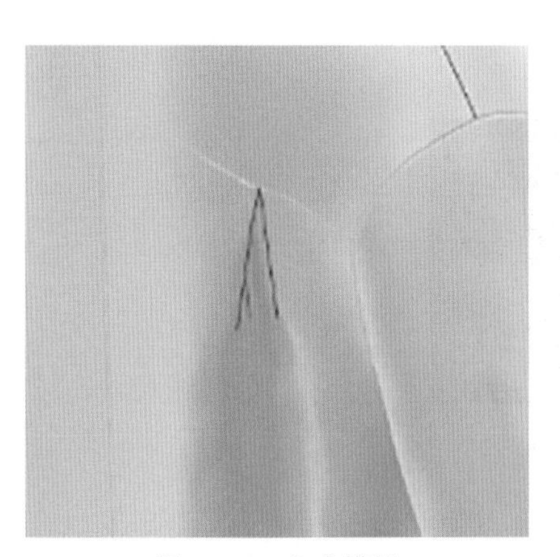

图 4.139　完成模拟

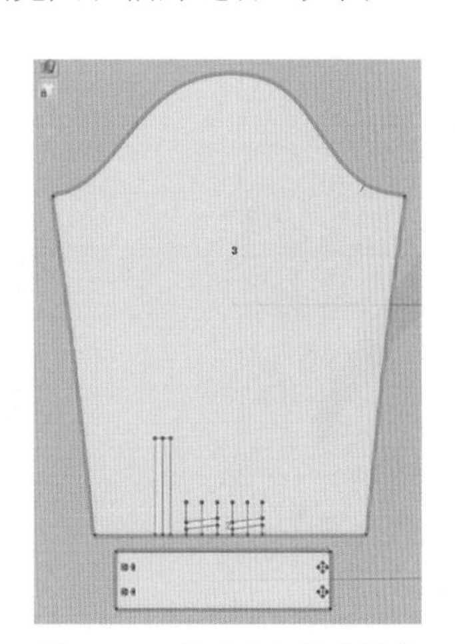

图 4.140　袖克夫与袖片缝合

4. 做袖衩

（1）运用“勾勒”工具将袖衩做成板片。选择所有袖衩条（图 4.141）并右击，在弹出的快捷菜单中选择“勾勒为板片”选项（图 4.142）完成袖衩贴边板片勾勒，如图 4.143 所示。

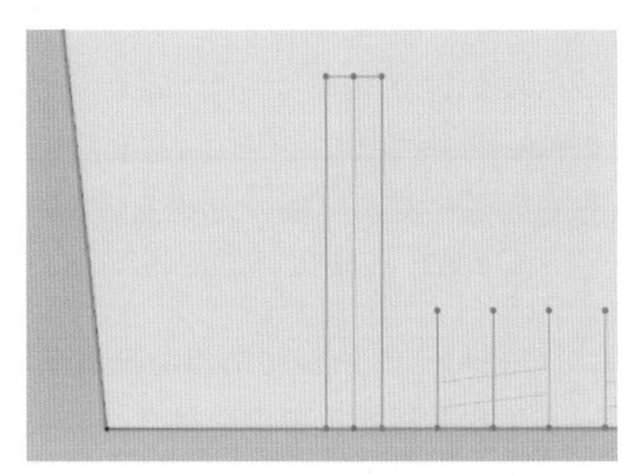

图 4.141　选择所有袖衩条

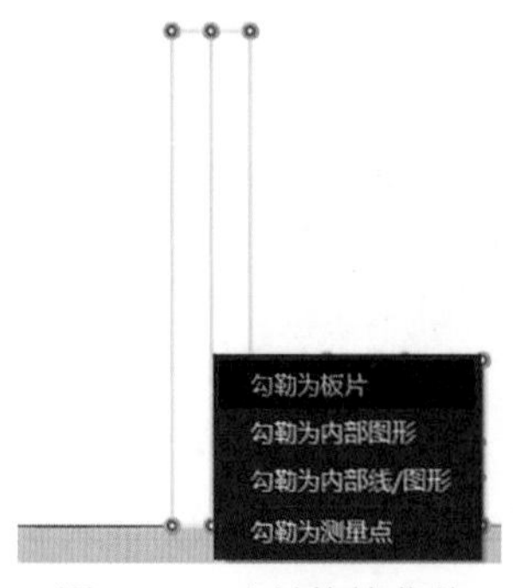

图 4.142 右键快捷菜单

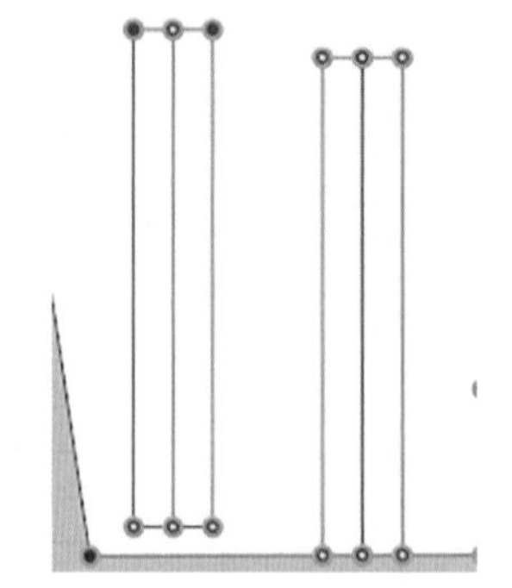
图 4.143 完成袖衩贴边板片勾勒

（2）在 2D 窗口中选择“编辑板片”工具，选择袖衩条中间的线条（图 4.144）并右击，在弹出的快捷菜单中选择“切断”选项（图 4.145）将板片剪开，如图 4.146 所示。

图 4.144 选择线条

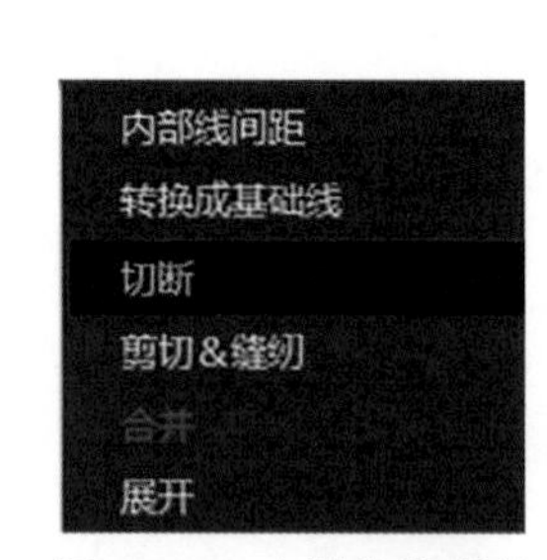

图 4.145 右键快捷菜单

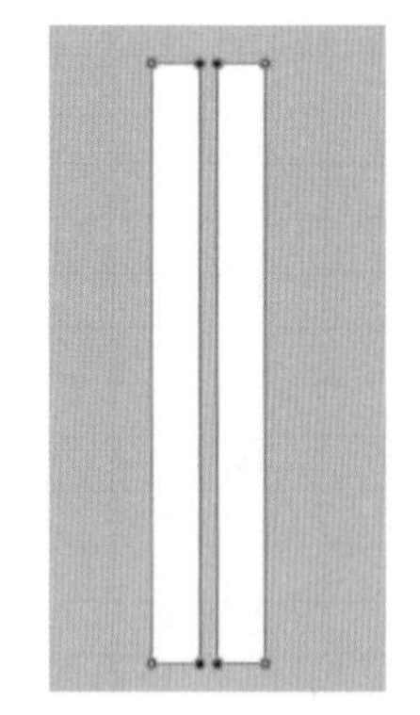
图 4.146 完成板片剪开

（3）在 2D 窗口中运用“线段”工具选择勾勒的袖衩条贴边板片，将袖衩条缝合，如图 4.147 所示。

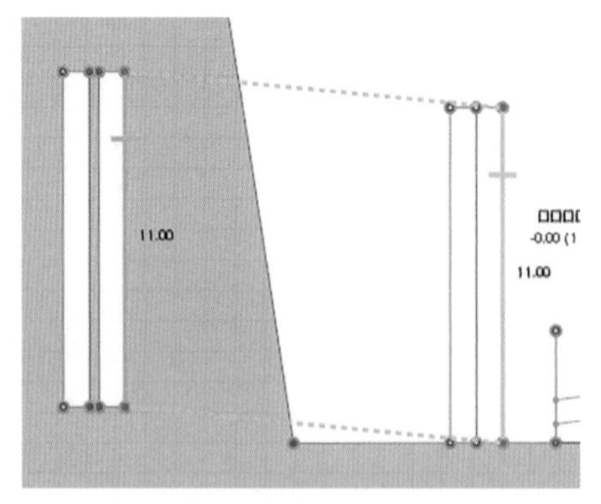

图 4.147 完成袖衩贴边的缝合

（4）在 3D 窗口中运用“移动”工具移动贴边，袖衩贴边的缝合效果如图 4.148 所示。在袖衩贴边上右击，在弹出的快捷菜单中选择“添加到外面”选项，如图 4.149 所示。贴边完成后的效果如图 4.150 所示。

图 4.148　袖衩贴边的缝合效果

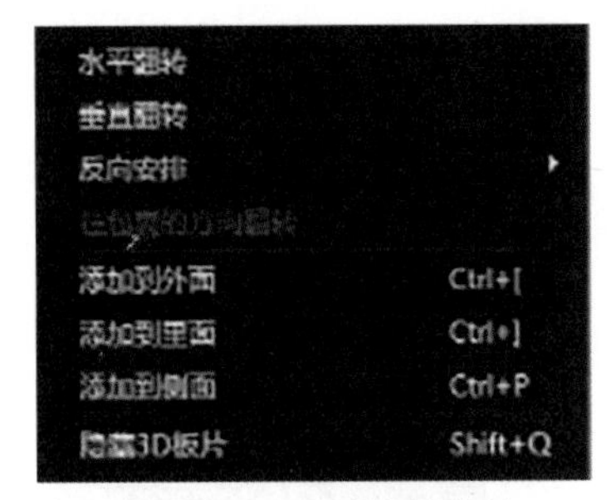

图 4.149　右键快捷菜单

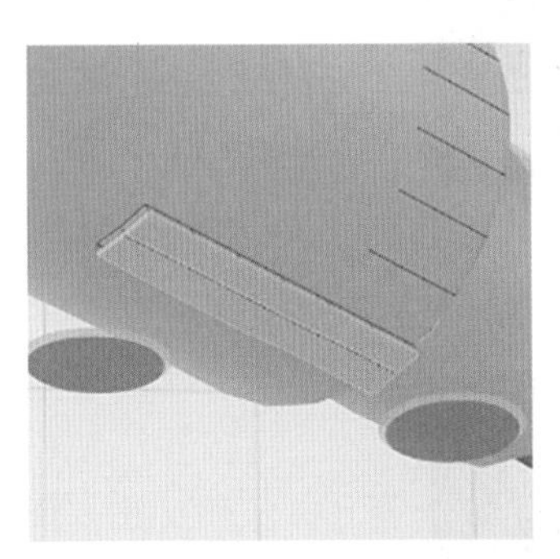
图 4.150　袖衩贴边的缝合效果

（5）在 2D 窗口中运用“自由缝纫”工具将袖克夫、袖贴边和袖片缝合，如图 4.151 所示。

（6）在 3D 窗口中运用“选择”工具选择要模拟的袖片板片，单击“模拟”工具进行模拟，如图 4.152 所示。

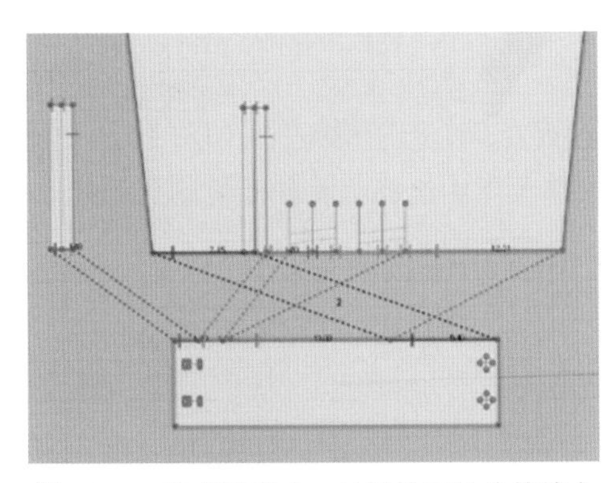
图 4.151　完成袖克夫、袖贴边和袖片的缝合

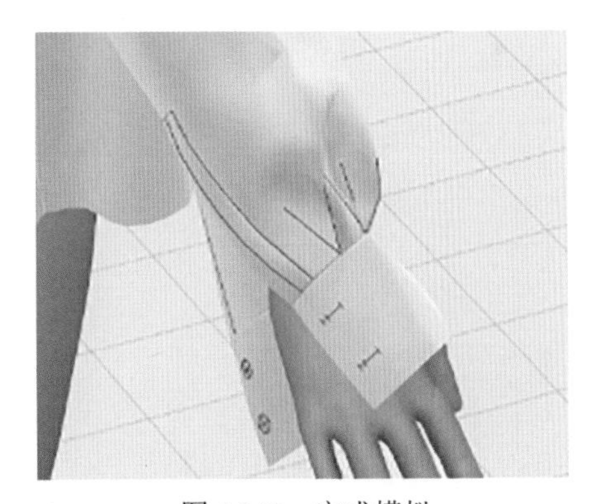
图 4.152　完成模拟

4.2.4　扣子与扣眼设置

（1）在 3D 窗口中选择“扣眼”工具，在 2D 窗口中按照原板片 CAD 制图已经定好的扣子位置在门襟板片上双击扣眼线段确定第一个扣子位置，如图 4.153 所示。在扣子线段上单击将扣子设置为 6 颗，设置扣子的大小为 1.5cm，“扣子间距”设置为 8.87cm，

单击“确认”按钮，如图 4.154 所示。扣子设置完成后的效果如图 4.155 所示。

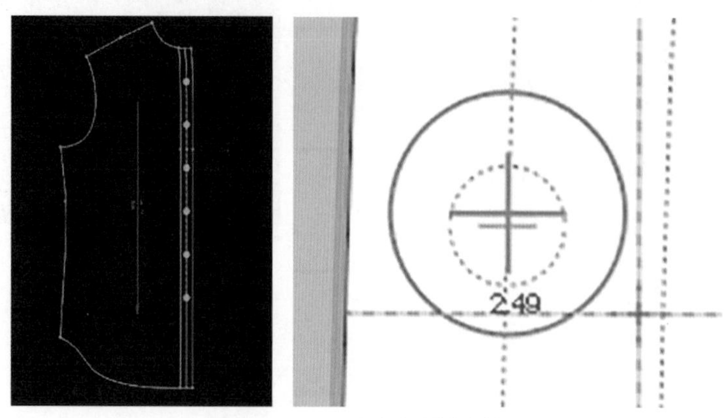

图 4.153　确定扣子位置

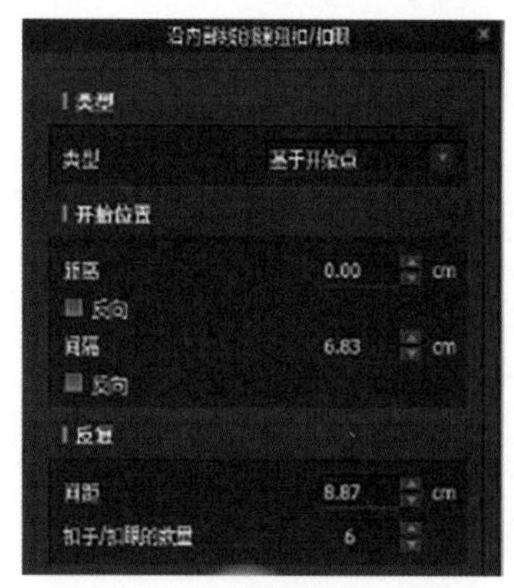

图 4.154　扣子属性设置界面

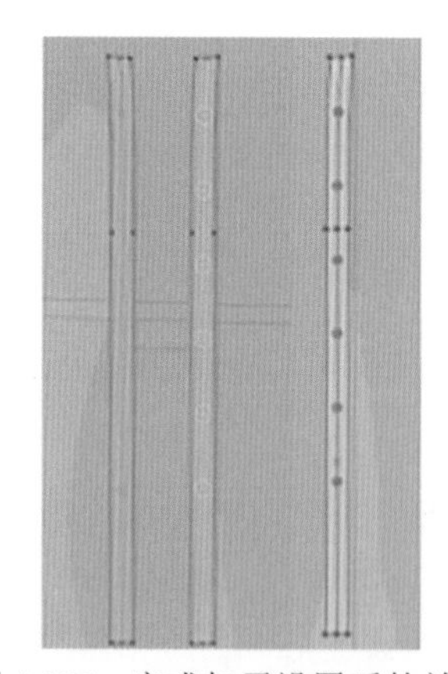

图 4.155　完成扣子设置后的效果

（2）在 3D 窗口中选择“纽扣”工具，选择设置好扣子的门襟板片，如图 4.156 所示。在 2D 窗口中选择扣子板片并右击，在弹出的快捷菜单中选择“将扣眼复制到对称板片上”选项，如图 4.157 所示。扣眼复制完成后的效果如图 4.158 所示。

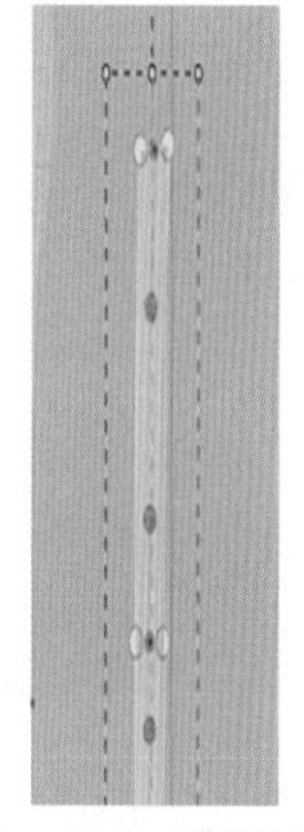

图 4.156　选择板片

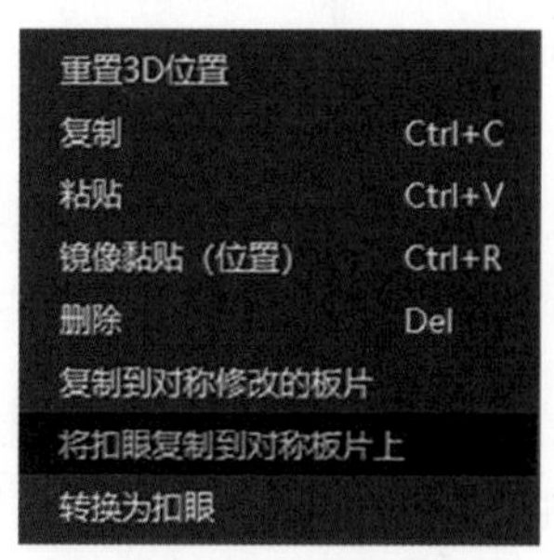

图 4.157　右键快捷菜单

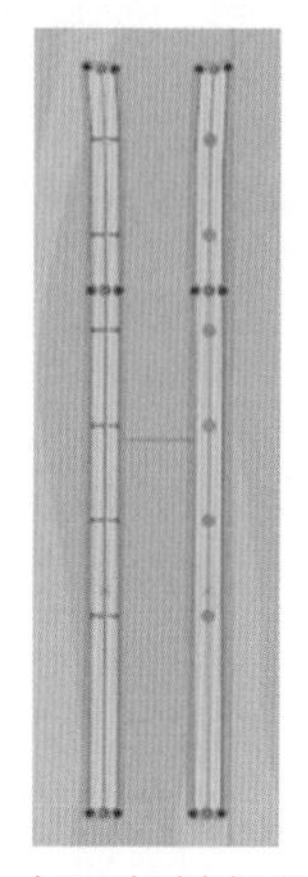

图 4.158　扣眼复制完成后的效果

（3）在3D窗口中选择“纽扣”工具，选择歪斜的扣眼（图4.159），在属性编辑器里将扣眼角度设置为270度，如图4.160所示。扣眼调整完成后的效果如图4.161所示。

图4.159　歪斜的扣眼

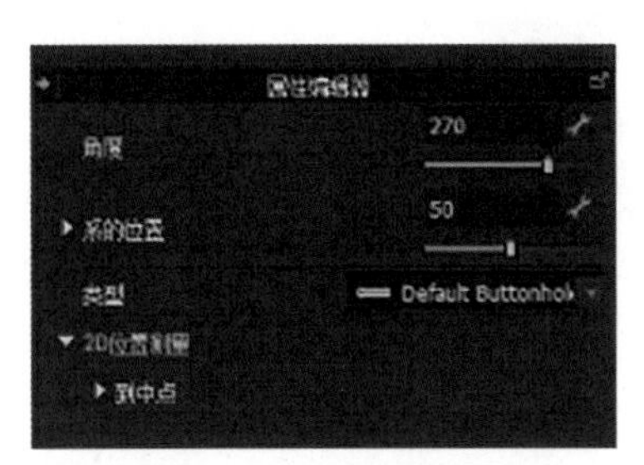

图4.160　扣眼属性设置

图4.161　扣眼调整完成后的效果

（4）在3D窗口中选择“扣眼”工具，在2D窗口中按照领座板片上的扣眼位置在门襟板片上双击扣眼线段确定扣子位置，如图4.162所示。在扣子线段上单击，设置扣子的大小为1.5cm，单击“确认”按钮，如图4.163所示。扣子设置完成后的效果如图4.164所示。

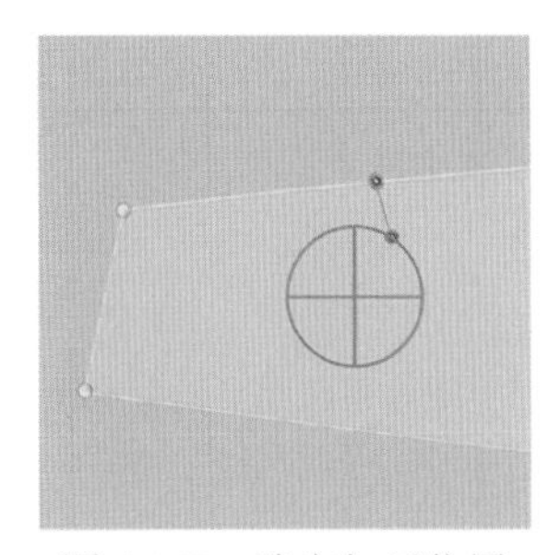

图4.162　确定扣子位置

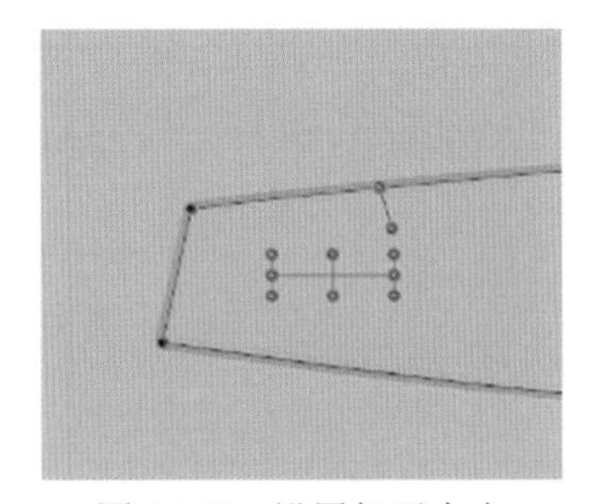

图4.163　设置扣子大小

图4.164　扣子完成效果

（5）在3D窗口中选择“纽扣”工具，在2D窗口中选择扣子板片（图4.165）并右击，在弹出的快捷菜单中选择“将扣眼复制到对称板片上”选项（图4.166）完成扣眼复制，如图4.167所示。

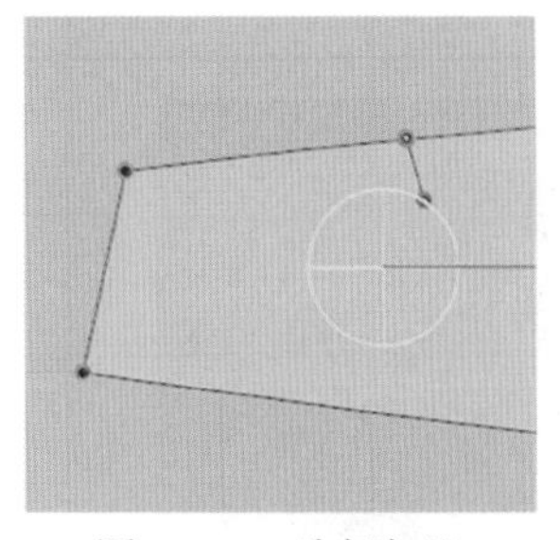

图4.165　选择扣眼

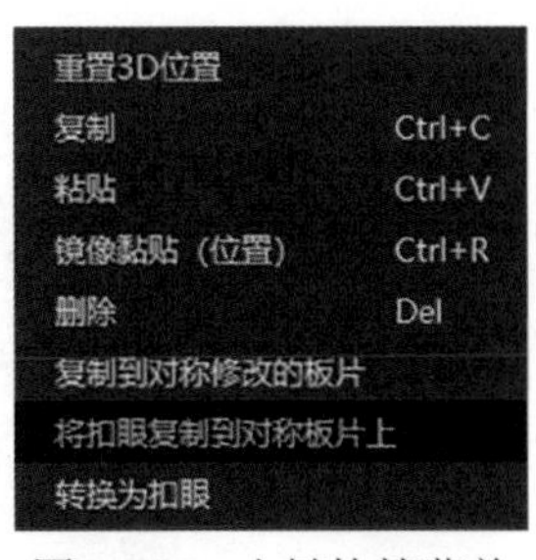

图4.166　右键快捷菜单

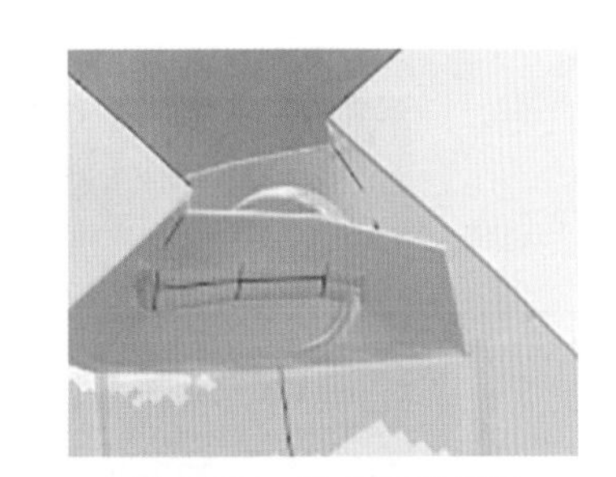

图4.167　完成扣眼复制

（6）在3D窗口中选择“纽扣”工具，调整扣眼方向，如图4.168所示。扣眼调整完成后的效果如图4.169所示。

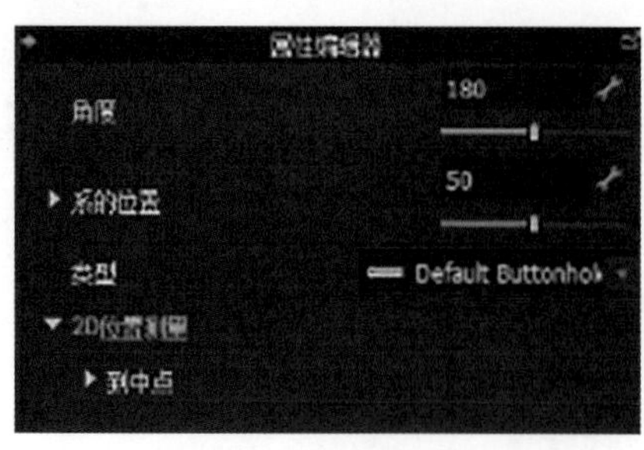

图 4.168　扣眼属性调整

图 4.169　完成扣眼调整

（7）在 3D 窗口中选择“纽扣”工具，框选所有纽扣（图 4.170）并进行调整，调整完成后的效果如图 4.171 所示。完成系纽扣后的效果如图 4.172 所示。

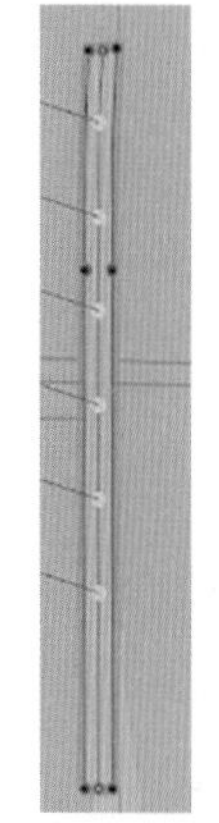

图 4.170　框选所有纽扣

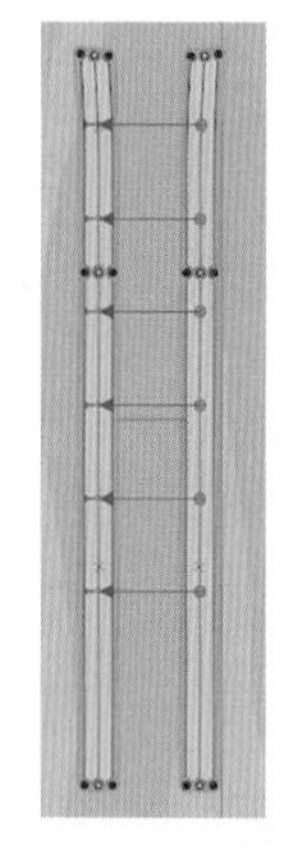

图 4.171　调整扣眼

图 4.172　完成系纽扣后的效果

4.2.5　面料设置

（1）在 3D 窗口中选择“移动”工具，在菜单栏中选择“图库”→“面料”（图 4.173），在打开的面料库中选择想要的面料，如图 4.174 所示。设置面料属性，如图 4.175 所示。完成面料选择，如图 4.176 所示。

图 4.173　图库

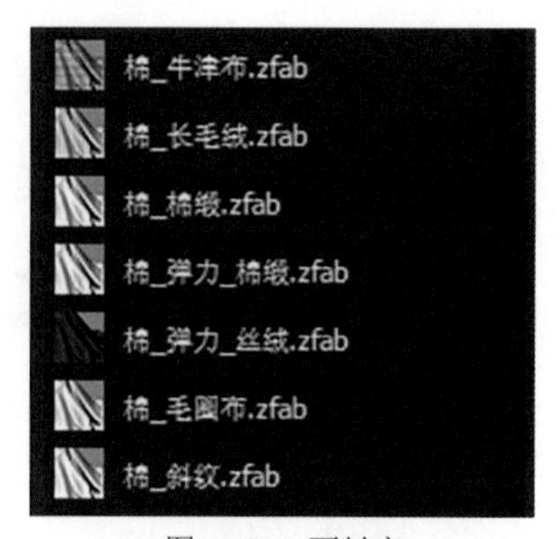

图 4.174　面料库

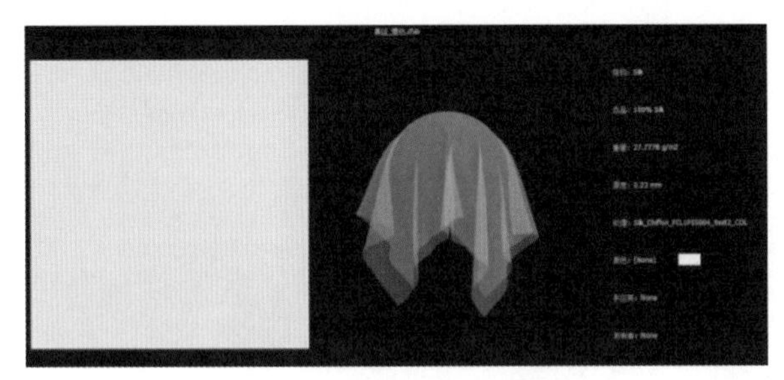

图 4.175　面料属性设置

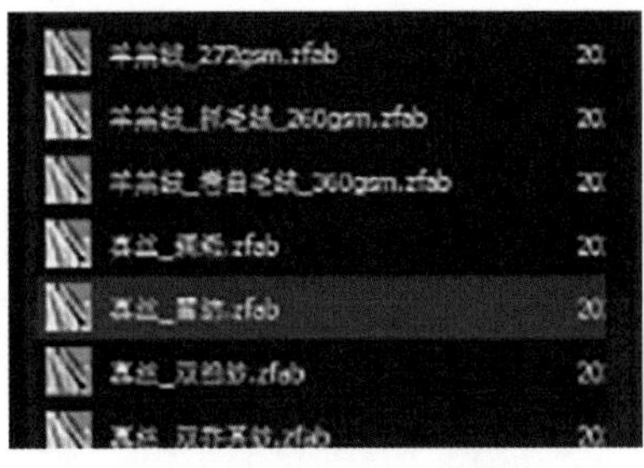

图 4.176　完成面料选择

（2）在 3D 窗口中选择“移动”工具，在菜单栏中选择“图库”→“面料”，将想要的面料直接放置于编辑器窗口的白色框内，如图 4.177 所示。

图 4.177　物体窗口

4.2.6　试穿模拟

在完成所有的程序之后，在 3D 窗口中单击“模拟”工具进行模拟，如图 4.178 所示。

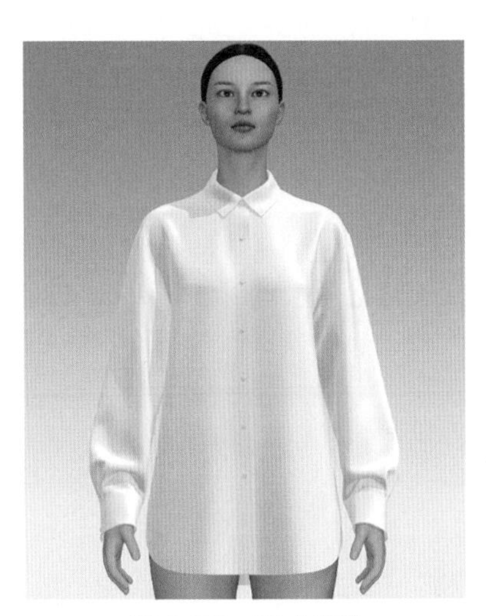

图 4.178　完成模拟

4.2.7　产品展示

衬衣的正面、侧面、背面展示如图 4.179 所示。

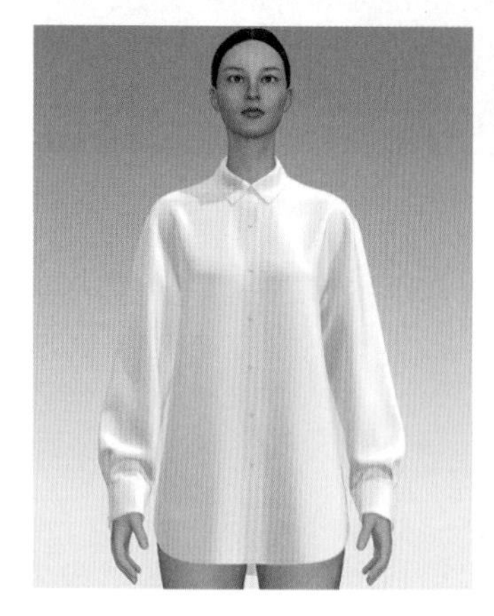
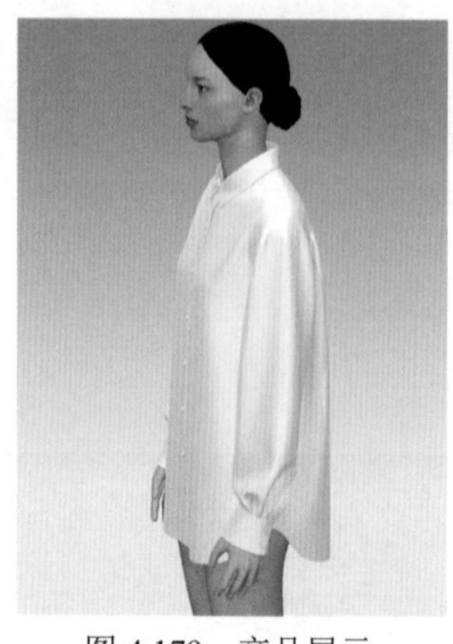
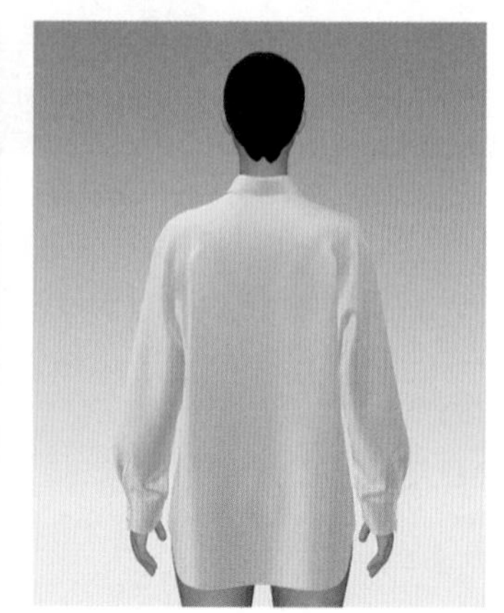

图 4.179　产品展示

4.3　连帽卫衣实践应用

本例完成的款式图如图 4.180 所示。

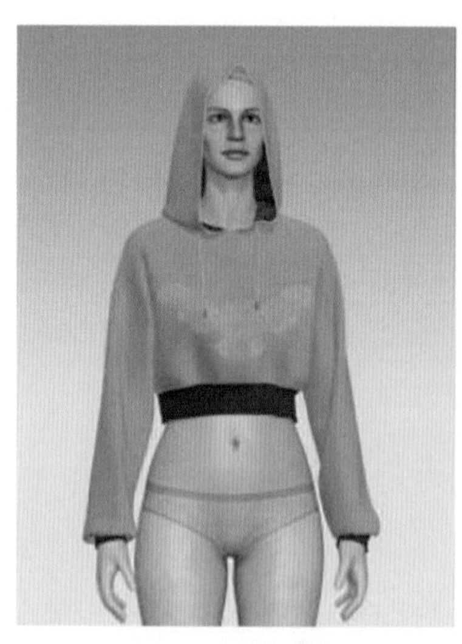

图 4.180　款式图

4.3.1　板片导入及校对

（1）在菜单栏中选择“文件”→“导入”→DXF 命令，如图 4.181 所示。

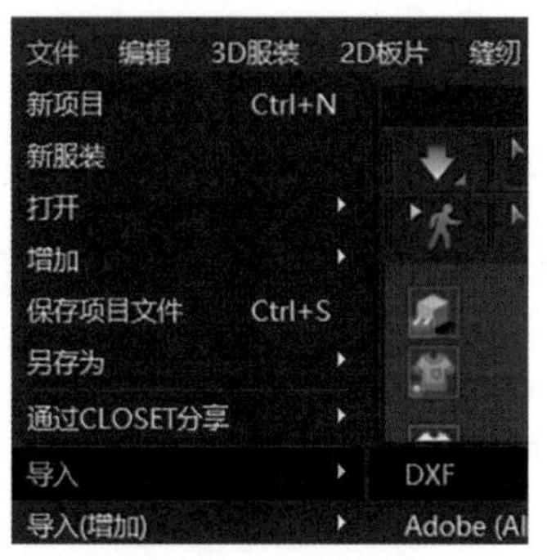

图 4.181　导入文件

（2）在“图库”窗口中单击“虚拟模特”，如图 4.182 所示。选择女模 V2，如图 4.183 所示。

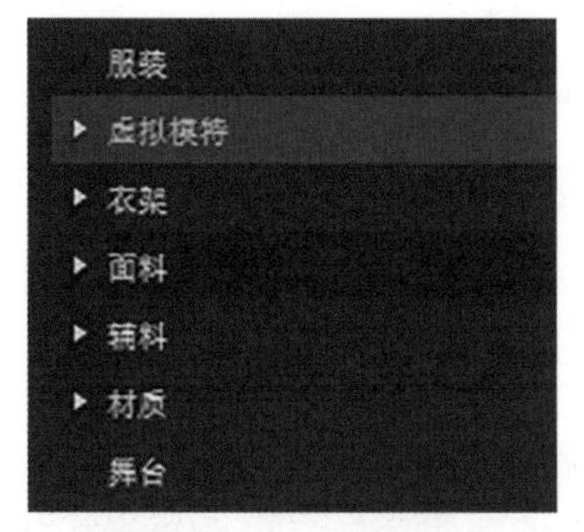

图 4.182　导入虚拟模特

图 4.183　选择女模 V2

（3）导入文件后 2D 和 3D 窗口中同时出现连帽卫衣项目文件，刚导入的板片比较乱，如图 4.184 所示。

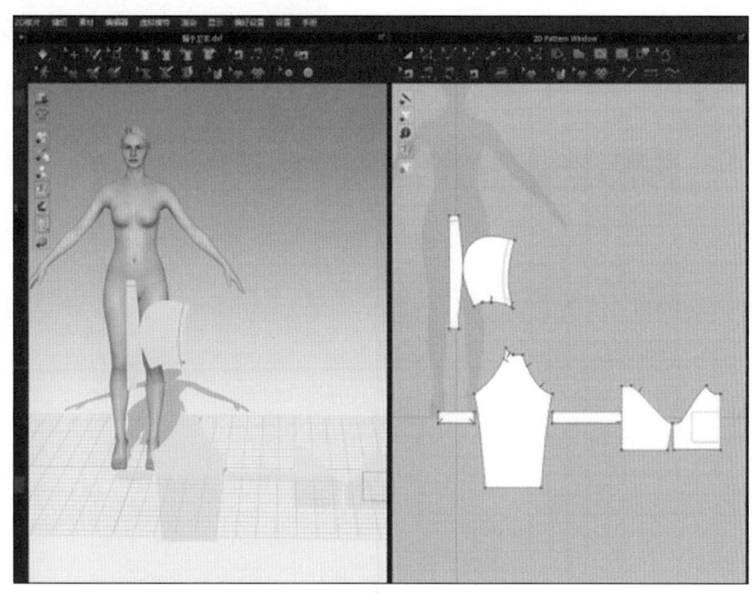
图 4.184　2D 和 3D 窗口状态

（4）在 2D 窗口中运用“板片调整”工具将所有的板片摆放好，如图 4.185 所示。

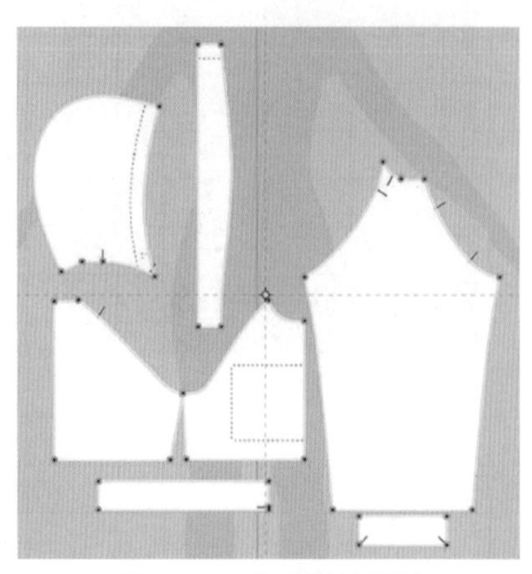

图 4.185　完成板片摆放

（5）在 2D 窗口中选择所有板片，如图 4.186 所示。选择“移动”工具并在板片上右击，在弹出的快捷菜单中选择“重设 2D 安排位置（选择的）”选项（图 4.187）完成重设 2D 安排位置，如图 4.188 所示。

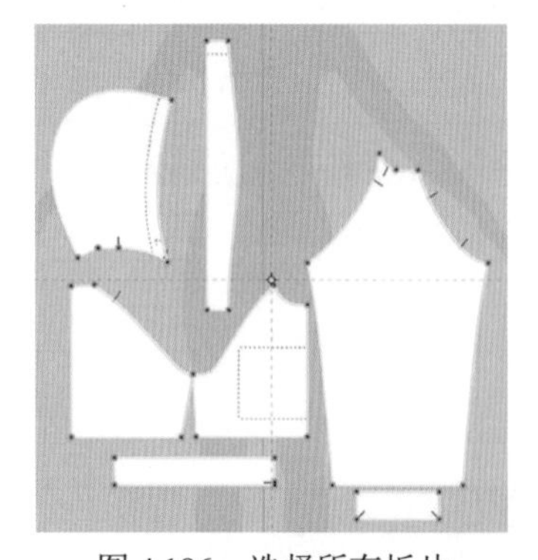

图 4.186　选择所有板片

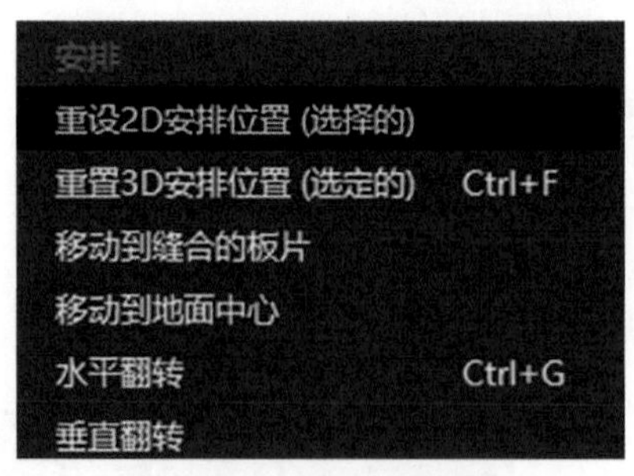

图 4.187　右键快捷菜单

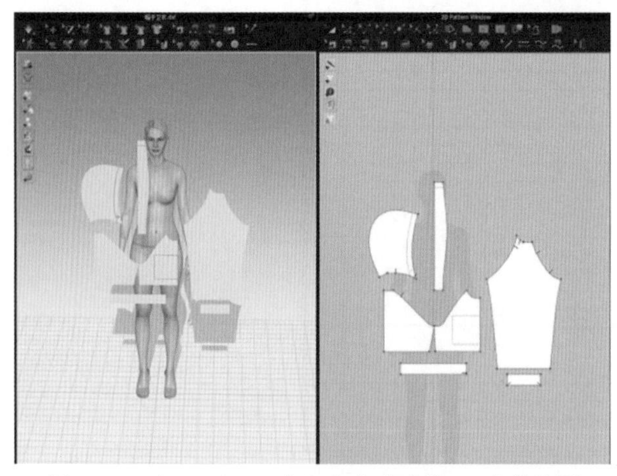

图 4.188　在 3D 和 2D 窗口中完成重设 2D 安排位置

（6）选择“板片调整”工具，选择袖片板片（图 4.189）并右击，在弹出的快捷菜单中选择“对称板片（板片和缝纫线）”选项（图 4.190）完成板片对称，如图 4.191 所示。

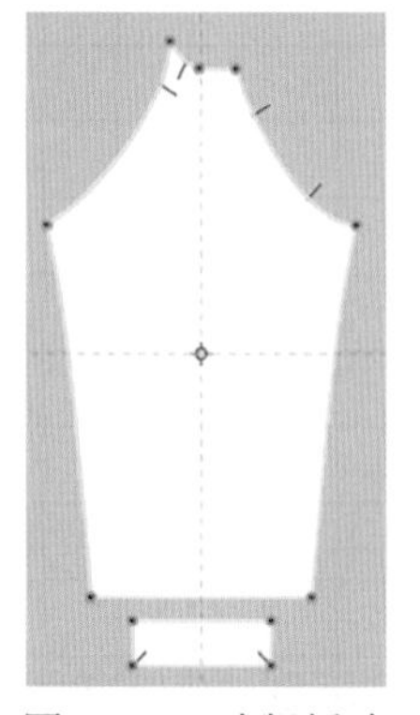
图 4.189　选择板片

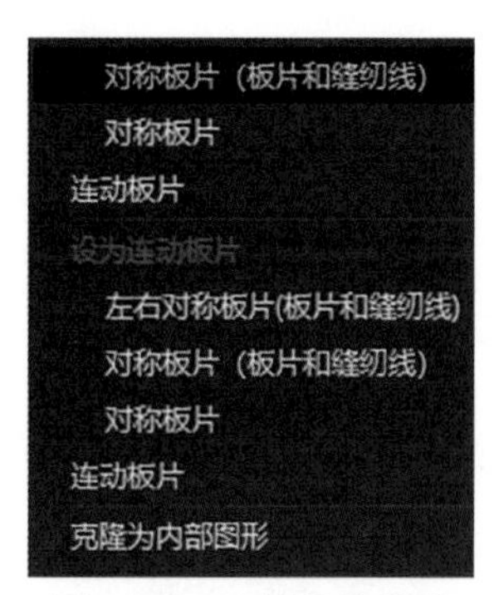

图 4.190　右键快捷菜单

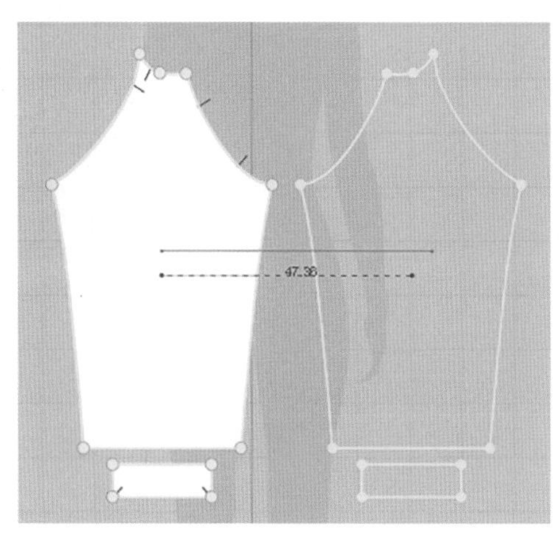
图 4.191　完成板片对称

（7）选择“板片调整”工具，选择前片板片（图 4.192）并右击，在弹出的快捷菜单中选择“左右对称板片（板片和缝纫线）”选项（图 4.193）完成板片对称，如图 4.194 所示。

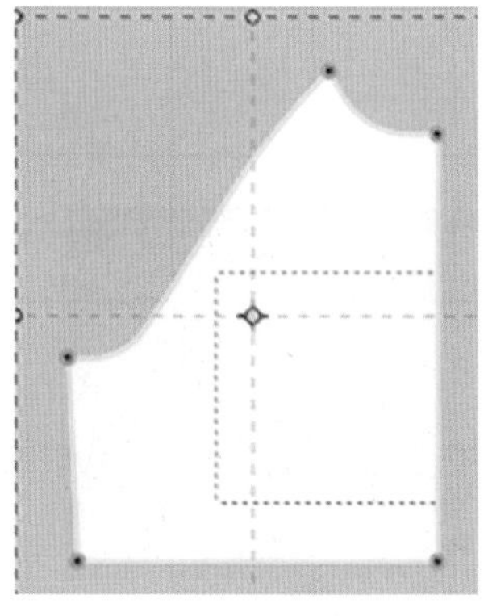
图 4.192　选择板片

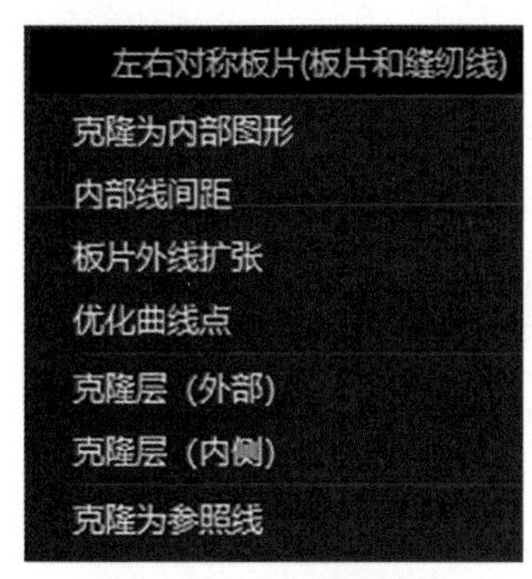

图 4.193　右键快捷菜单

图 4.194　完成板片对称

（8）选择“板片调整”工具，选择后片板片（图 4.195）并右击，在弹出的快捷菜单中选择“对称板片（板片和缝纫线）”选项（图 4.196）完成板片对称，如图 4.197 所示。

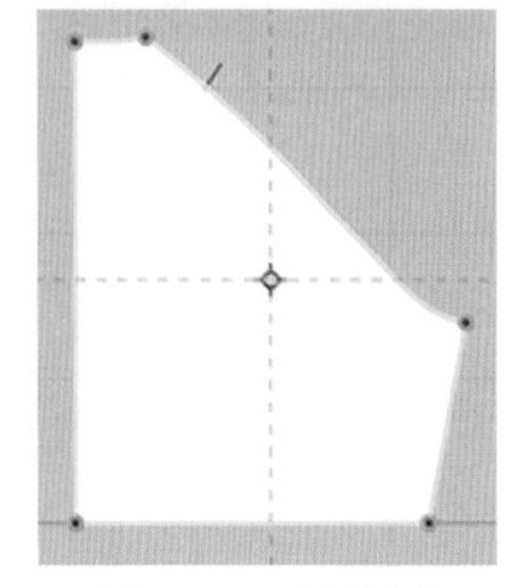

图 4.195　选择板片

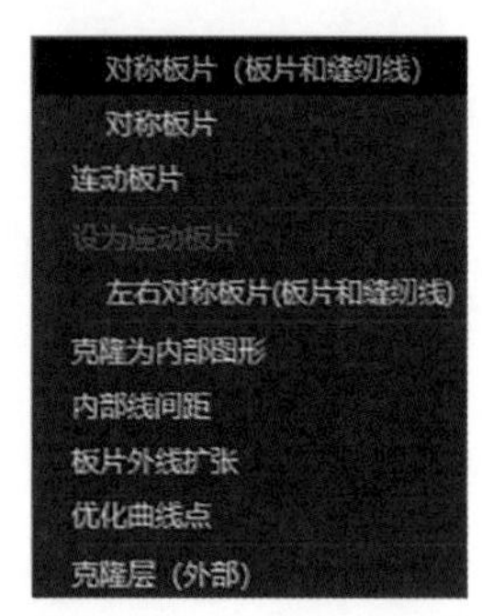

图 4.196　右键快捷菜单

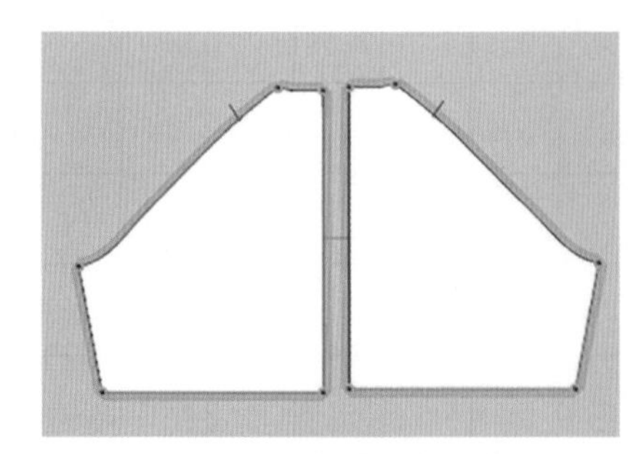

图 4.197　完成板片对称

（9）选择“板片调整”工具，选择帽子板片（图 4.198）并右击，在弹出的快捷菜单中选择“对称板片（板片和缝纫线）”选项（图 4.199）完成板片对称，如图 4.200 所示。

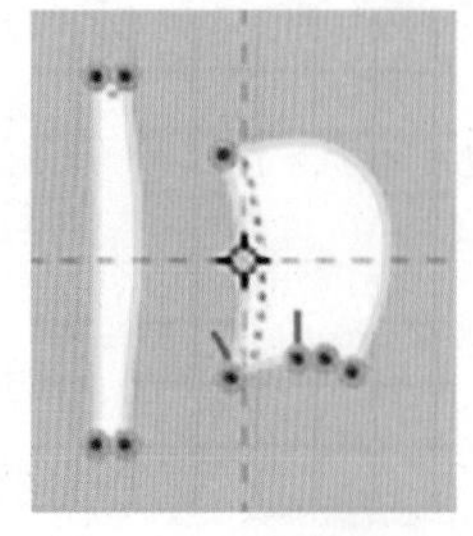

图 4.198　选择板片

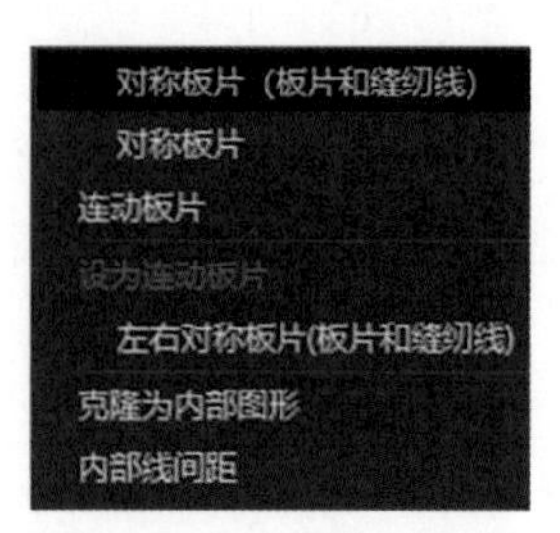

图 4.199　右键快捷菜单

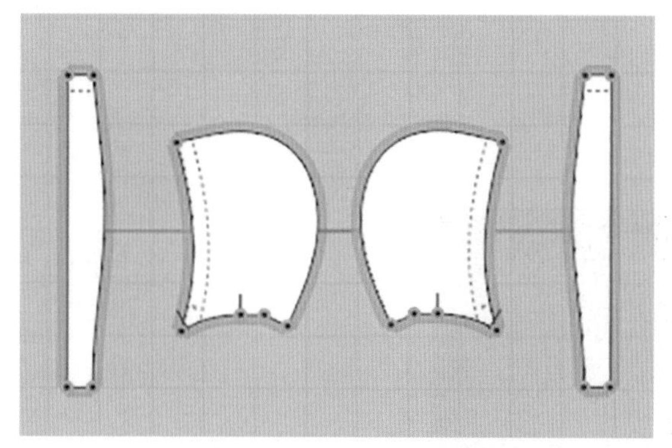

图 4.200　完成板片对称

（10）在 2D 窗口中运用“板片调整”工具选择所有板片并摆放好，如图 4.201 所示。

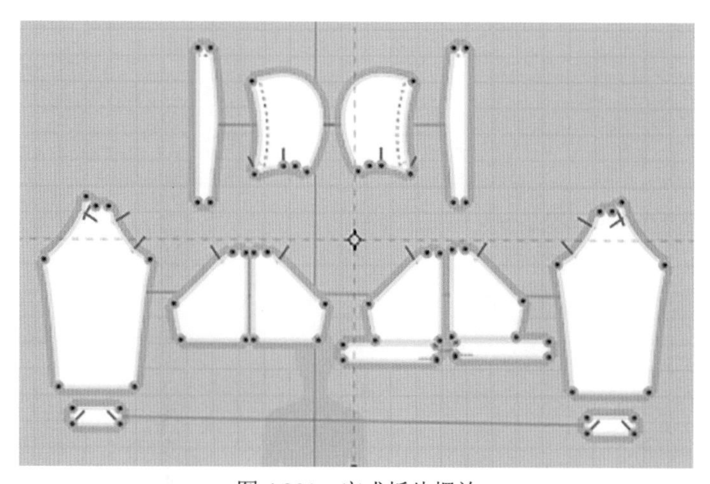

图 4.201　完成板片摆放

（11）运用“移动”工具选择所有板片（图 4.202）并右击，在弹出的快捷菜单中选择“重设 2D 安排位置（选择的）”选项（图 4.203），效果如图 4.204 所示。

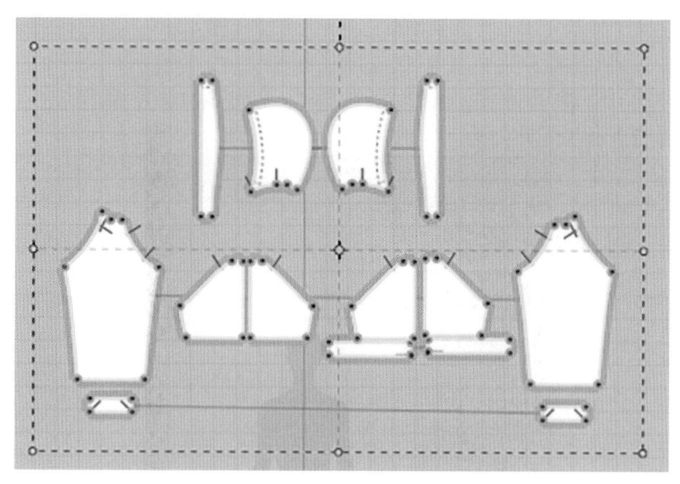

图 4.202　选择所有板片

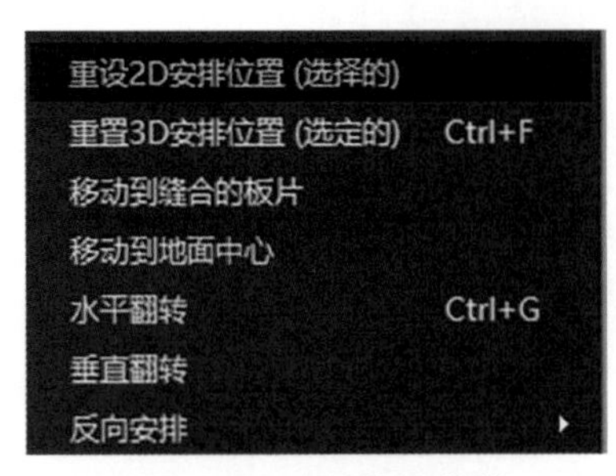

图 4.203 右键快捷菜单

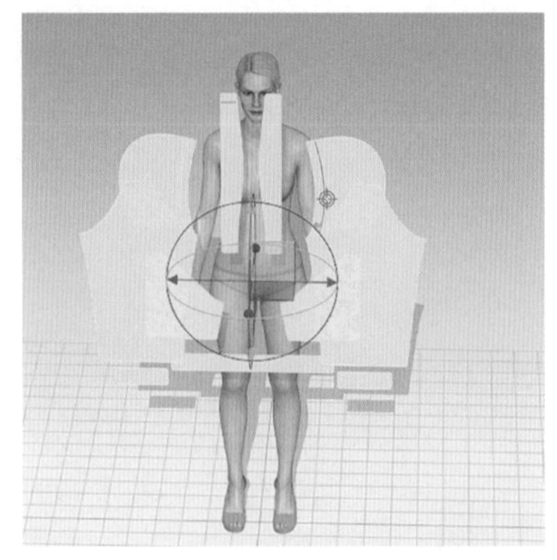

图 4.204 完成板片重设 2D 安排位置后的效果

4.3.2 安排板片

（1）在 3D 窗口中点开“显示虚拟模特”工具下的“显示安排点”工具，如图 4.205 所示。点安排效果显示如图 4.206 所示。

图 4.205 选择“显示安排点”工具

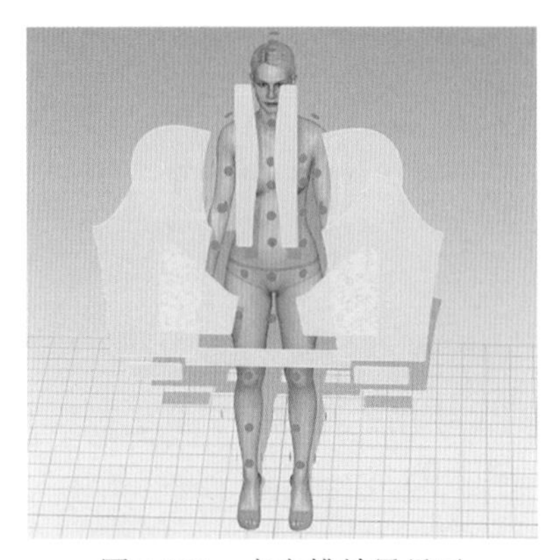

图 4.206 点安排效果显示

（2）在 2D 窗口中将前面中心对称板片缝合，如图 4.207 所示。

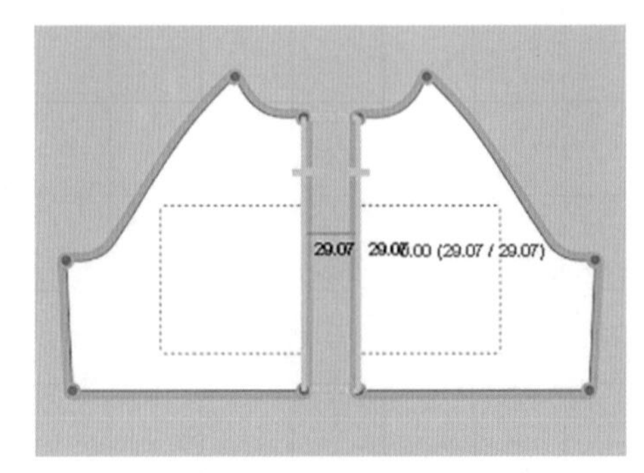

图 4.207 板片缝合

（3）选择“移动”工具，在3D窗口中选择前片板片，将鼠标放到对应的胸部安排点会显示黑色提示预览，如图4.208所示。点击胸部中间的安排点前片被安排到模特身上，如图4.209所示。

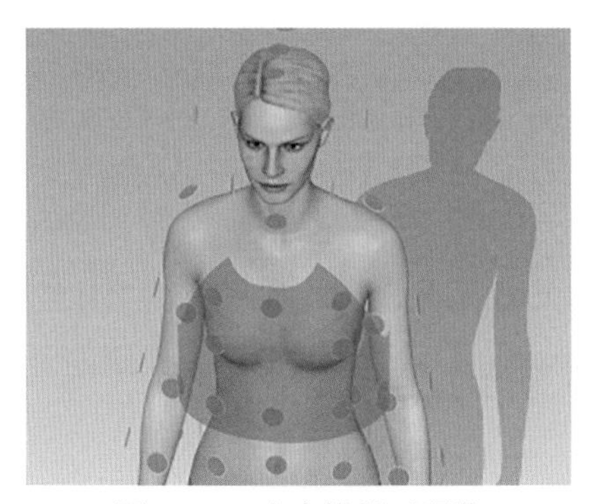

图4.208　点安排提示预览

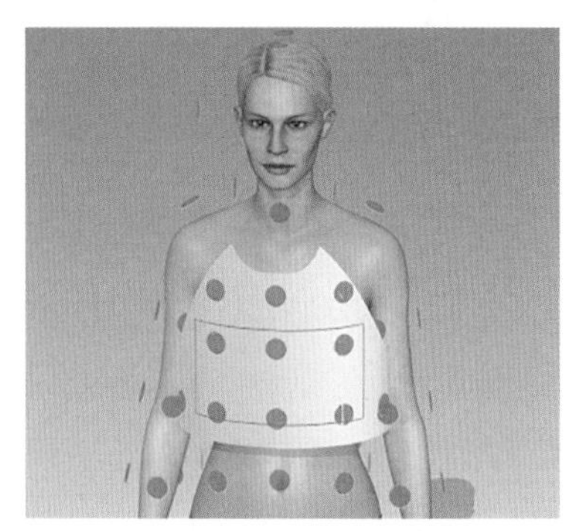

图4.209　板片被安排到模特身上

（4）在2D窗口中将前面中心对称板片缝合，如图4.210所示。

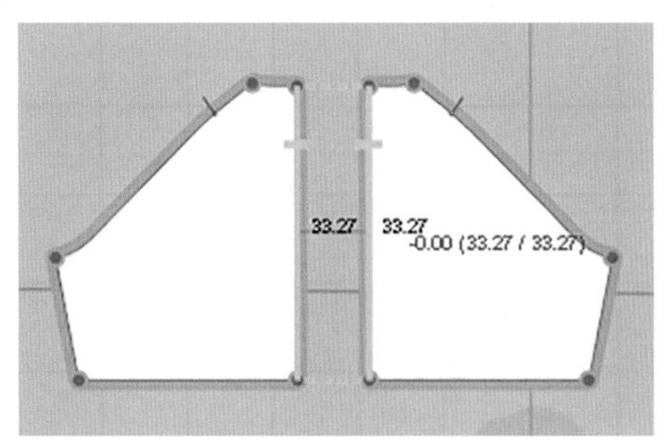

图4.210　板片缝合

（5）选择“移动”工具，在3D窗口中选择后片板片，将鼠标放到对应的胸部安排点会显示黑色提示预览，如图4.211所示。点击胸部中间的安排点后片被安排到模特身上，如图4.212所示。

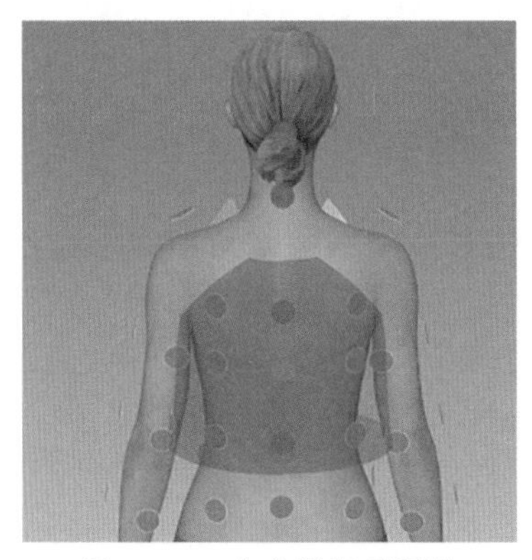

图4.211　点安排提示预览

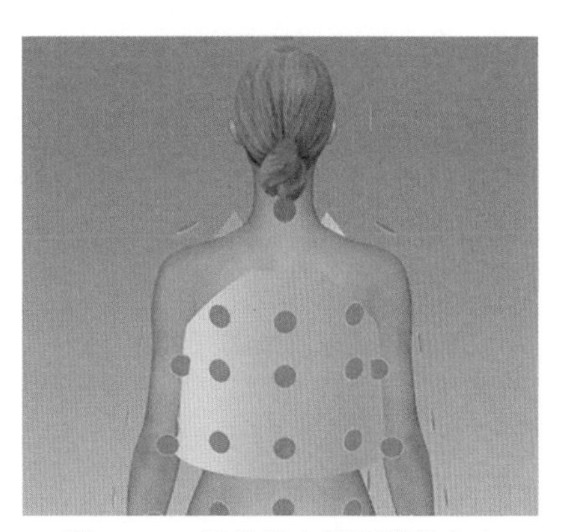

图4.212　板片被安排到模特身上

（6）在 2D 窗口中将袖克夫中心对称板片缝合，如图 4.213 所示。

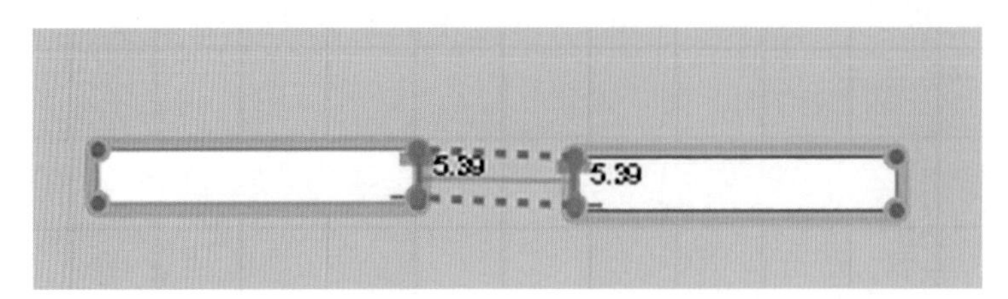

图 4.213　板片缝合

（7）运用“移动”工具在 3D 窗口中选择衣片底摆罗纹，将鼠标放到对应的腰部安排点会显示黑色提示预览，如图 4.214 所示。点击腰部中间的安排点衣片底摆罗纹被安排到模特身上，如图 4.215 所示。

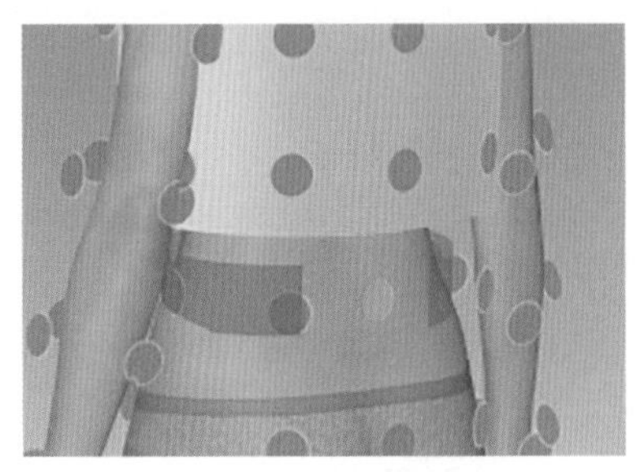

图 4.214　点安排提示预览

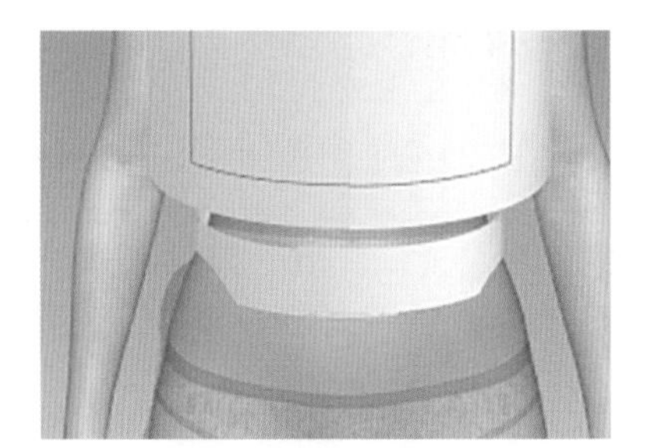

图 4.215　板片被安排到模特身上

（8）运用“移动”工具在 3D 窗口中选择袖片板片，将鼠标放到对应的肘部安排点会显示黑色提示预览，如图 4.216 所示。点击肘部中间的安排点袖片被安排到模特身上，如图 4.217 所示。

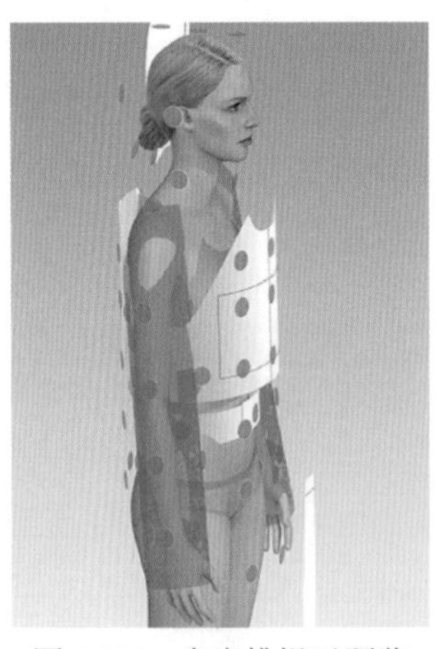

图 4.216　点安排提示预览

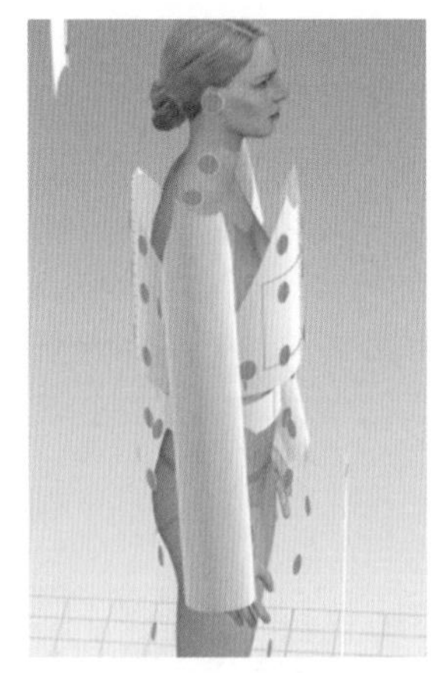

图 4.217　板片被安排到模特身上

（9）运用“移动”工具在 3D 窗口中选择帽子板片，将鼠标放到对应的头部安排点会显示黑色提示预览，如图 4.218 所示。点击头部中间的安排点帽子板片被安排到模特身上，如图 4.219 所示。

图 4.218　点安排提示预览

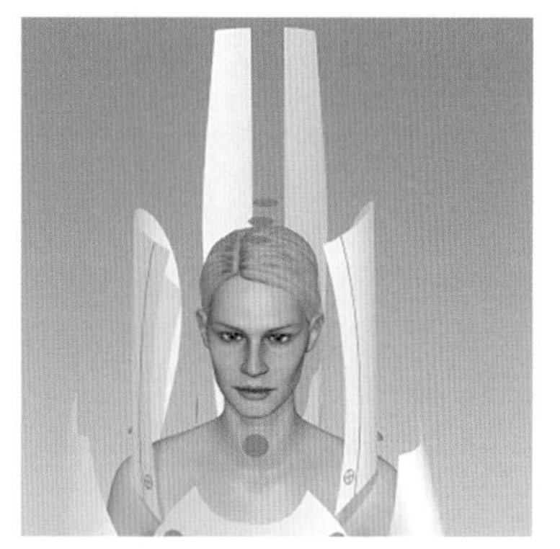

图 4.219　板片被安排到模特身上

完成所有板片安排后的效果如图 4.220 所示。

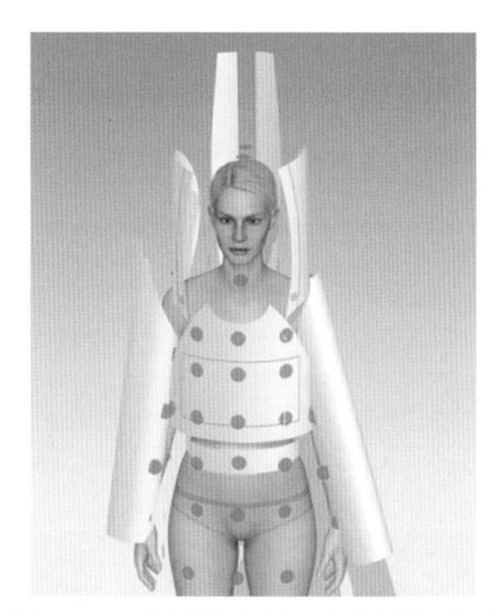

图 4.220　完成所有板片安排后的效果

4.3.3　缝合板片

（1）在 2D 窗口中选择“线段缝纫”工具将前片与袖片缝合，如图 4.221 所示。

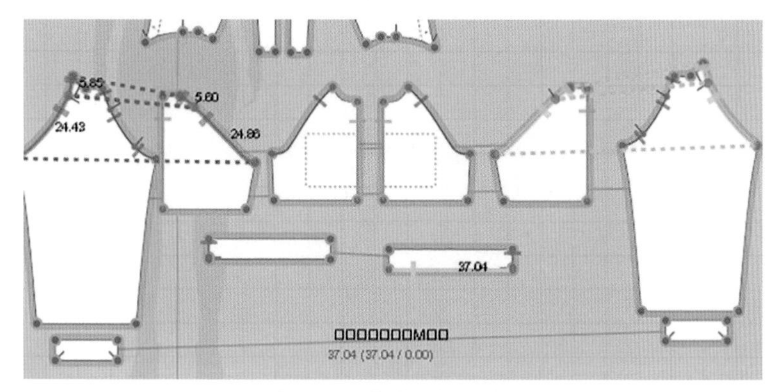

图 4.221　前片与袖片缝合

（2）在2D窗口中选择“线段缝纫”工具将袖克夫与袖片缝合，如图4.222所示。

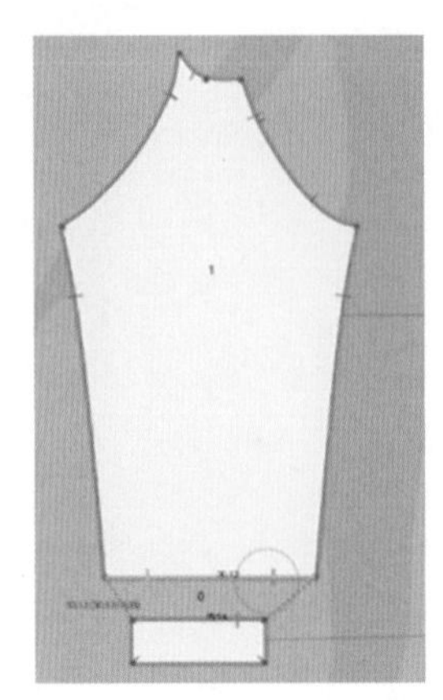

图4.222　袖克夫与袖片缝合

（3）在2D窗口中选择“线段缝纫”工具将帽子贴边与帽片缝合（图4.223），然后将前片与帽片缝合（图4.224）。

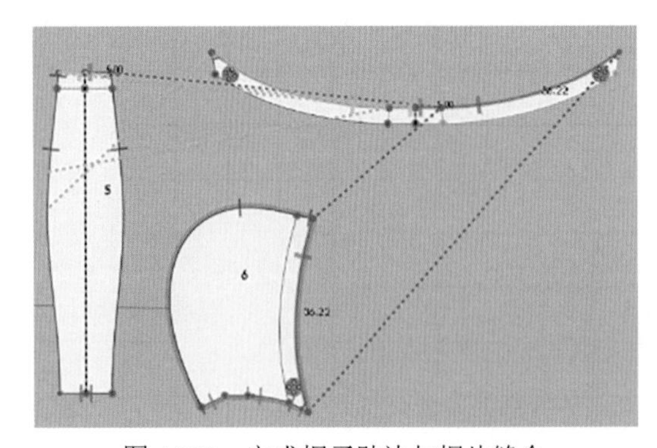

图4.223　完成帽子贴边与帽片缝合

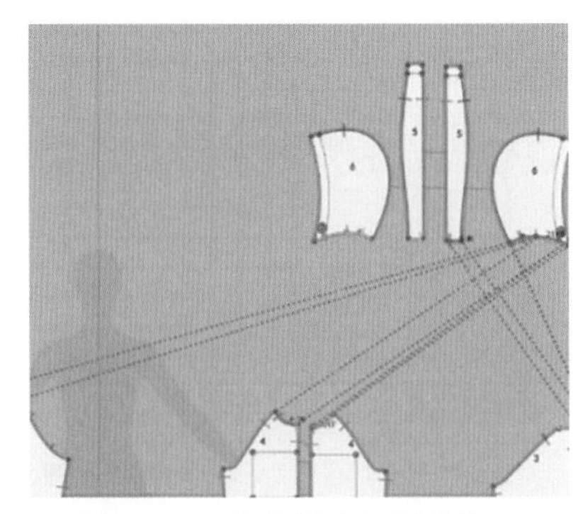

图4.224　完成前片与帽片缝合

（4）完成所有板片缝合，如图4.225所示。

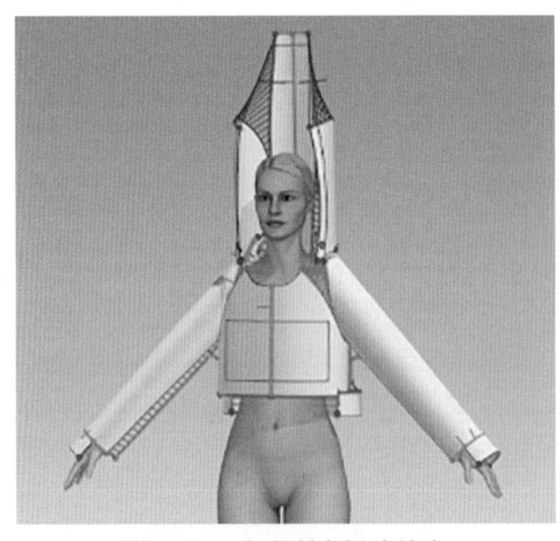

图4.225　完成所有板片缝合

4.3.4 试穿模拟

在完成所有的程序之后，在3D窗口中单击“模拟”工具进行模拟，如图4.226所示。

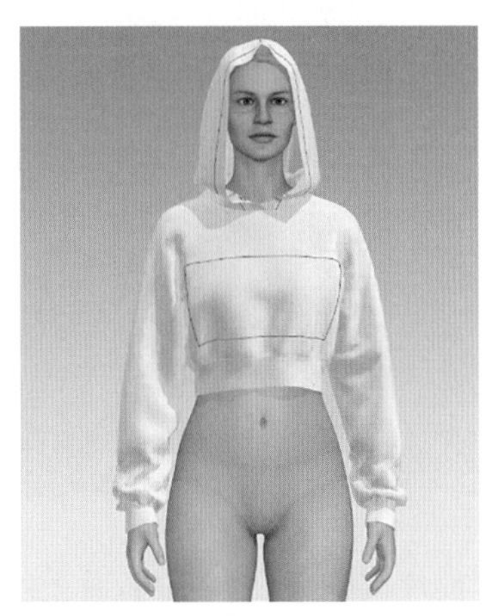

图4.226 完成模拟

4.3.5 气眼扣和帽绳的制作

方法一：

（1）为防止帽檐贴边下垂，需要给帽檐贴边贴衬。在2D窗口中选择“板片调整”工具，再选择要贴衬的板片贴边，在属性编辑器里选择“贴衬”，并将“预设”改为“有纺衬”，如图4.227所示。完成贴衬后的效果如图4.228所示。

图4.227 贴衬属性设置

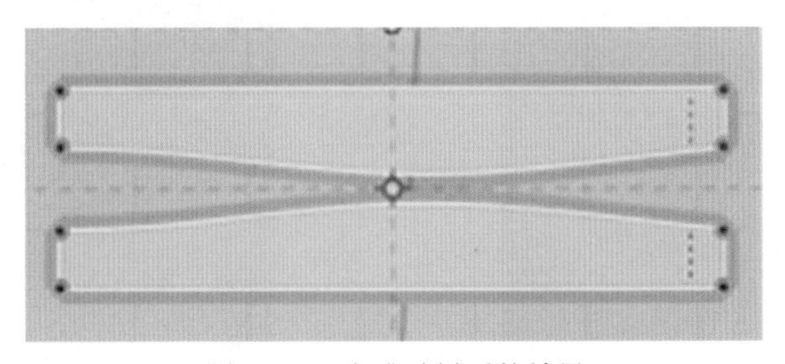

图4.228 完成贴衬后的效果

（2）在2D窗口中选择“内部圆”工具，在板片上的气眼中心点位置（图4.229）单击，将气眼宽度改为0.8cm，单击“确认”按钮（图4.230）完成气眼设置，如图4.231所示。

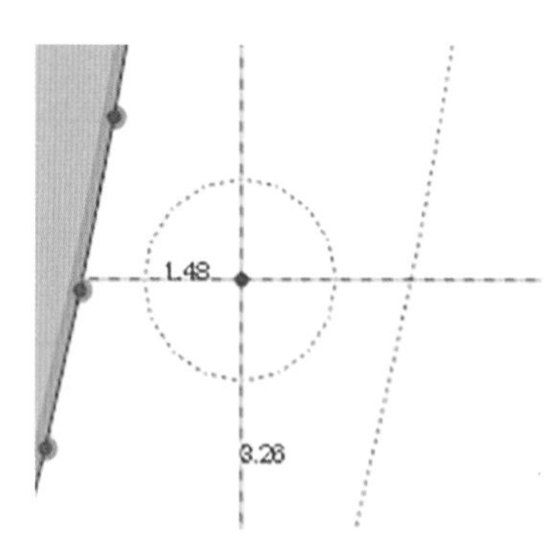

图4.229　选择板片中心点位置

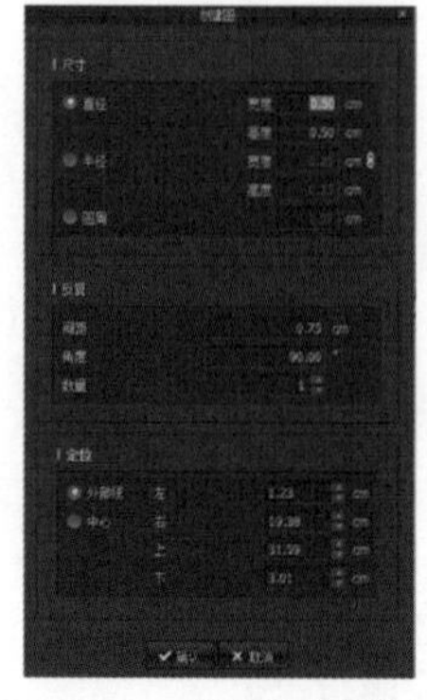

图4.230　气眼属性设置

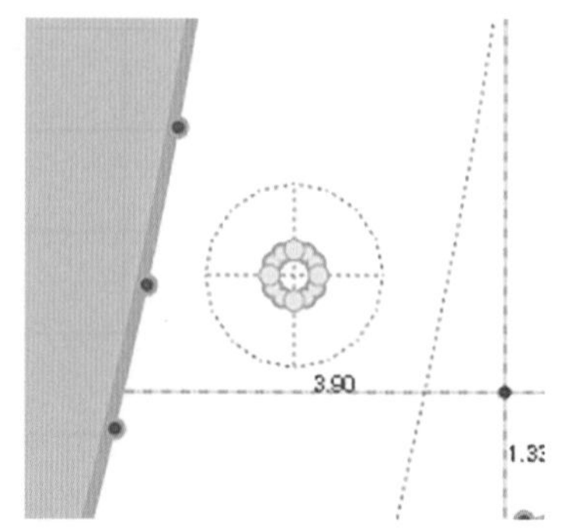

图4.231　完成气眼设置后的效果

（3）在2D窗口中选择“板片调整”工具，在板片上新设置的黄色圈上右击并选择“转换为洞”选项（图4.232）完成气眼洞的转换，如图4.233所示。

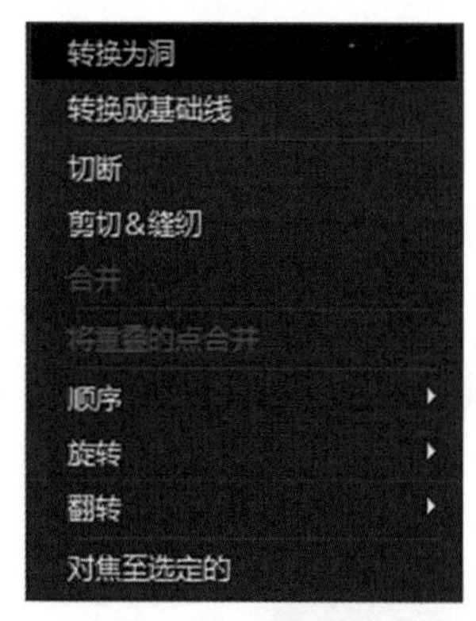

图4.232　右键快捷菜单

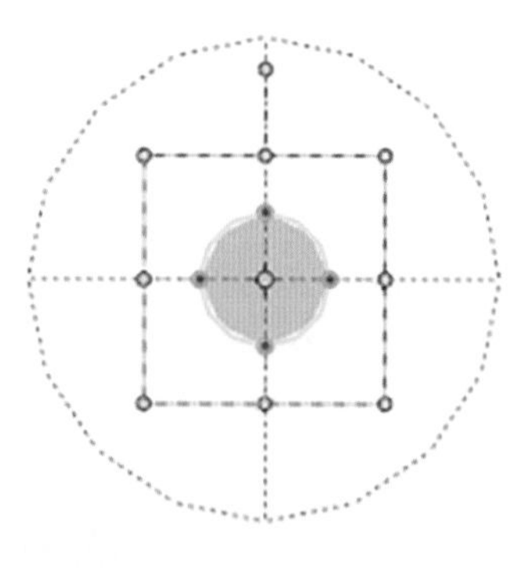

图4.233　完成气眼洞的转换

（4）在3D窗口中选择“移动”工具，选择“辅料”，如图4.234所示，接着选择“抽绳_02”，如图4.235所示。

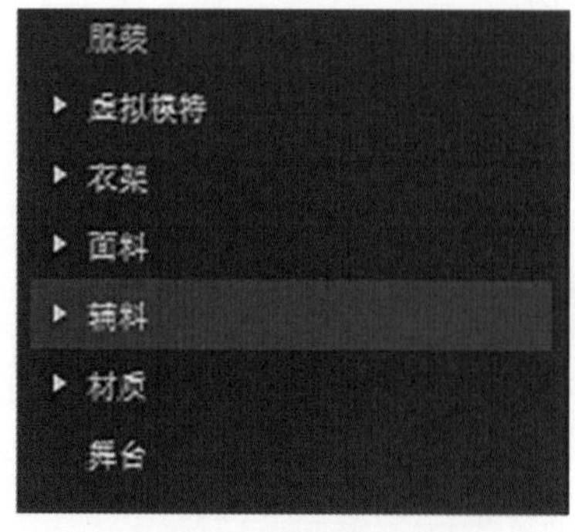

图4.234　选择“辅料”

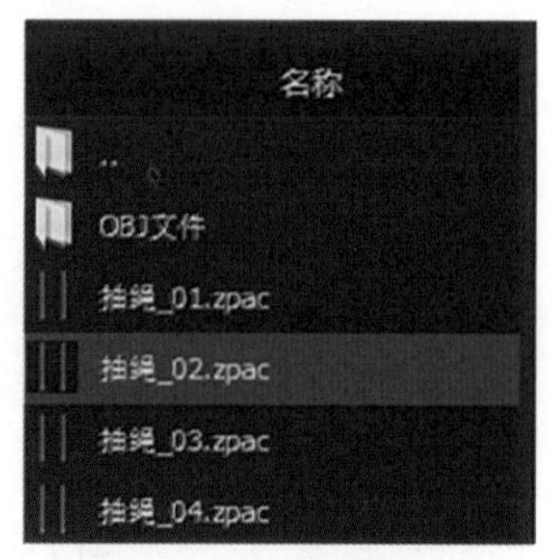

图4.235　选择“抽绳_02”

（5）将抽绳 _02 增加到工作区，如图 4.236 所示，在弹出的“增加服装”对话框中选择“增加”单选项，单击“确认”按钮，如图 4.237 所示。

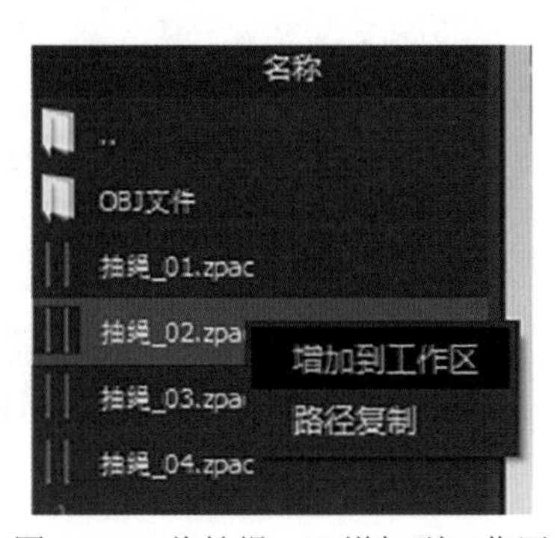

图 4.236　将抽绳 _02 增加到工作区

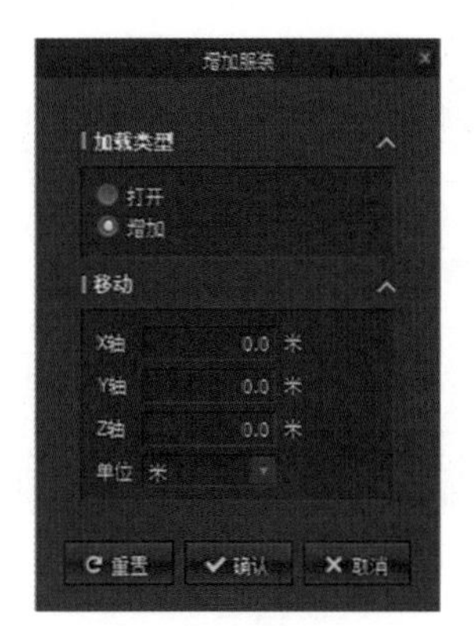

图 4.237　“增加服装”对话框

（6）在 3D 窗口中运用“移动”工具将抽绳移动到气眼扣位置，如图 4.238 所示；继续用“移动”工具和“定位球”工具将抽绳调整到气眼扣中心位置，如图 4.239 所示。

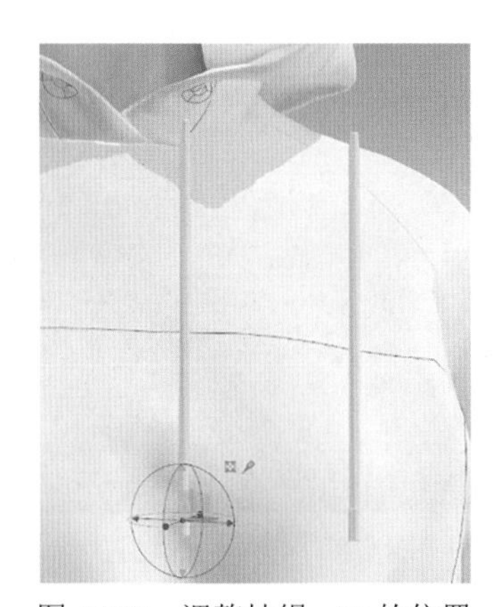
图 4.238　调整抽绳 _02 的位置

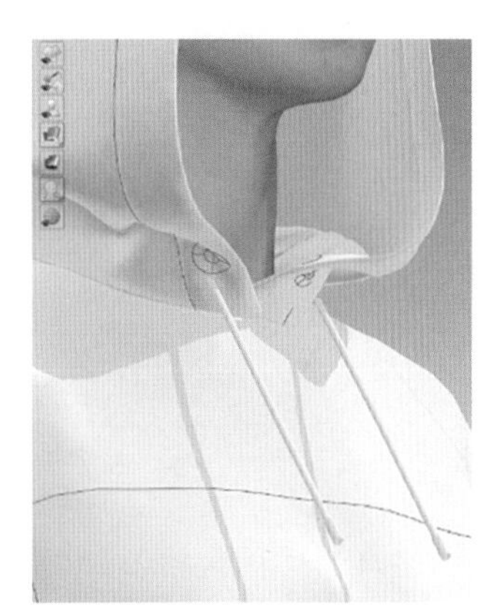
图 4.239　继续调整抽绳 _02 的位置

（7）在 3D 窗口中运用“移动”工具将抽绳缝合到气眼扣位置，如图 4.240 所示，窗口同步效果如图 4.241 所示。完成抽绳 _02 缝合后的效果如图 4.242 所示。

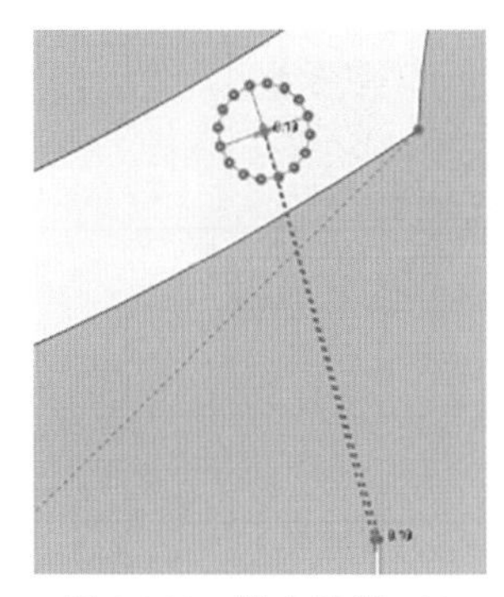
图 4.240　缝合抽绳 _02

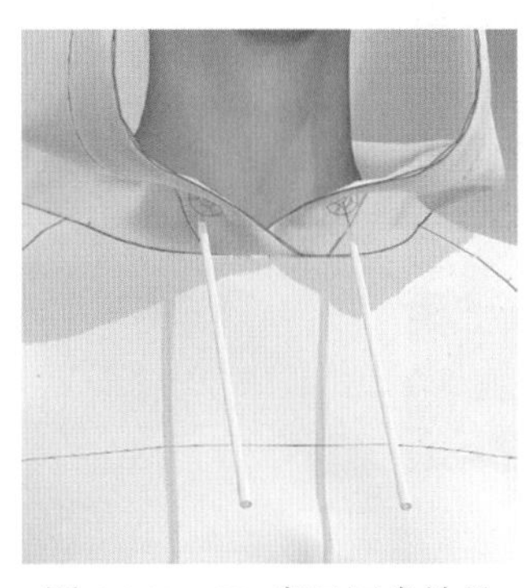
图 4.241　3D 窗口同步效果

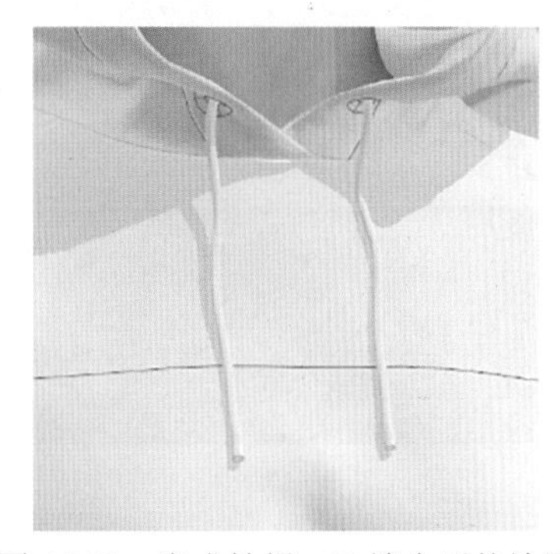
图 4.242　完成抽绳 _02 缝合后的效果

（8）在3D窗口中选择“纽扣”工具，在物体窗口中单击扣子图标，如图4.243所示，在下拉列表中选择气眼扣，如图4.244所示。

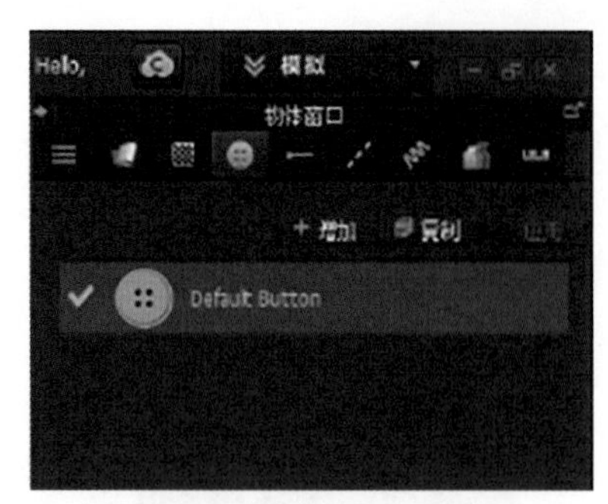

图4.243　单击扣子图标

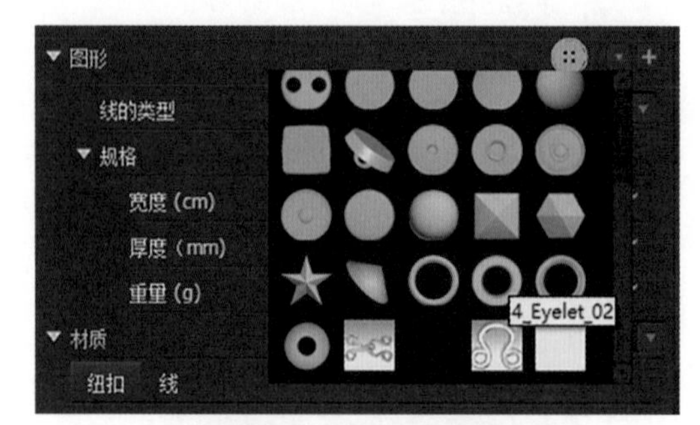

图4.244　选择气眼扣

（9）在3D窗口中选择“扣眼”工具，在安装气眼扣环位置单击出现扣环，如图4.245所示。在2D窗口中选择“移动”工具，在属性编辑器的“图形”区域将气眼扣的宽度改为0.8cm，单击“确认”按钮，如图4.246所示。

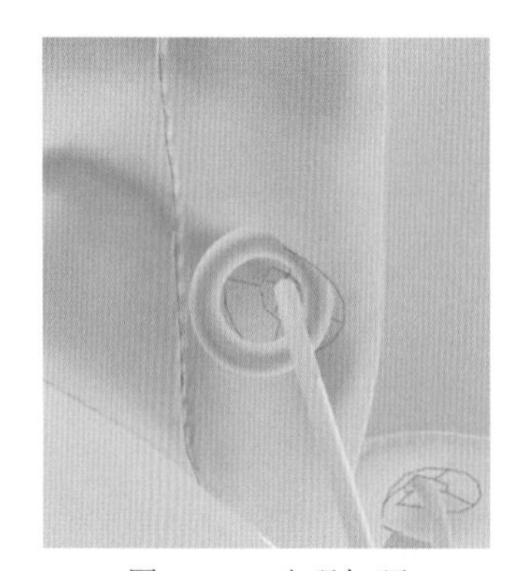

图4.245　出现扣环

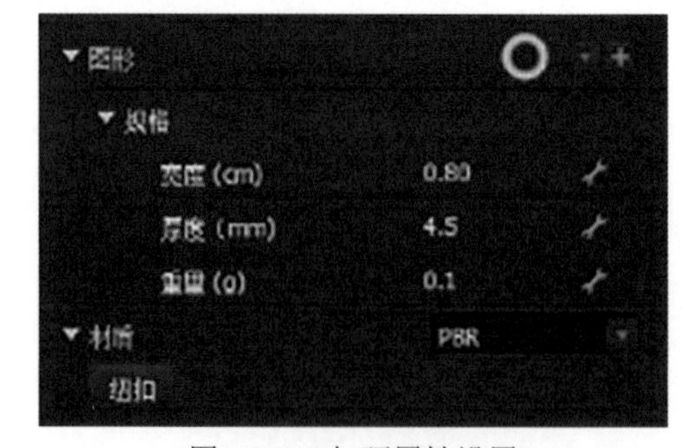

图4.246　扣环属性设置

（10）在3D窗口中选择“纽扣调整”工具，在编辑器里找到“材质”区域，选择“金属”（图4.247），单击“确认”按钮完成贴材质操作，如图4.248所示。

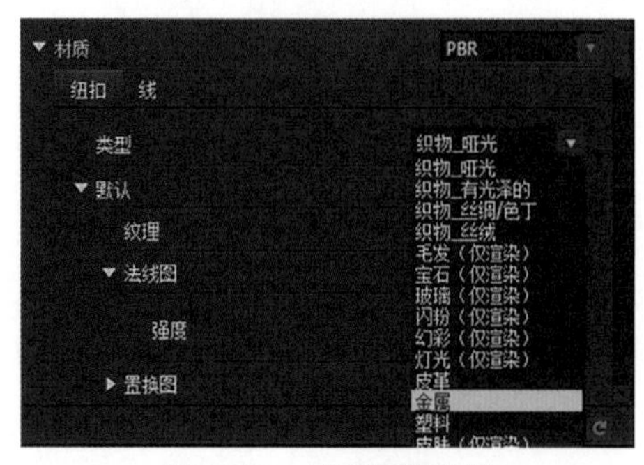

图4.247　材质属性选择

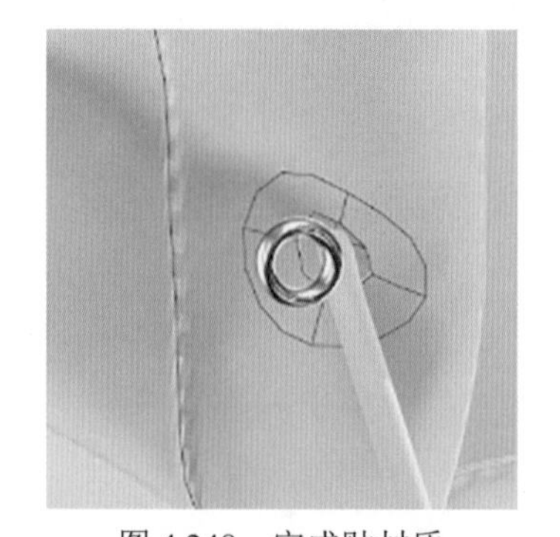

图4.248　完成贴材质

（11）在3D窗口中选择“纽扣”工具，调整气眼扣环位置，如图4.249所示。

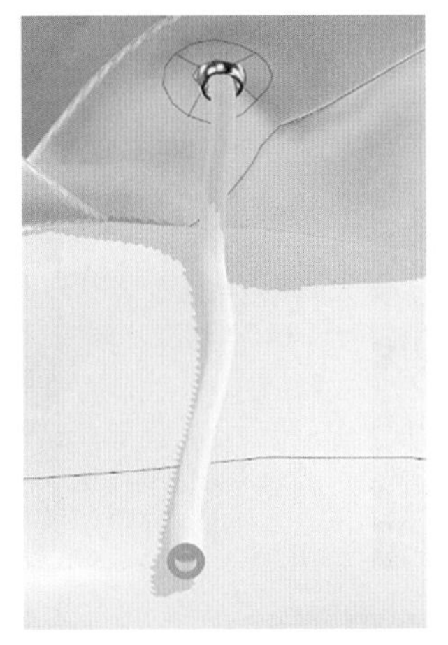

图 4.249　完成气眼扣环位置调整

方法二：

（1）在 2D 窗口中选择“内部圆”工具，在板片上的气眼中心点位置（图 4.250）单击，将气眼宽度改为 0.8cm，单击“确认”按钮（图 4.251）完成气眼设置，如图 4.252 所示。

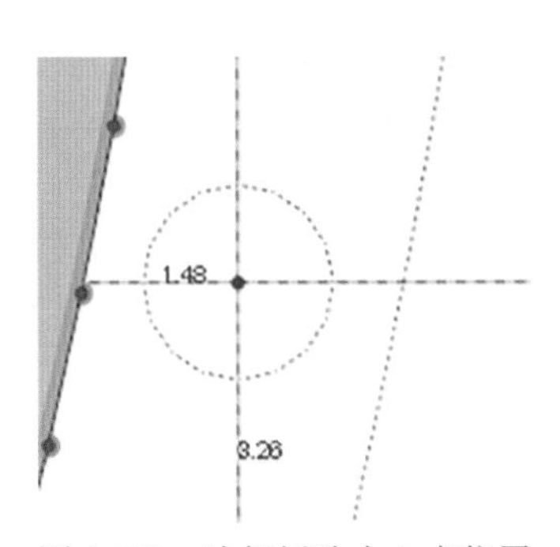

图 4.250　选择板片中心点位置

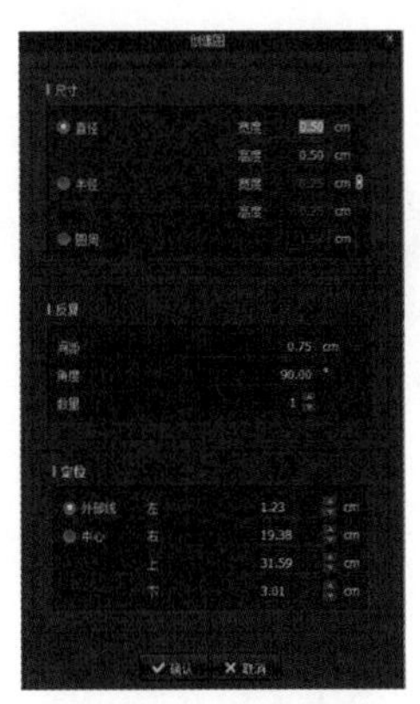

图 4.251　气眼属性设置

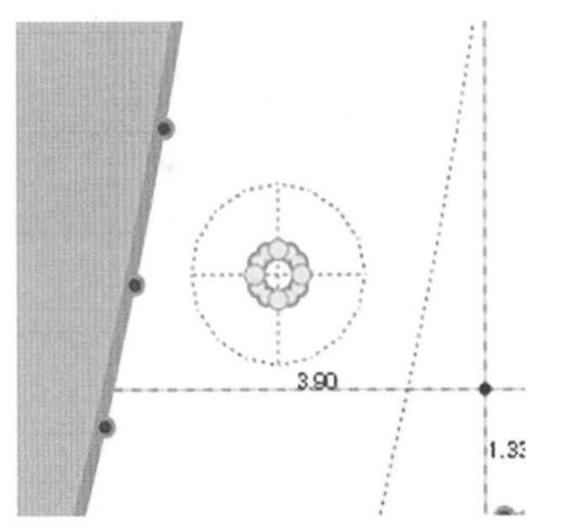

图 4.252　完成气眼设置后的效果

（2）在 2D 窗口中选择“板片调整”工具，在板片上新设置的黄色圈上右击并选择“转换为洞”选项（图 4.253）完成气眼洞的转换，如图 4.254 所示。

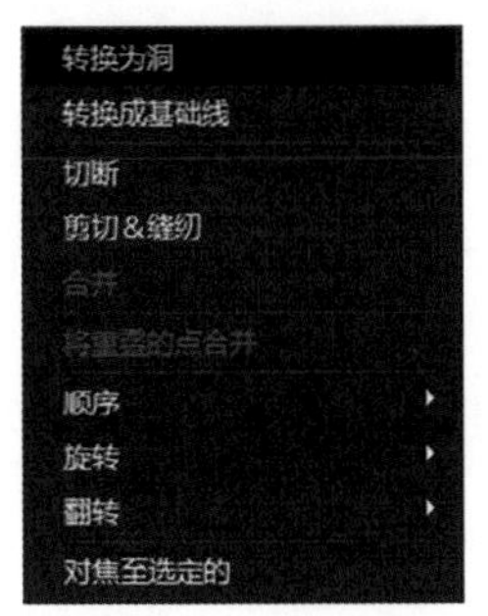

图 4.253　右键快捷菜单

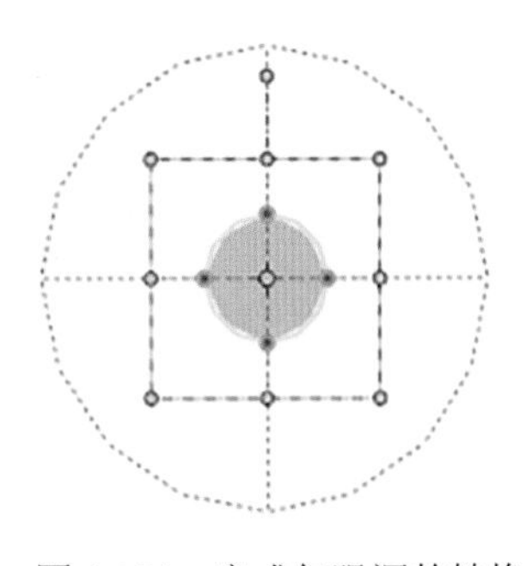

图 4.254　完成气眼洞的转换

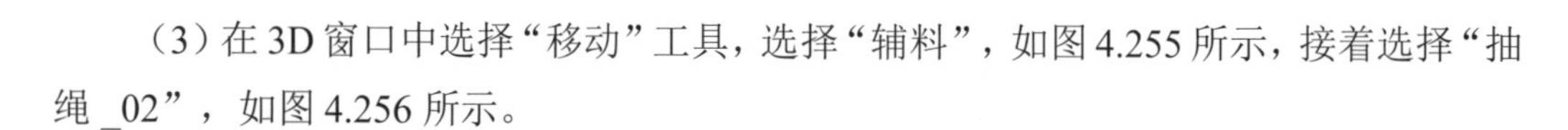

（3）在3D窗口中选择“移动”工具，选择“辅料”，如图4.255所示，接着选择“抽绳_02”，如图4.256所示。

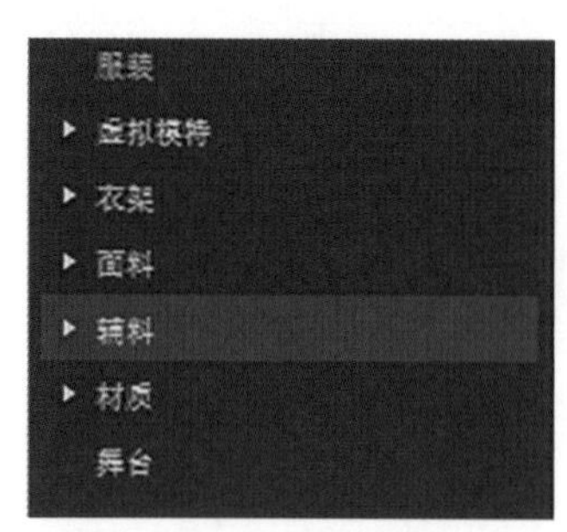

图4.255　选择“辅料”

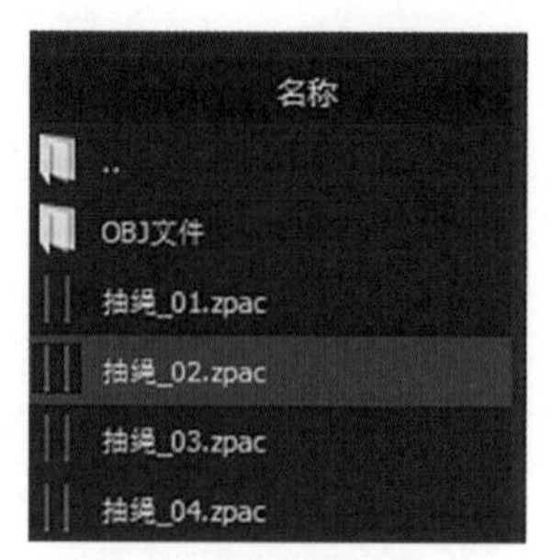

图4.256　选择“抽绳_02”

（4）将抽绳_02增加到工作区，如图4.257所示，在弹出的“增加服装”对话框中选择“增加”单选项，单击“确认”按钮，如图4.258所示。

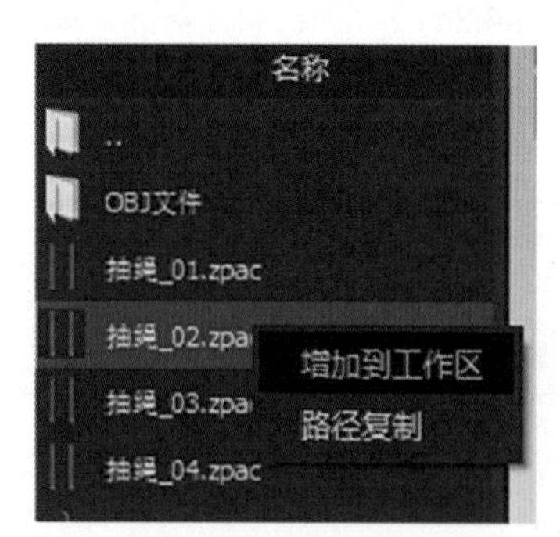

图4.257　将抽绳_02增加到工作区

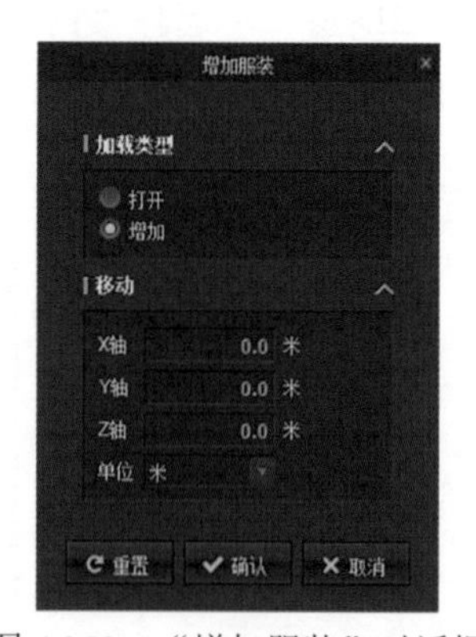

图4.258　“增加服装”对话框

（5）在3D窗口中运用“移动”工具将抽绳移动到气眼扣位置，如图4.259所示；继续用“移动”工具和“定位球”工具将抽绳调整到气眼扣中心位置，如图4.260所示。

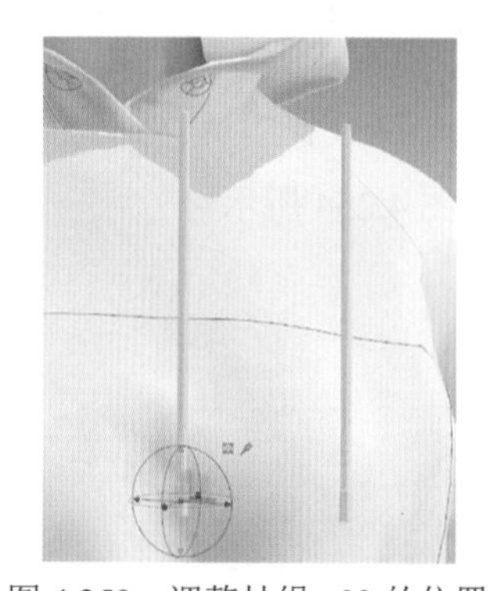

图4.259　调整抽绳_02的位置

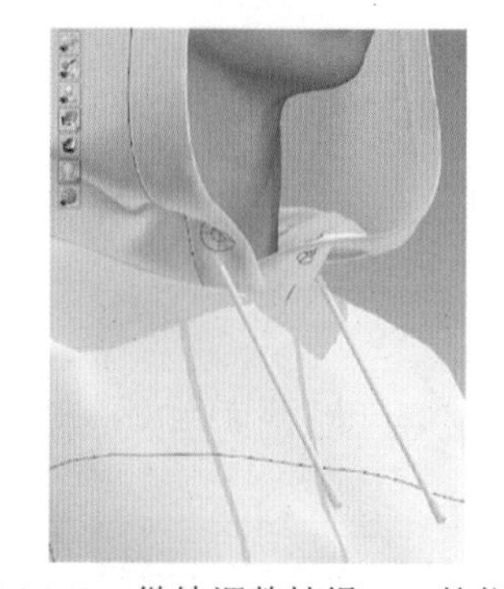

图4.260　继续调整抽绳_02的位置

（6）在3D窗口中运用“移动”工具将抽绳缝合到气眼扣位置，如图4.261所示，窗口同步效果如图4.262所示。完成抽绳_02缝合后的效果如图4.263所示。

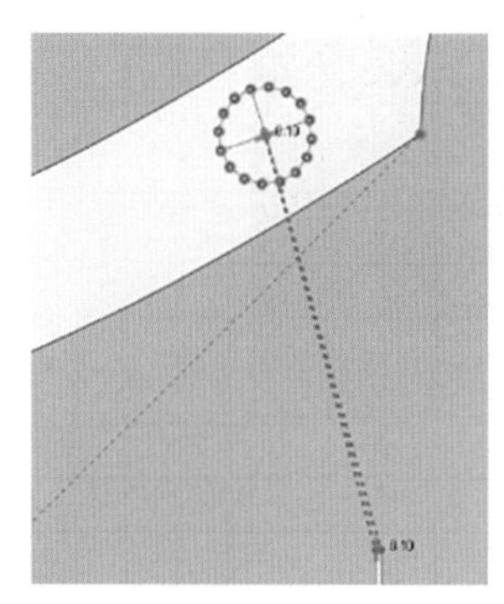

图 4.261　缝合抽绳 _02

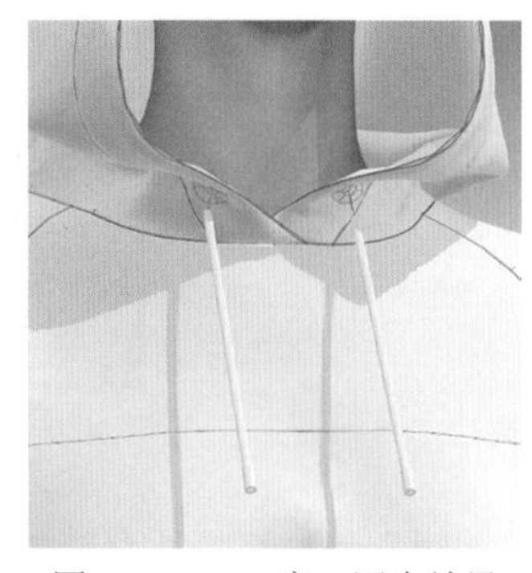
图 4.262　3D 窗口同步效果

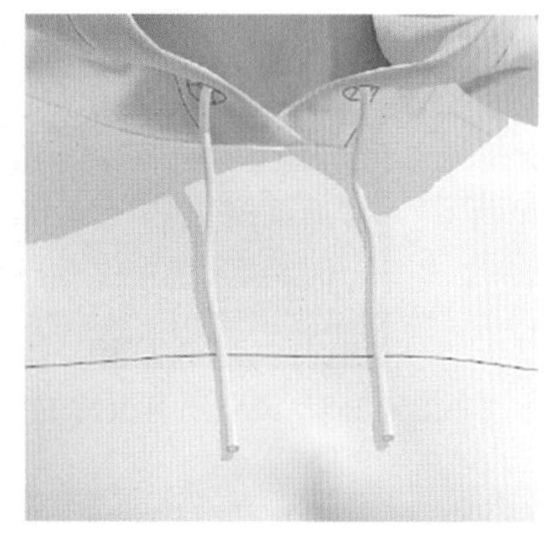
图 4.263　完成抽绳 _02 缝合后的效果

（7）在 2D 窗口中选择“贴图”工具，打开预存的指定图片，如图 4.264 所示。在弹出的“添加贴图”对话框中进行如图 4.265 所示的设置后单击“确认”按钮将要贴的图片放置于指定部位，如图 4.266 所示，3D 窗口同步模拟效果如图 4.267 所示。

图 4.264　选择预存图片

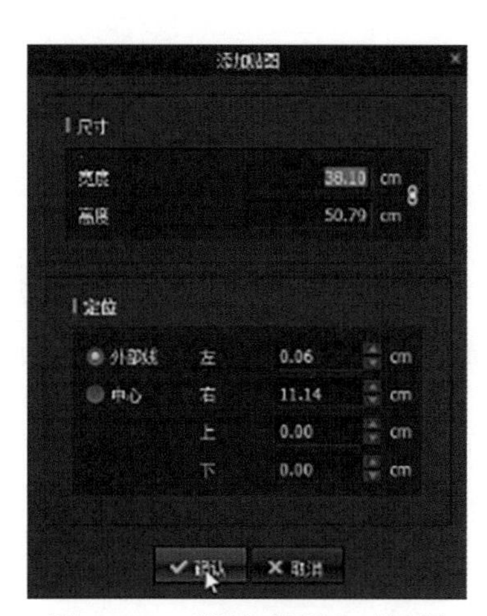

图 4.265　“添加贴图”对话框

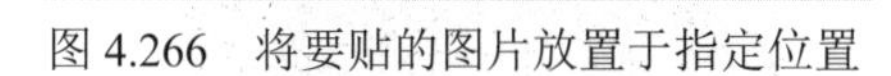
图 4.266　将要贴的图片放置于指定位置

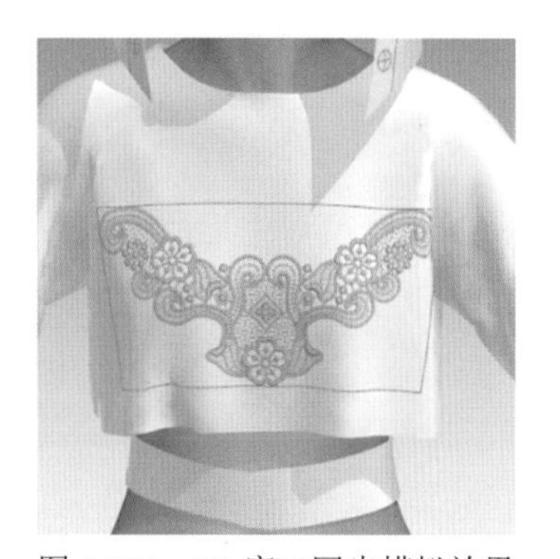
图 4.267　3D 窗口同步模拟效果

（8）在 2D 窗口中选择“板片编辑”工具后右击并选择“锁定所有板片的外轮廓”选项，如图 4.268 所示，接着右击并选择“锁定所有内部线”选项，如图 4.269 所示。

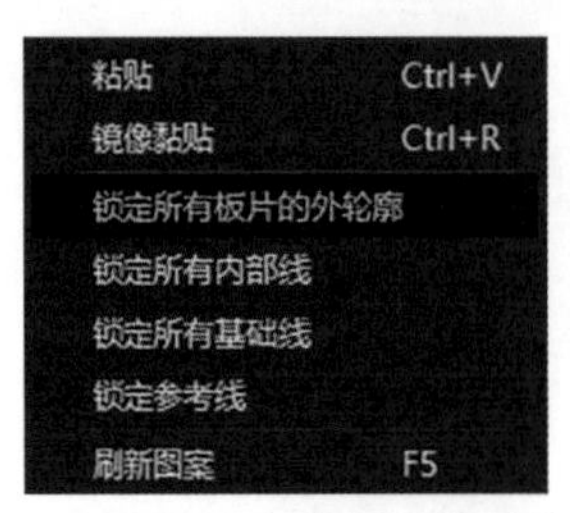

图 4.268　锁定所有板片的外轮廓

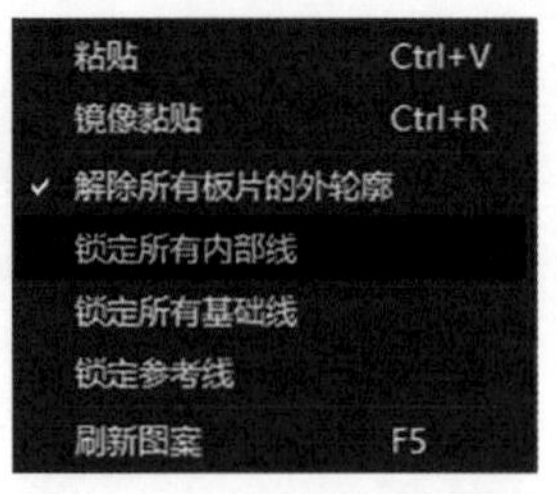

图 4.269　锁定所有内部线

（9）在 2D 窗口中运用“板片编辑”工具选择所有基础线（图 4.270）并右击，在弹出的快捷菜单中选择“转换成内部线”选项，如图 4.271 所示。

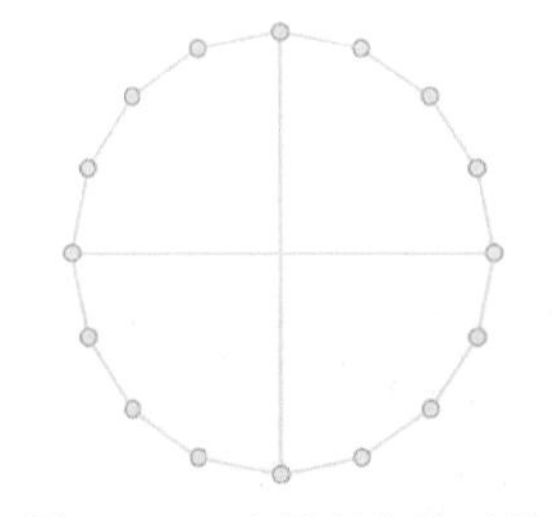

图 4.270　选择所有基础线

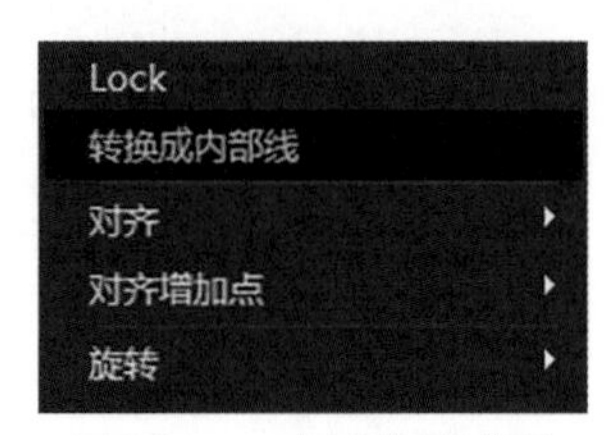

图 4.271　右键快捷菜单

（10）在 2D 窗口中运用“板片编辑”工具将十字线段删除，如图 4.272 所示；将空心点转换成实心点，如图 4.273 所示。

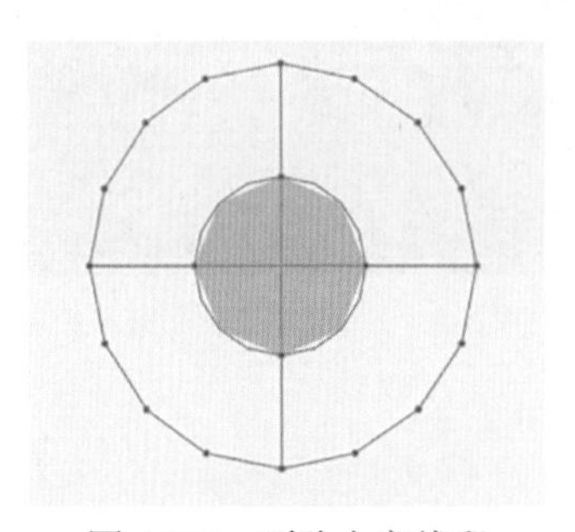

图 4.272　删除十字线段

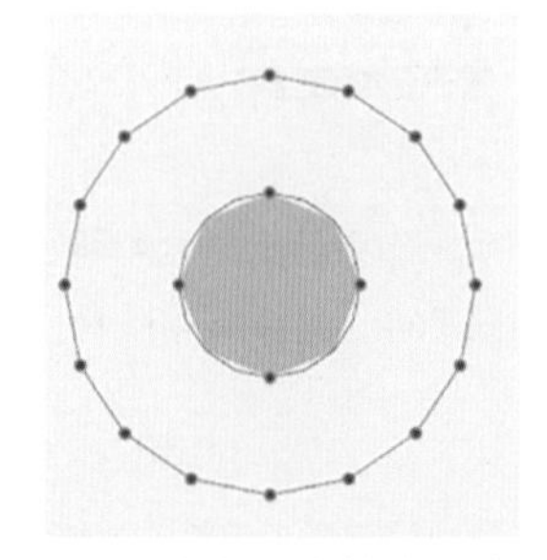

图 4.273　将空心点转换成实心点

（11）在 2D 窗口中运用“板片编辑”工具选择所有空心点，如图 4.274 所示。在外圈线段上右击并选择“切断”选项（图 4.275）完成切断，如图 4.276 所示。

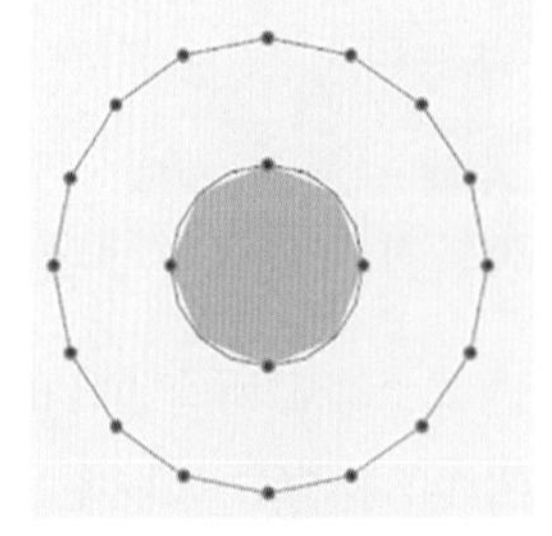

图 4.274　选择所有空心点

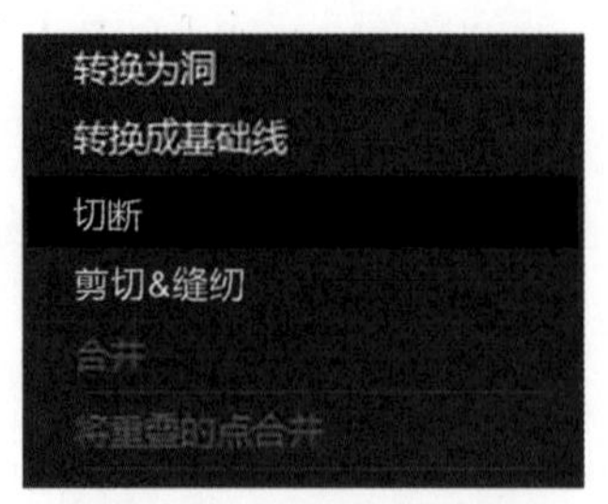

图 4.275　右键快捷菜单

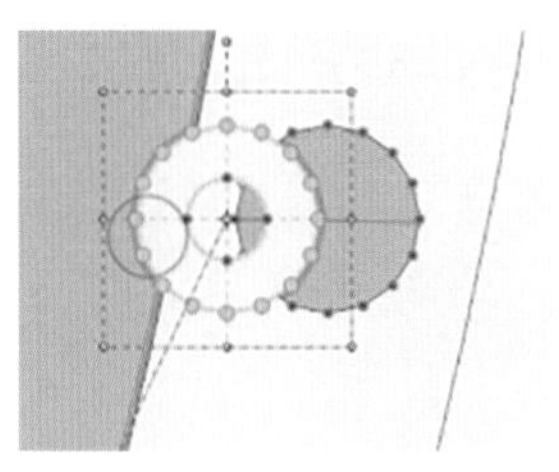

图 4.276　完成切断

（12）在 2D 窗口中选择“板片调整”工具，在右上角的物体窗口中选择第一个面料（图 4.277）并复制一个，如图 4.278 所示。

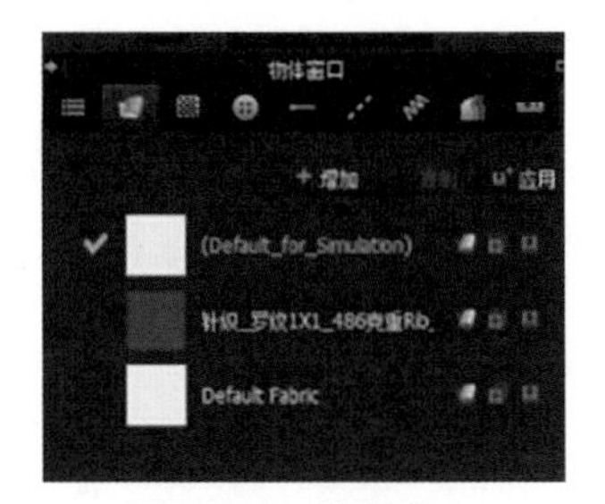

图 4.277　物体窗口

图 4.278　选择第一个面料并复制一个

（13）在 2D 窗口中选择“板片调整”工具，在右上角的物体窗口中设置好复制面料的属性，选择“金属”（图 4.279），单击“确认”按钮给切断下来的小圆贴上材质，如图 4.280 所示。

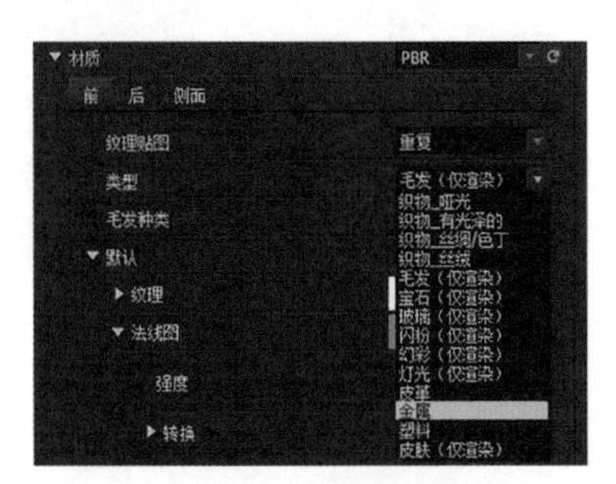

图 4.279　选择材质

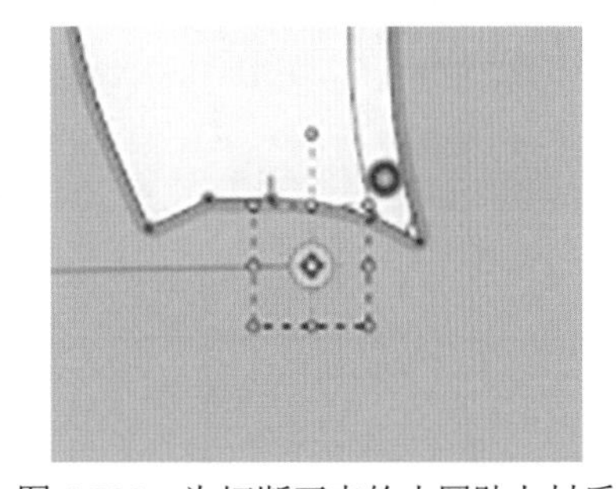

图 4.280　为切断下来的小圆贴上材质

（14）在 2D 窗口中选择“板片调整”工具，在“默认”区域的“纹理”栏中替换材质（图 4.281），在计算机中提前准备好的材质中选择，如图 4.282 所示。

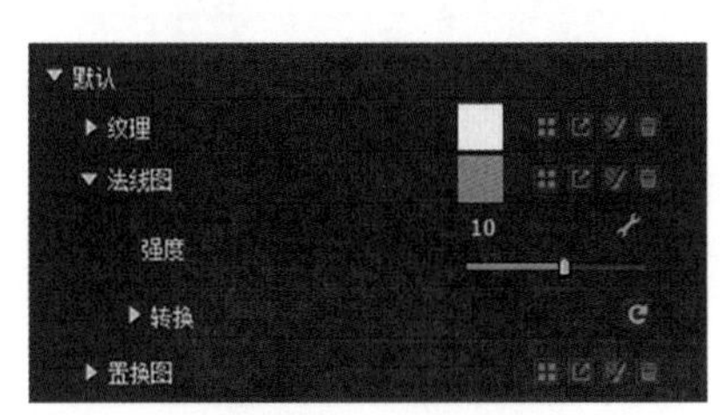

图 4.281　替换材质

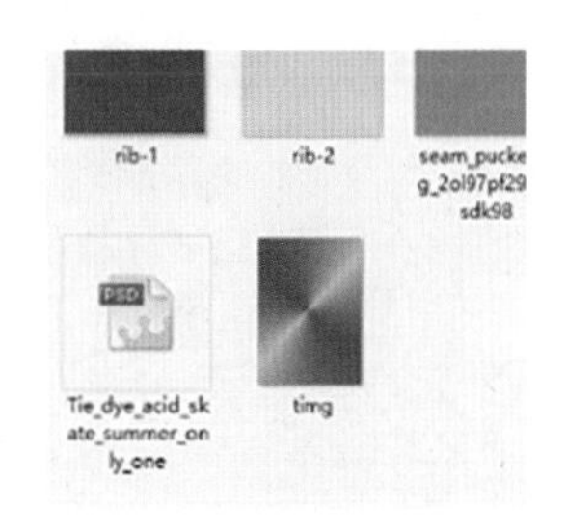

图 4.282　事先在计算机中存放的材质

没有贴材质之前的气眼扣如图 4.283 所示，贴材质之后的气眼扣如图 4.284 所示。

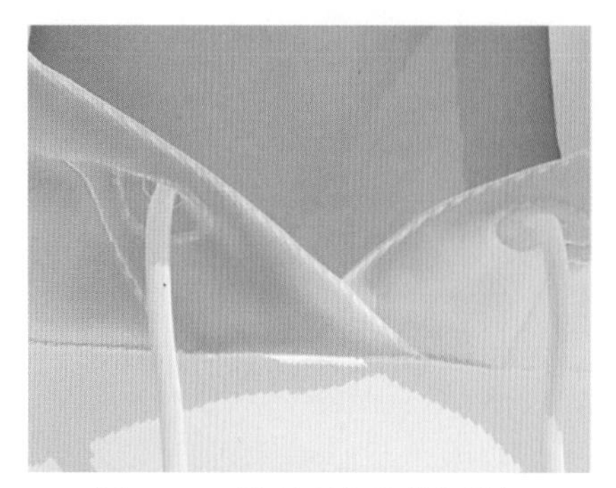

图 4.283　贴材质之前的气眼扣

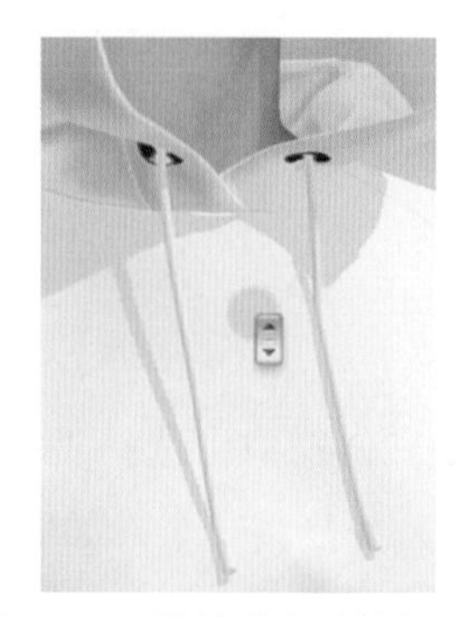

图 4.284　贴材质之后的气眼扣

（15）打开预存的材质，如图 4.285 所示。选择想要的面料拖入到物体窗口的面料处，如图 4.286 所示。已替换的布料如图 4.287 所示，服装穿着模拟效果如图 4.288 所示。

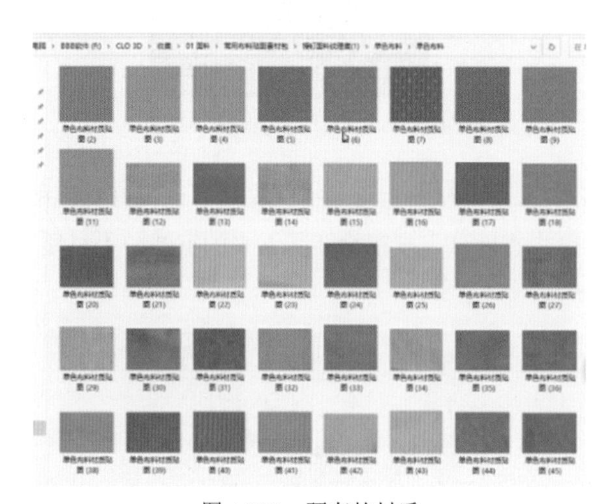

图 4.285　预存的材质

图 4.286　物体窗口的面料处

图 4.287　已替换的布料

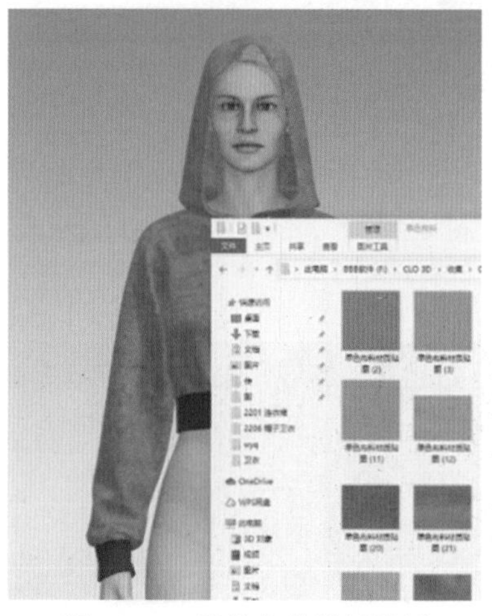

图 4.288　服装穿着模拟效果

（16）可以根据自己的喜好任意快速更换面料材质。已替换的布料如图 4.289 所示，服装穿着模拟效果如图 4.290 所示。

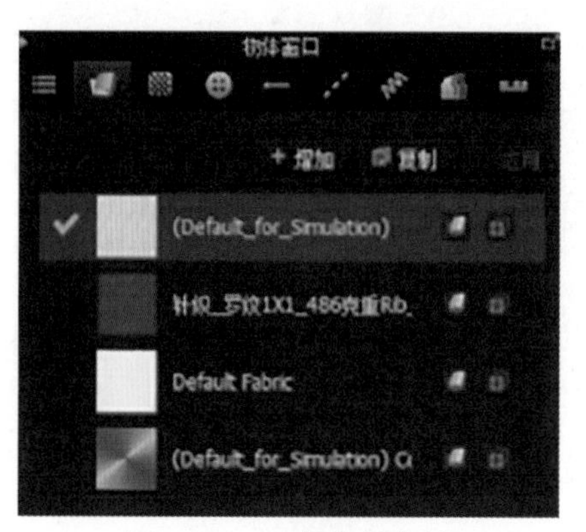

图 4.289　已替换的布料

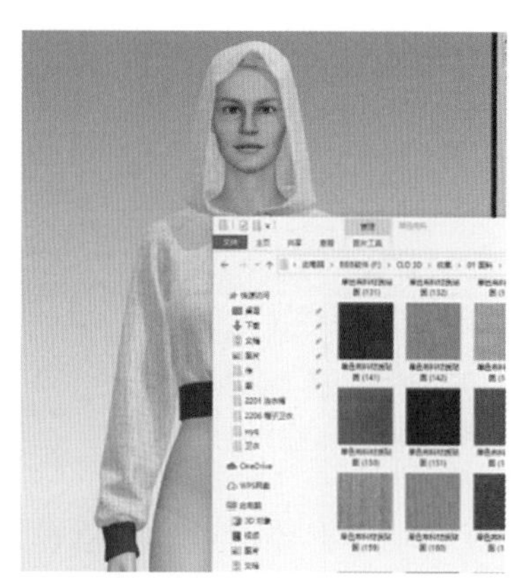

图 4.290　服装穿着模拟效果

（17）在 2D 物体窗口中选择帽绳的原颜色框，将其替换成和主体面料一致的颜色，如图 4.291 至图 4.293 所示。

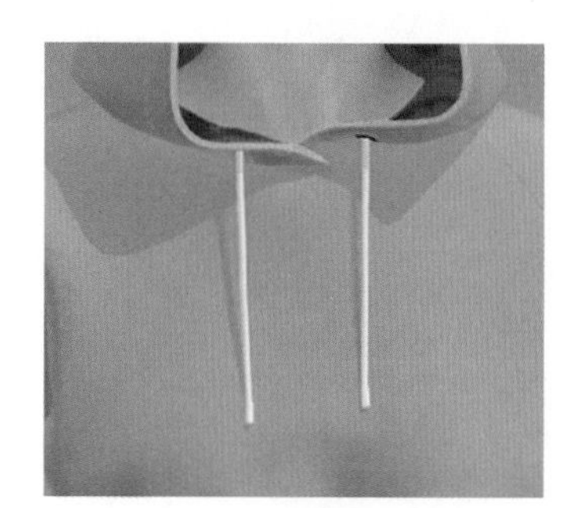

图 4.291　帽绳的原颜色

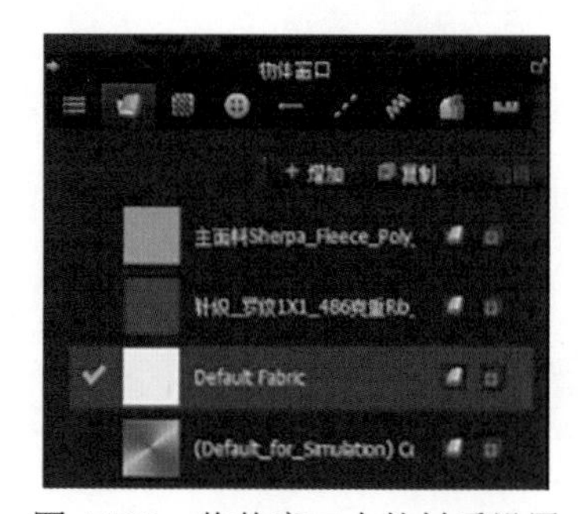

图 4.292　物体窗口中的材质设置

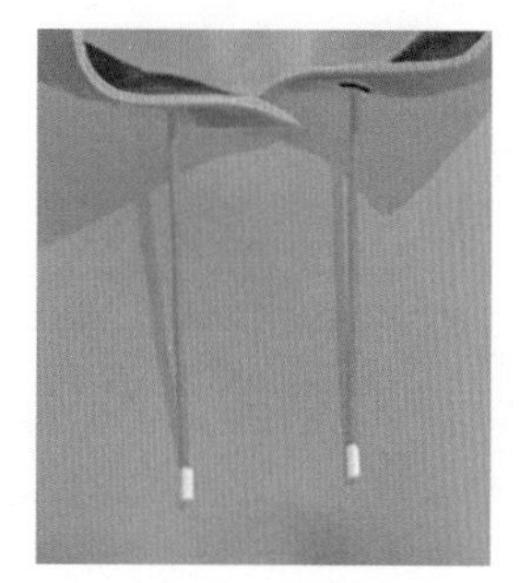

图 4.293　完成帽绳颜色改变

（18）在 2D 物体窗口的颜色设置区（图 4.294）用颜色设置吸管吸取和服装主体一致的色彩，如图 4.295 所示。

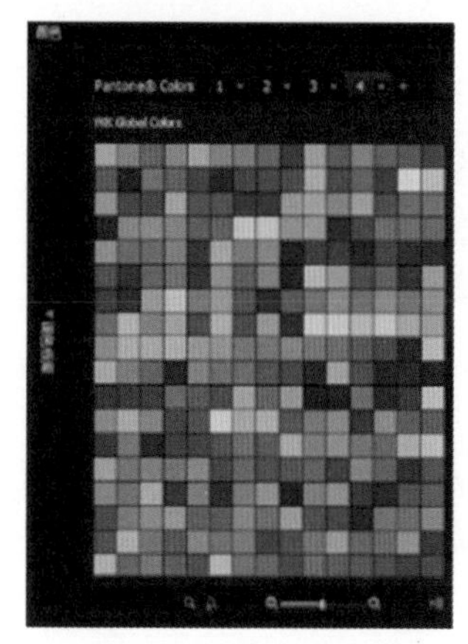

图 4.294　颜色设置区

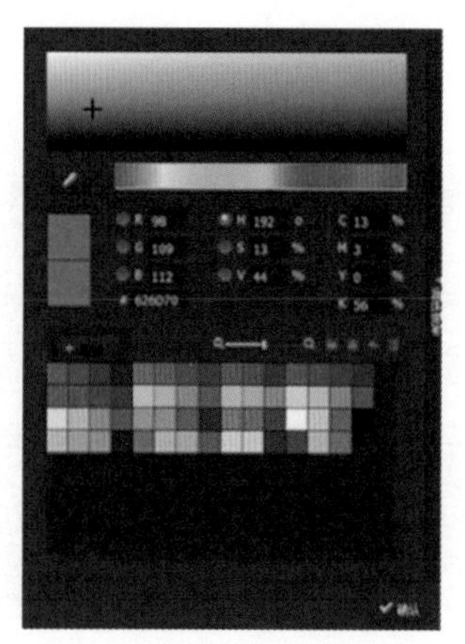

图 4.295　用颜色设置吸管吸取色彩

（19）在 2D 物体窗口中选择帽绳的原颜色框，将其替换成和主体面料一致的颜色，如图 4.296 和图 4.297 所示。

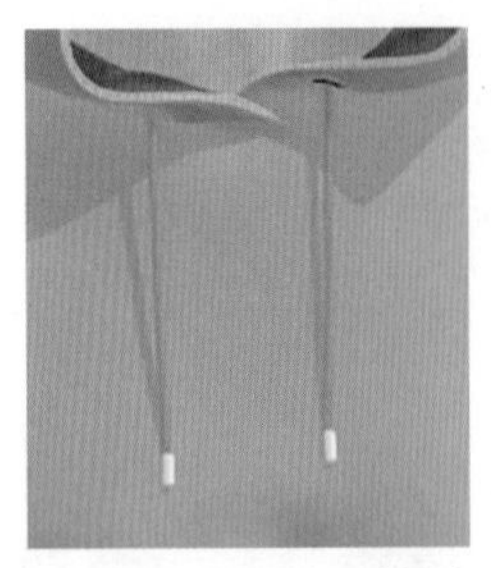
图 4.296　帽绳的原颜色

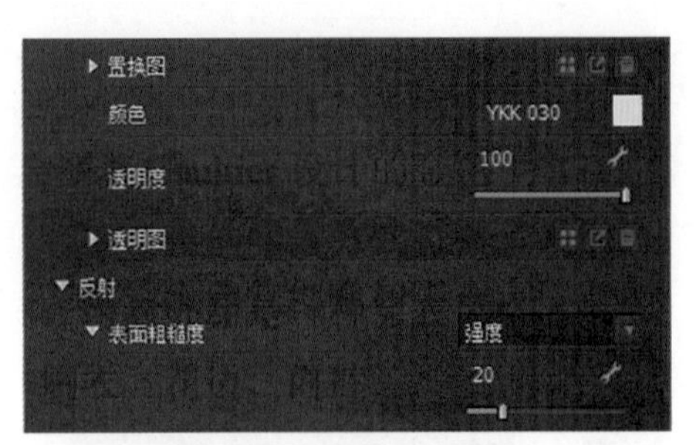

图 4.297　颜色设置界面

（20）在 2D 物体窗口的颜色设置区用颜色设置吸管吸取和服装主体一致的色彩（图 4.298）完成帽绳颜色的改变，如图 4.299 所示。

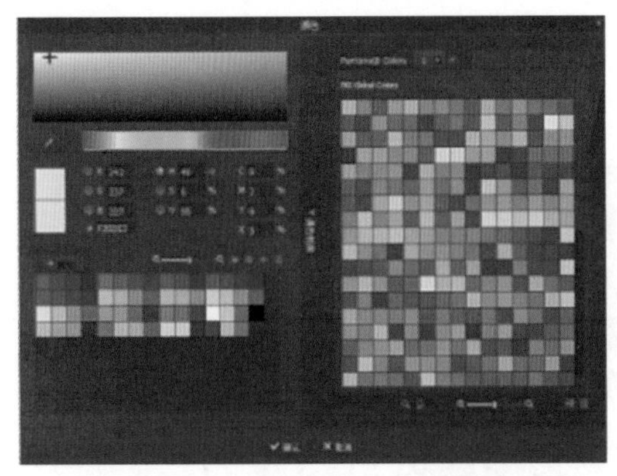
图 4.298　颜色设置吸管和色块

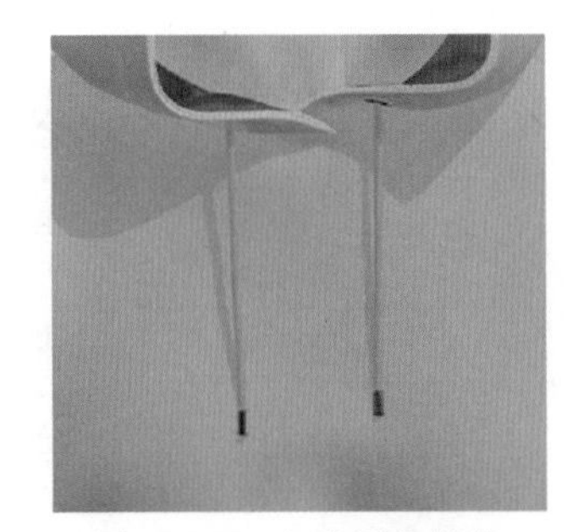
图 4.299　完成颜色替换

（21）可以根据自己的喜好任意快速更换面料材质。已替换的布料如图 4.300 所示，服装穿着模拟效果如图 4.301 所示。按照此方法根据设计可以任意更换贴图，如图 4.302 所示。

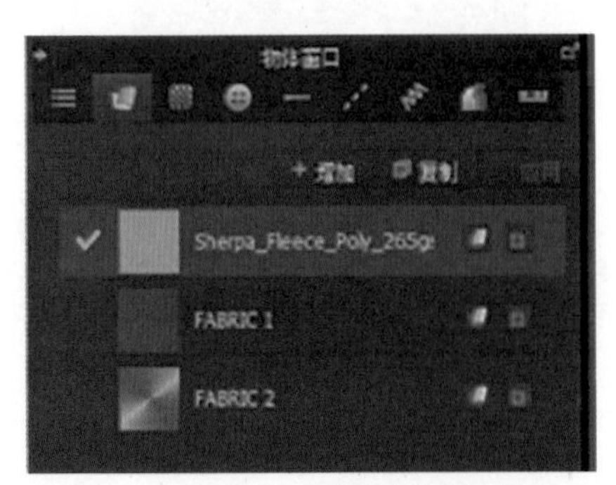

图 4.300　已替换的布料

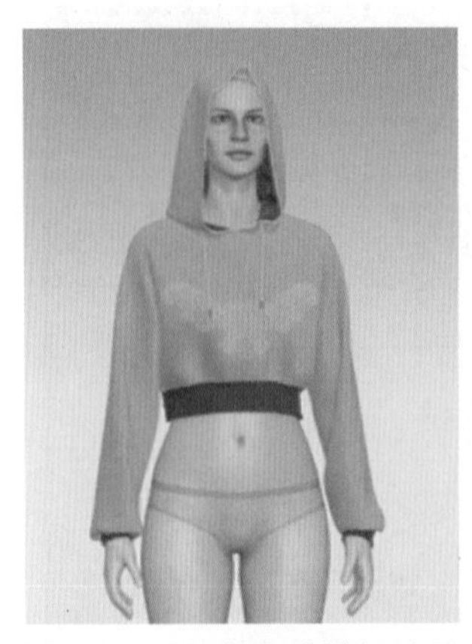
图 4.301　服装穿着模拟效果

图 4.302　任意更换贴图

4.3.6　产品展示

连帽卫衣的正面、侧面、背面展示如图 4.303 所示。

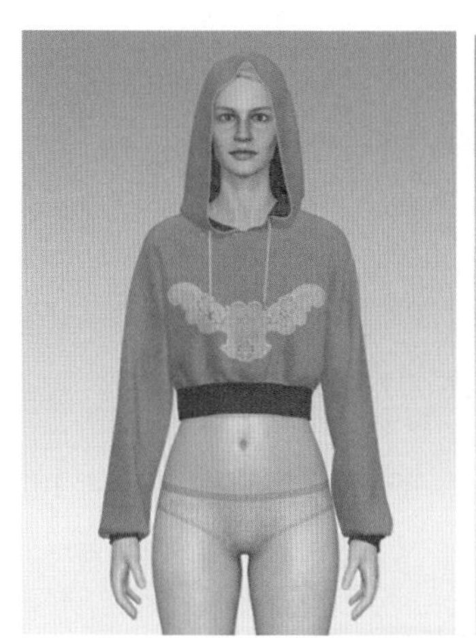
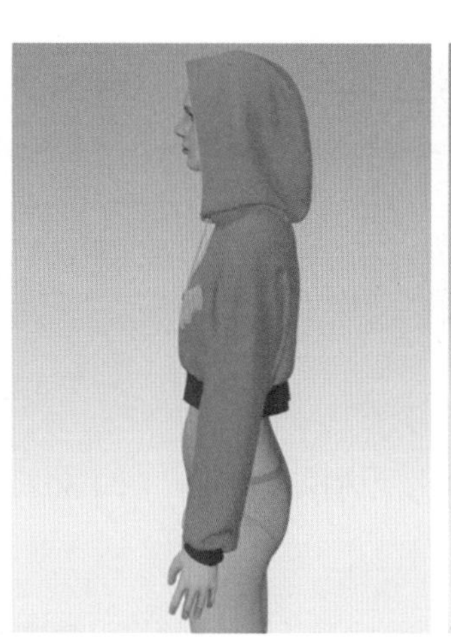
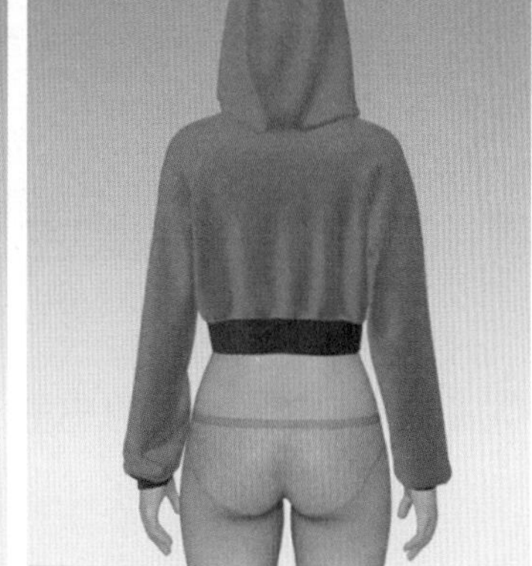

图 4.303　产品展示

4.4　连衣裙实践应用

本例完成的款式图如图 4.304 所示。

图 4.304　款式图

4.4.1　板片导入及校对

（1）在菜单栏中选择“文件”→“导入”→ DXF 命令，如图 4.305 所示，导入的板片文件如图 4.306 所示。

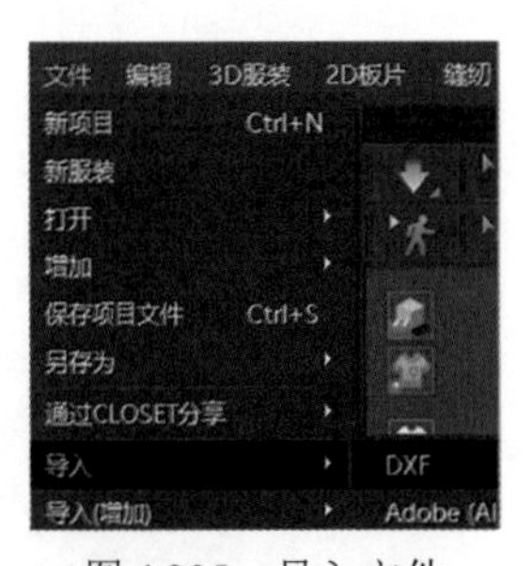

图 4.305　导入文件

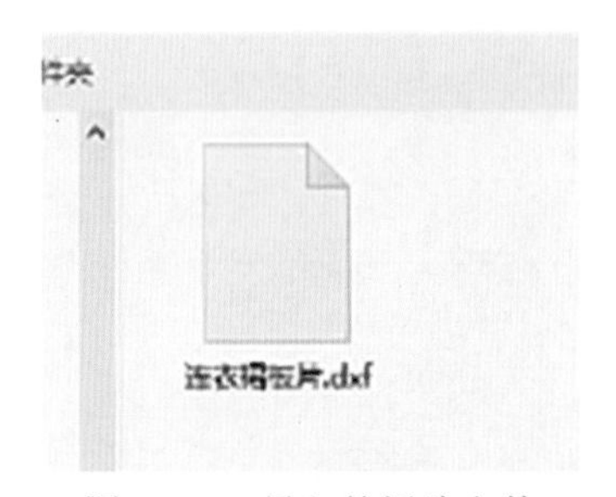

图 4.306　导入的板片文件

（2）在“图库”窗口中单击“虚拟模特”（图 4.307），选择女模 V2，如图 4.308 所示。

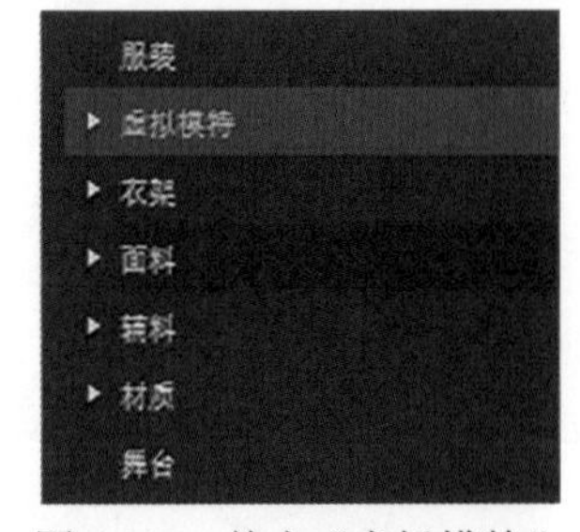

图 4.307　单击“虚拟模特”

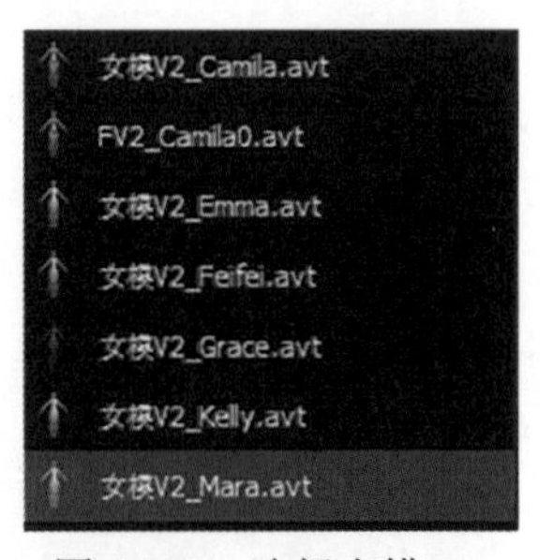

图 4.308　选择女模 V2

（3）导入文件后2D和3D窗口中同时出现连衣裙项目文件，刚导入的板片比较乱，如图4.309所示。

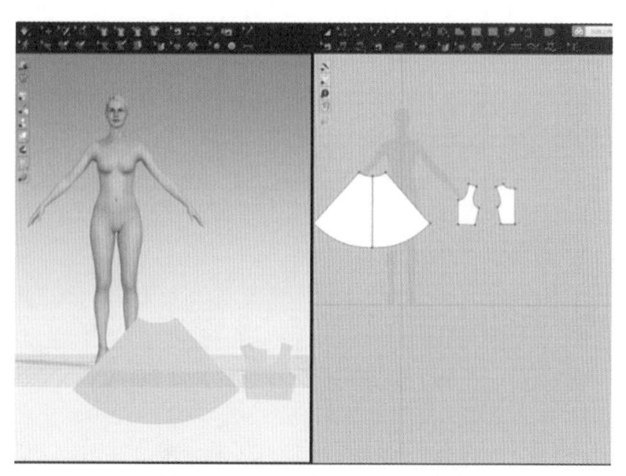

图4.309　2D和3D窗口状态

（4）在2D窗口中运用“板片调整”工具将所有的板片摆放好，如图4.310所示。

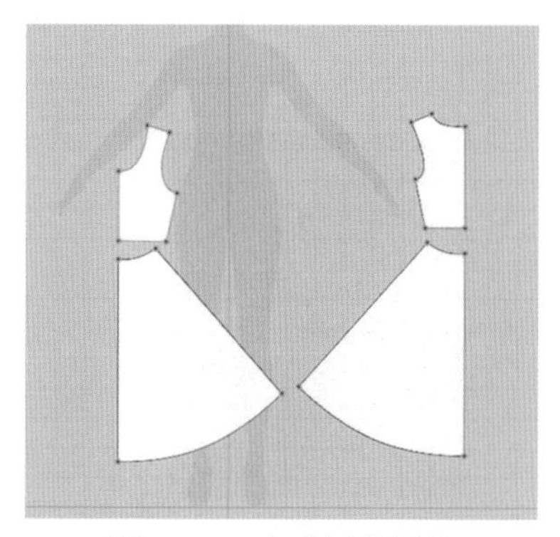

图4.310　完成板片摆放

（5）在2D窗口中选择所有板片，如图4.311所示。选择“移动”工具并在板片上右击，在弹出的快捷菜单中选择“重设2D安排位置（选择的）”选项（图4.312）完成重设2D安排位置，如图4.313所示。

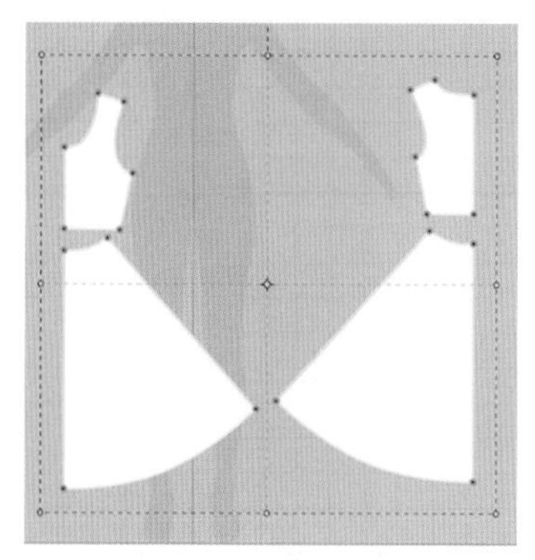

图4.311　选择所有板片

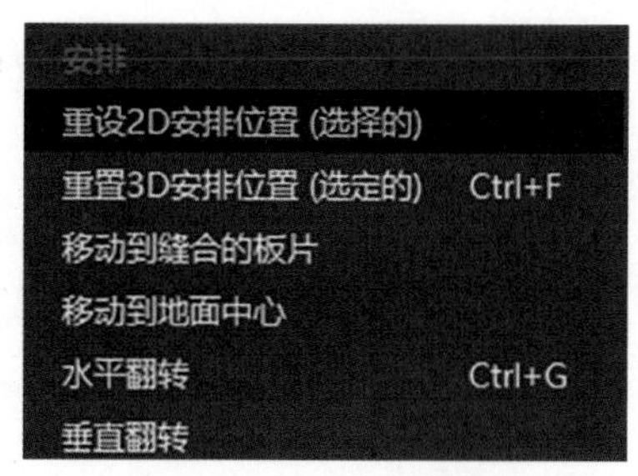

图4.312　右键快捷菜单

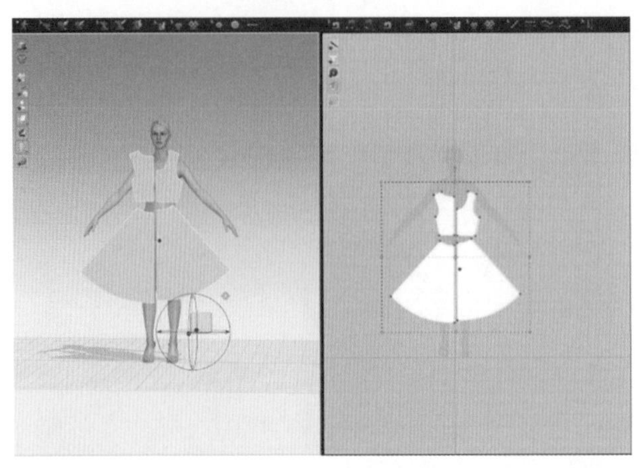

图 4.313　在 3D 和 2D 窗口中完成重设 2D 安排位置

（6）选择“板片调整”工具，选择前片板片（图 4.314）并右击，在弹出的快捷菜单中选择“对称板片（板片和缝纫线）”选项（图 4.315）完成板片对称，如图 4.316 所示。

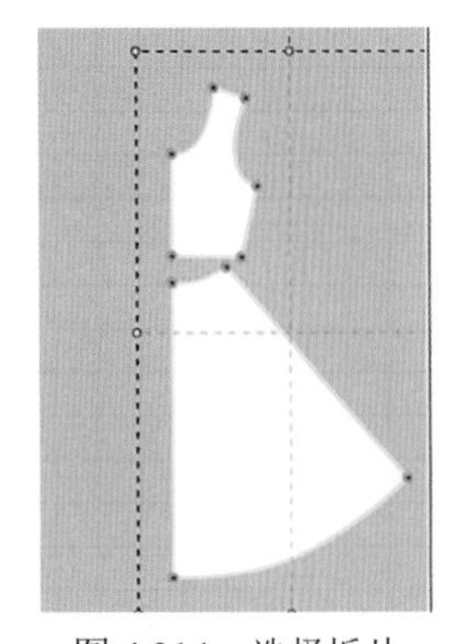

图 4.314　选择板片

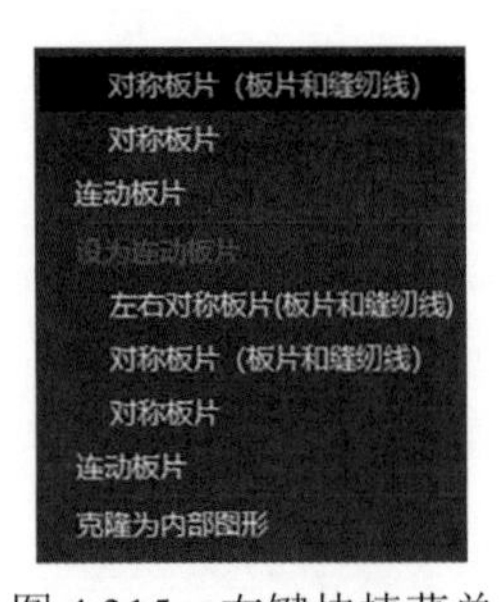

图 4.315　右键快捷菜单

图 4.316　完成板片对称

（7）选择“板片调整”工具，选择前片板片（图 4.317）并右击，在弹出的快捷菜单中选择“对称板片（板片和缝纫线）”选项（图 4.318）完成板片对称，如图 4.319 所示。

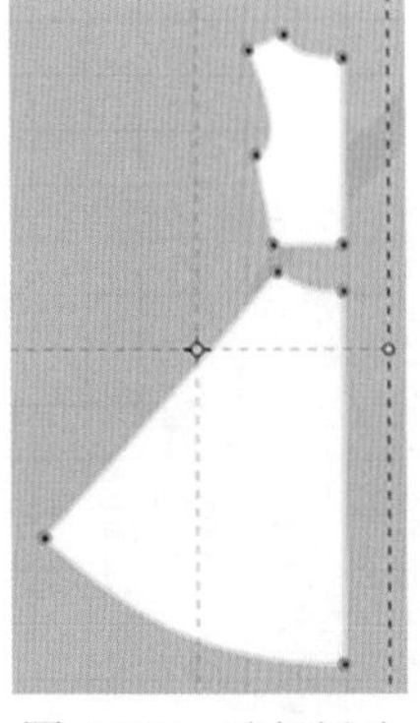

图 4.317　选择板片

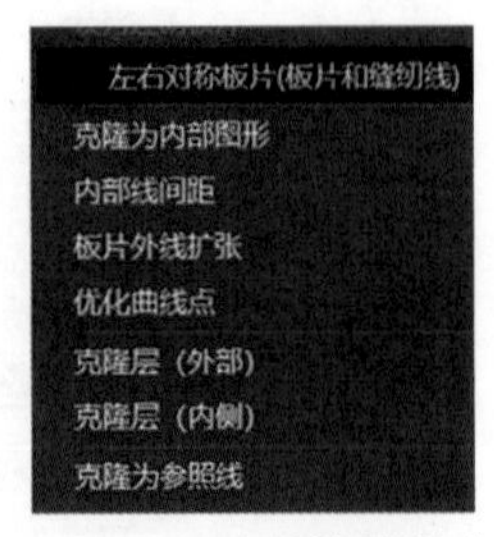

图 4.318　右键快捷菜单

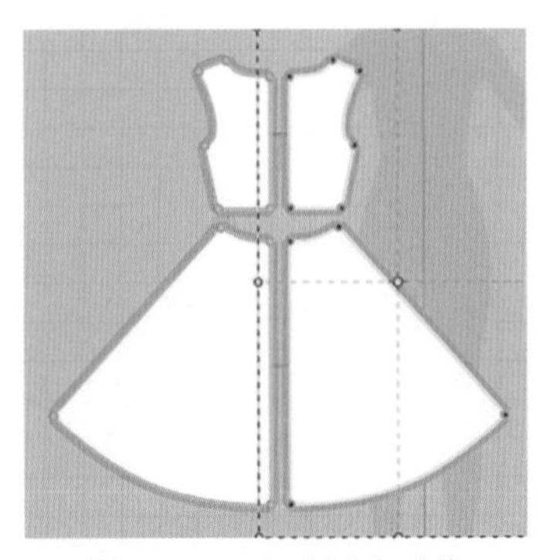

图 4.319　完成板片对称

（8）在 2D 窗口中运用“板片调整”工具选择所有板片并摆放好，如图 4.320 所示。

图 4.320　完成板片摆放

（9）选择板片（图 4.321）并右击，在弹出的快捷菜单中选择“重设 2D 安排位置（选择的）”选项（图 4.322）完成板片重设 2D 安排位置，如图 4.323 所示。

图 4.321　选择板片

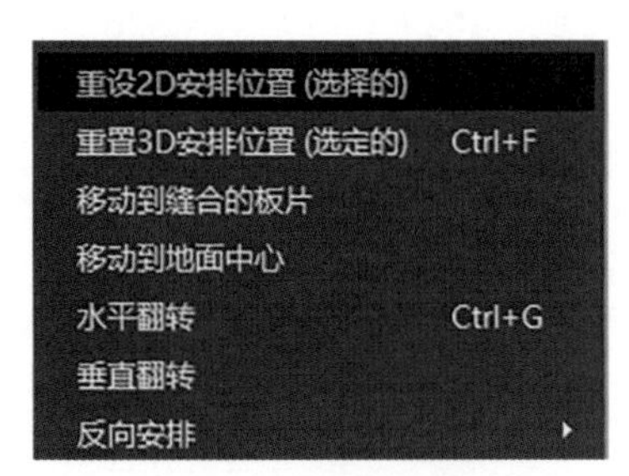

图 4.322　右键快捷菜单

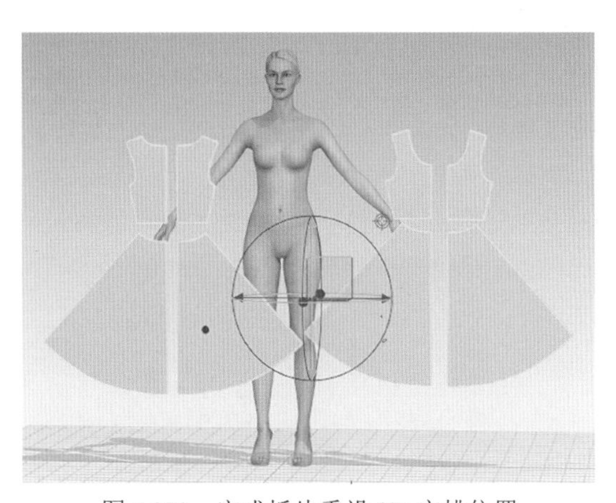

图 4.323　完成板片重设 2D 安排位置

4.4.2　安排板片

（1）在 3D 窗口中点开“显示虚拟模特”工具下的“显示安排点”工具，如图 4.324 所示。点安排效果显示如图 4.325 所示。

图 4.324　选择“显示安排点”工具

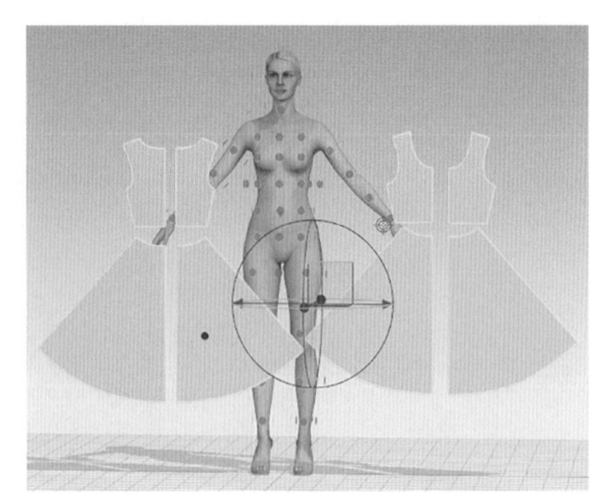

图 4.325　点安排效果显示

（2）选择“移动”工具，在 3D 窗口中选择所有前片板片（图 4.326），将鼠标放到对应的胸部安排点会显示黑色提示预览，如图 4.327 所示。点击胸部中间的安排点前片被安排到模特身上，如图 4.328 所示。

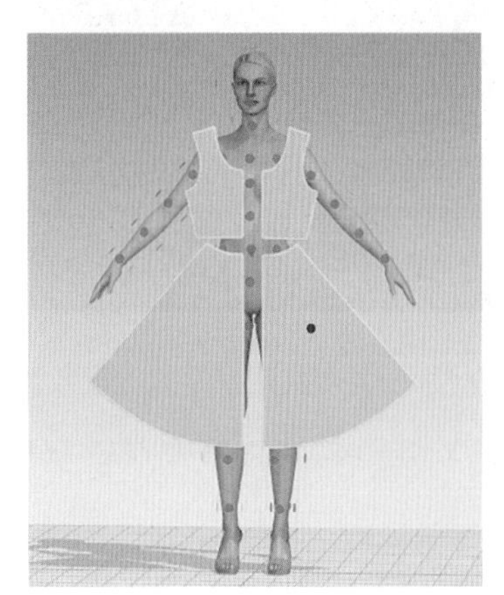

图 4.326　选择所有前片板片

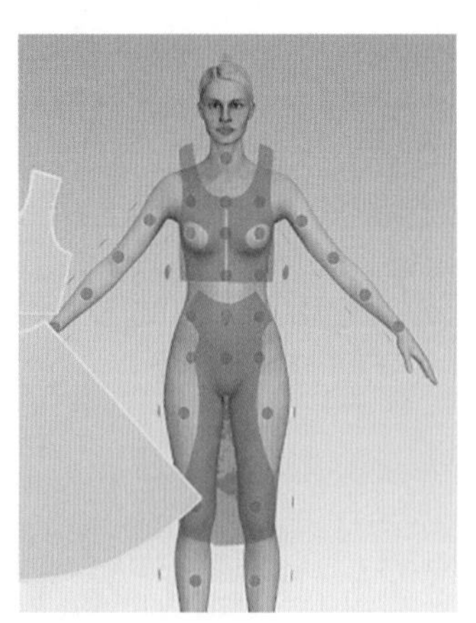

图 4.327　点安排提示预览

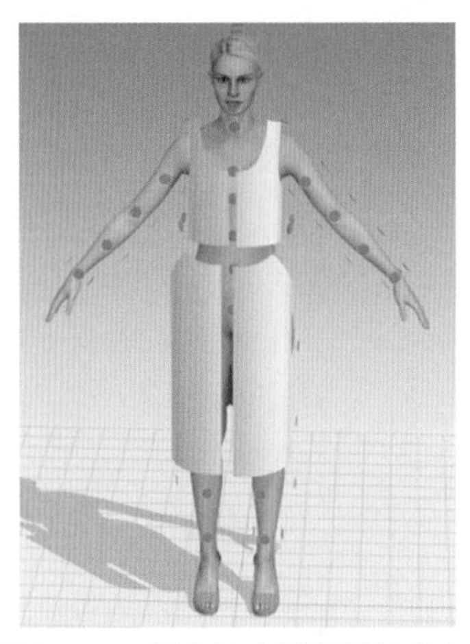

图 4.328　板片被安排到模特身上

（3）选择“移动”工具，在3D窗口中选择所有后片板片（图4.329），将鼠标放到对应的背部安排点会显示黑色提示预览，如图4.330所示。点击背部中间的安排点后片被安排到模特身上，如图4.331所示。

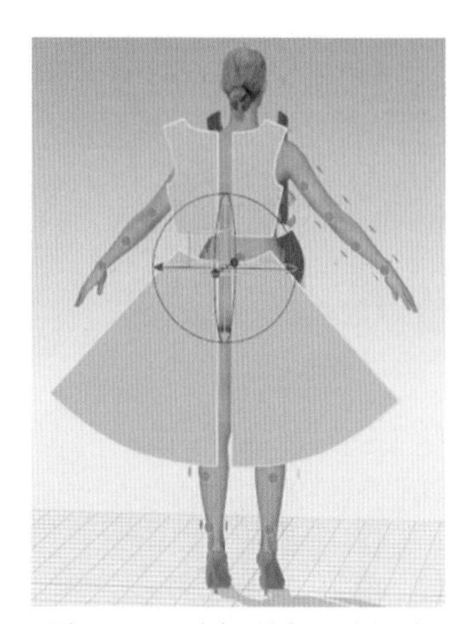
图4.329　选择所有后片板片

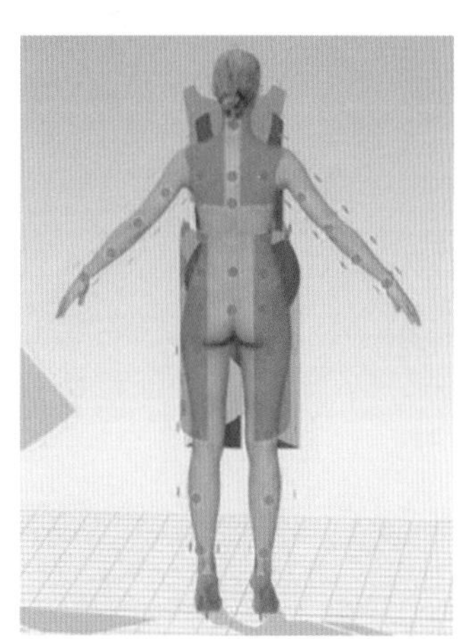
图4.330　点安排提示预览

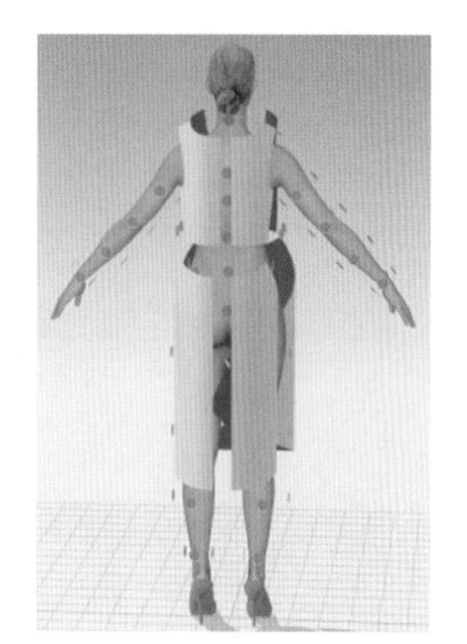
图4.331　板片被安排到模特身上

完成所有板片安排后的效果如图4.332所示。

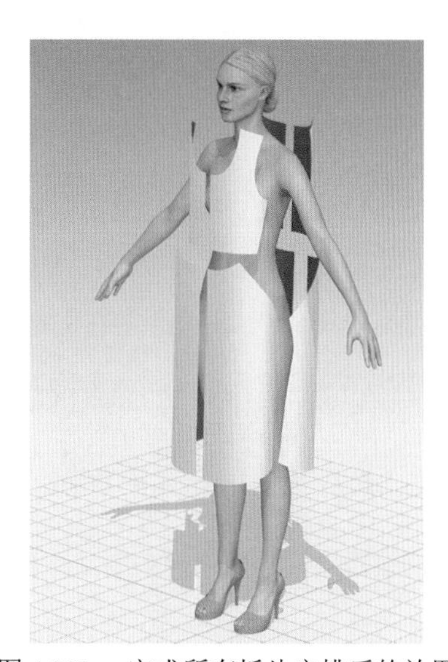
图4.332　完成所有板片安排后的效果

4.4.3　缝合板片

（1）在2D窗口中选择“线段缝纫”工具将前片缝合，如图4.333所示。

（2）在2D窗口中选择“线段缝纫”工具将前片腰与裙腰缝合，如图4.334所示。

（3）在2D窗口中选择“线段缝纫”工具将后片缝合，如图4.335所示。

（4）在2D窗口中选择“线段缝纫”工具将后片腰与裙腰缝合，如图4.336所示。

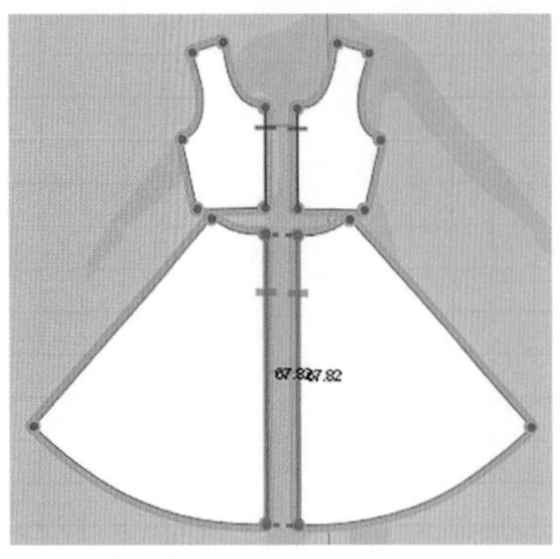

图 4.333　前片缝合

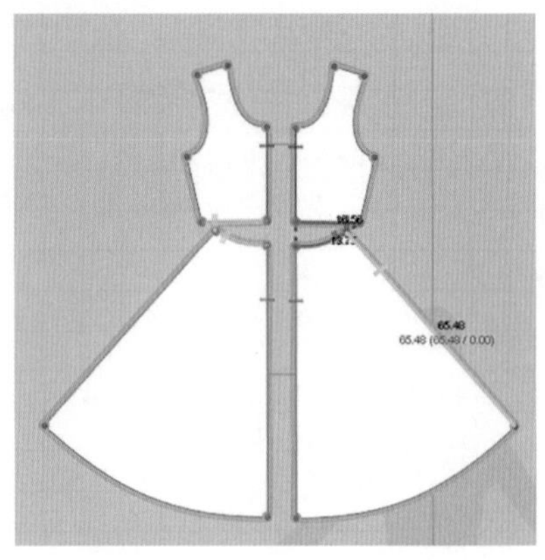

图 4.334　前片腰与裙腰缝合

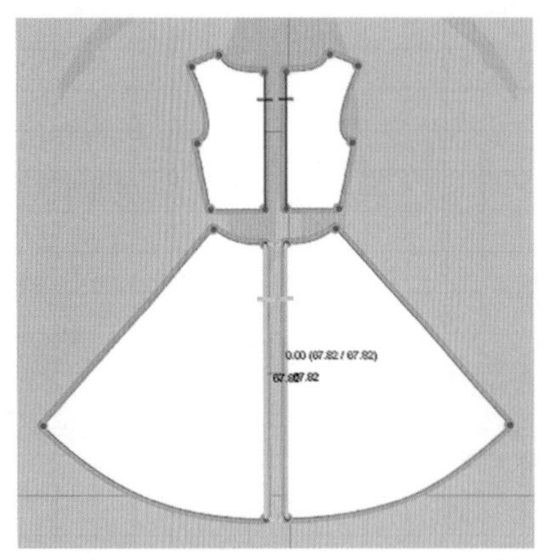

图 4.335　后片缝合

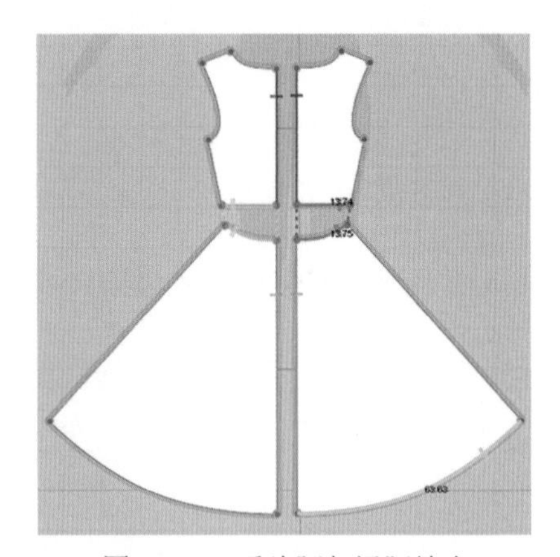

图 4.336　后片腰与裙腰缝合

（5）在 2D 窗口中选择“线段缝纫”工具将左右侧缝缝合，如图 4.337 所示。

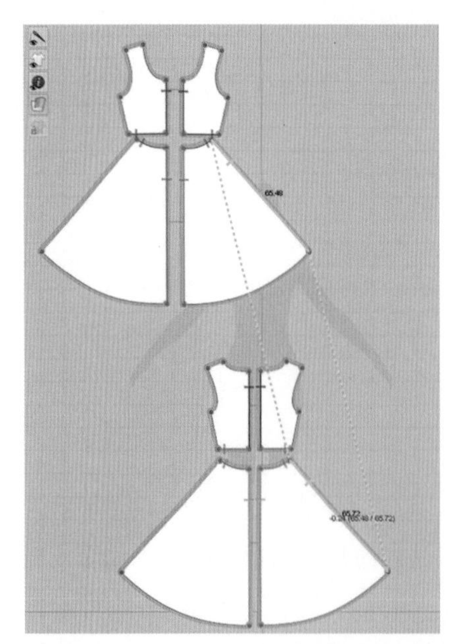

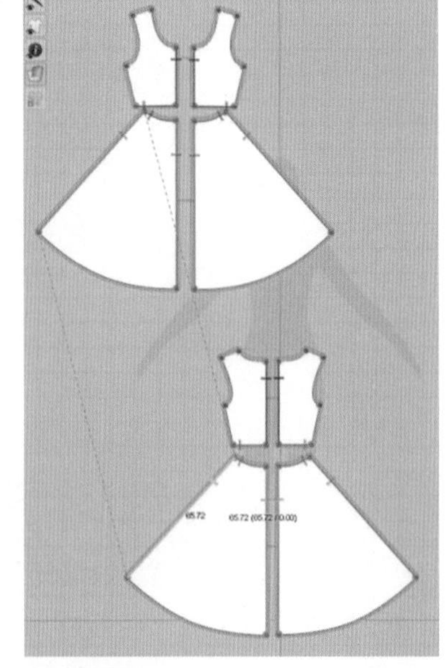

图 4.337　完成左右侧缝缝合

（6）在 2D 窗口中选择“线段缝纫”工具将左右肩缝缝合，如图 4.338 所示。

（7）在 2D 窗口中选择“线段缝纫”工具将左右摆缝缝合，如图 4.339 所示。

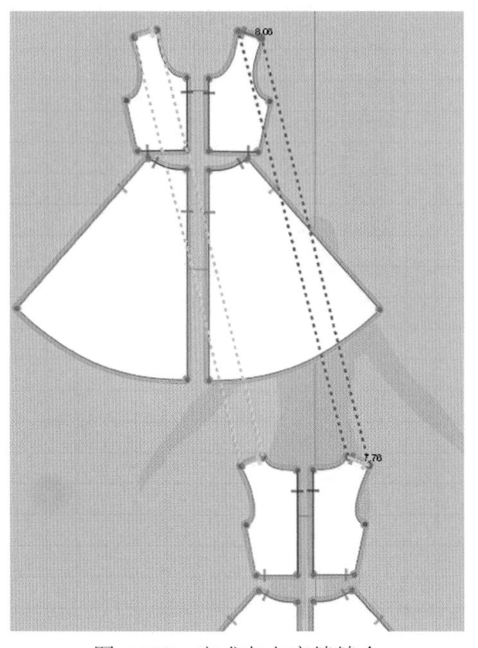

图 4.338　完成左右肩缝缝合

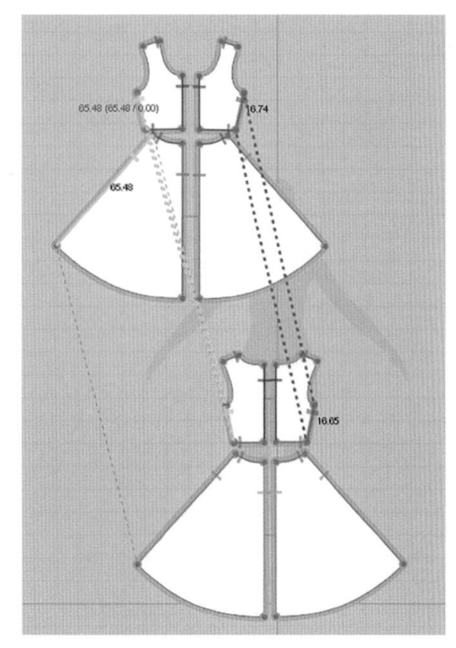

图 4.339　完成左右摆缝缝合

完成所有板片缝合后的效果如图 4.340 所示。

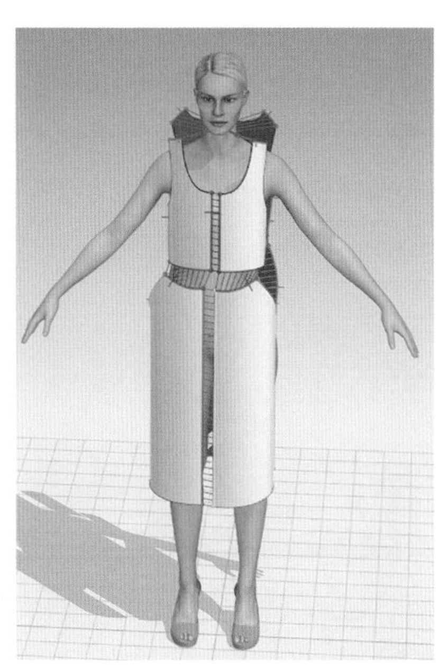

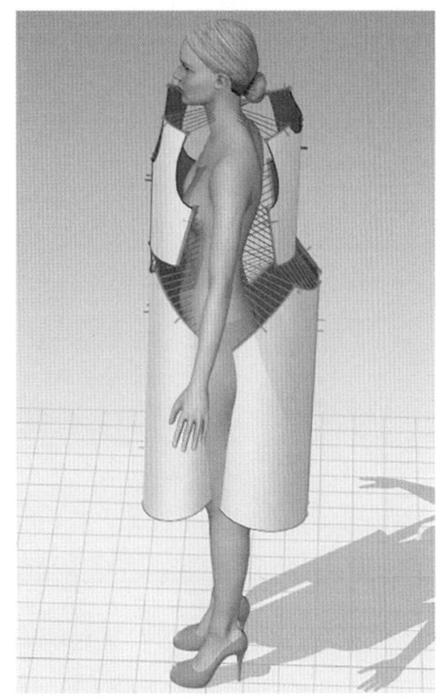

图 4.340　完成所有板片缝合后的效果

（8）在 2D 窗口中单击“贴图”工具，打开预存的指定图片，如图 4.341 所示。贴图操作界面如图 4.342 所示。将要贴的图片放置于指定部位，如图 4.343 所示。

图 4.341　选择预存的图片

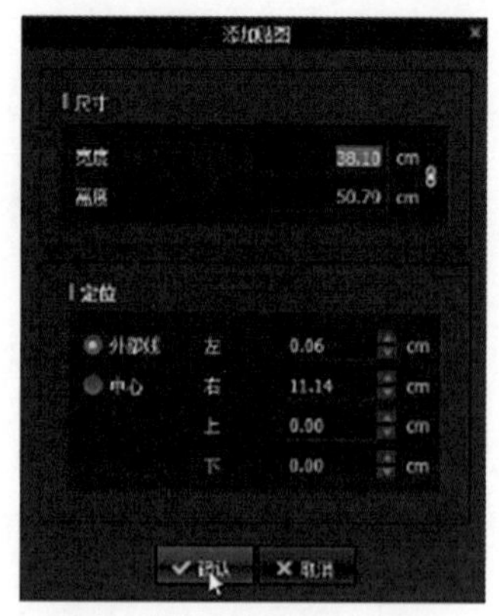

图 4.342　贴图操作界面

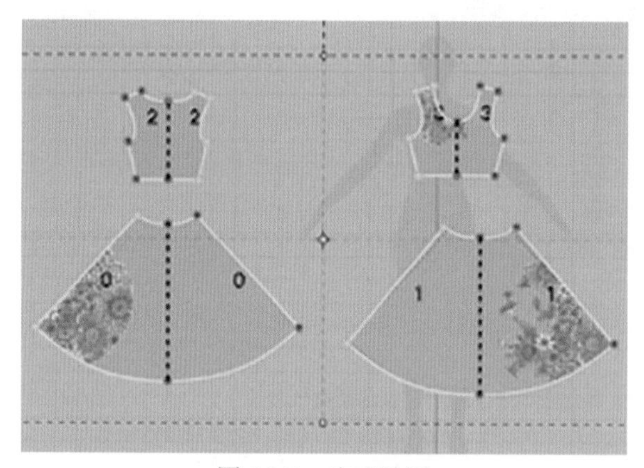

图 4.343　完成贴图

3D 窗口同步模拟，效果如图 4.344 所示。

图 4.344　3D 窗口同步模拟效果

4.4.4　试穿模拟及展示

在完成所有的程序之后，在3D窗口中单击“模拟”工具进行模拟。连衣裙正面、侧面、背面展示如图4.345所示。

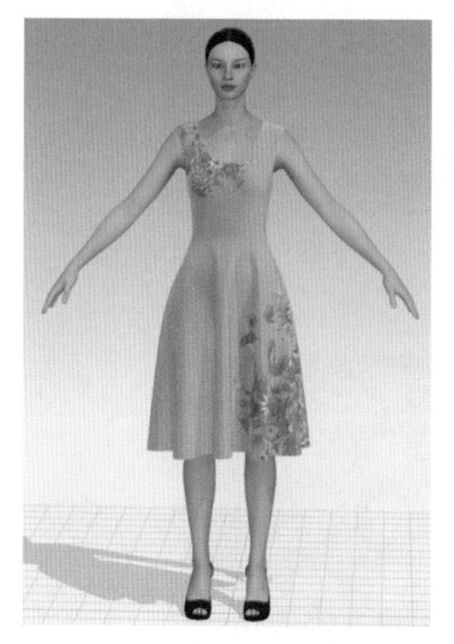
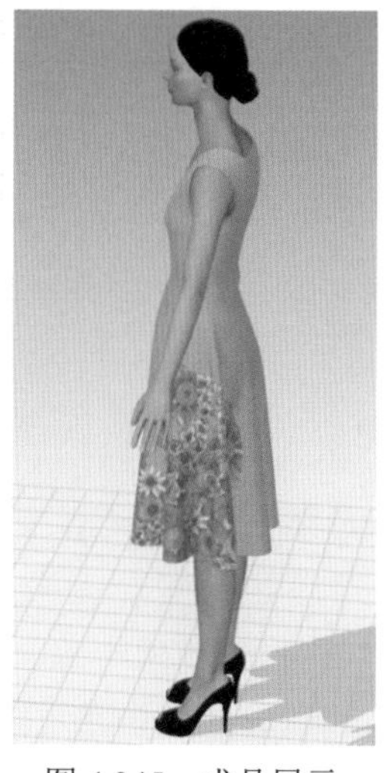
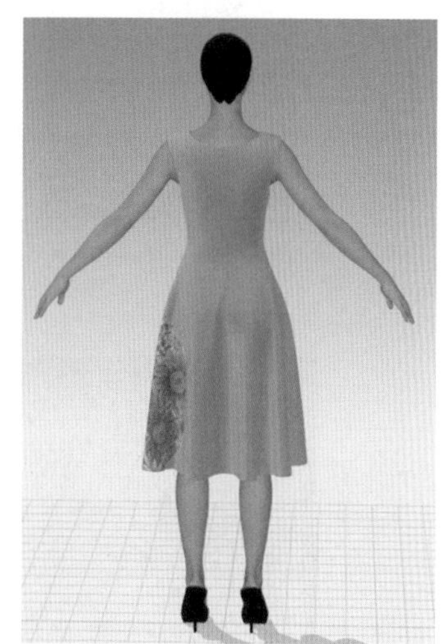

图4.345　成品展示

4.4.5　动态走秀制作

（1）从“模拟”菜单中选择“动画”命令，如图4.346所示。在弹出的对话框中单击“确认”按钮，如图4.347所示。

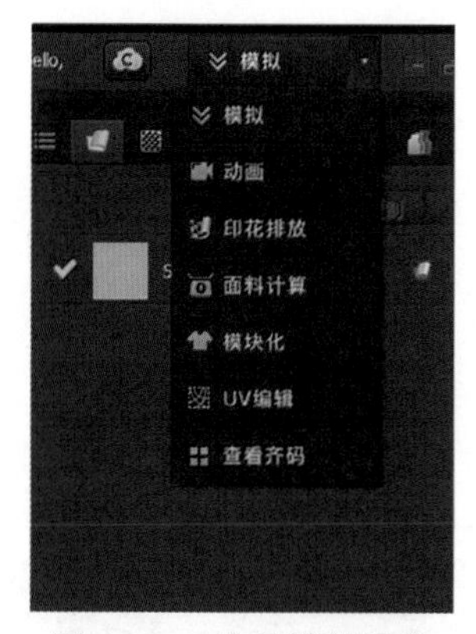

图4.346　进行模拟操作

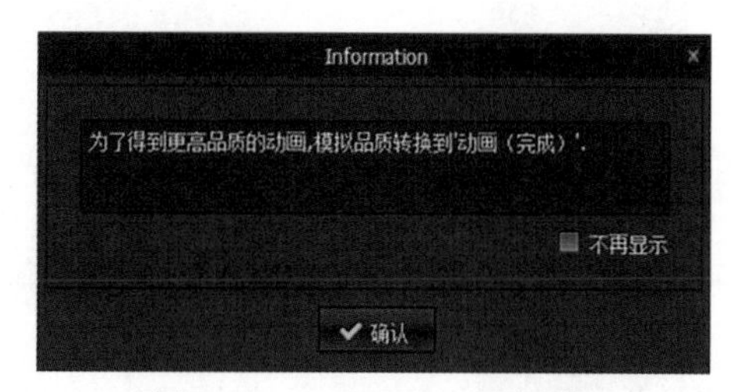

图4.347　Information对话框

（2）在图库里找到舞台，右击并选择所要添加的舞台，如图4.348所示。

（3）在3D窗口中单击打开“虚拟模特”栏，如图4.349所示。在图库里找到模特的对应走秀动作，如图4.350所示。选择合适的动作，如图4.351所示。

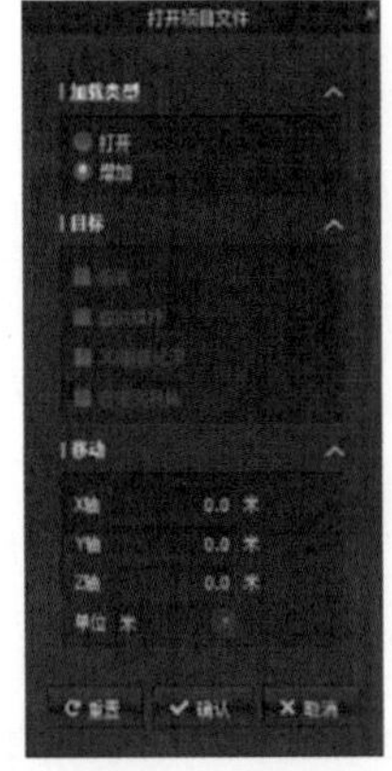

图 4.348　添加舞台

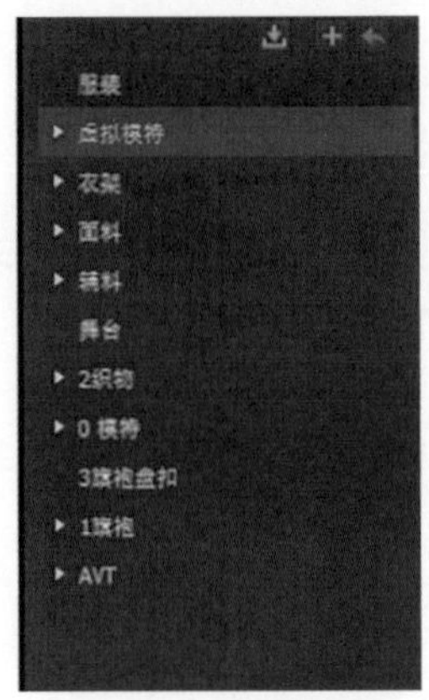

图 4.349　单击打开“虚拟模特”栏

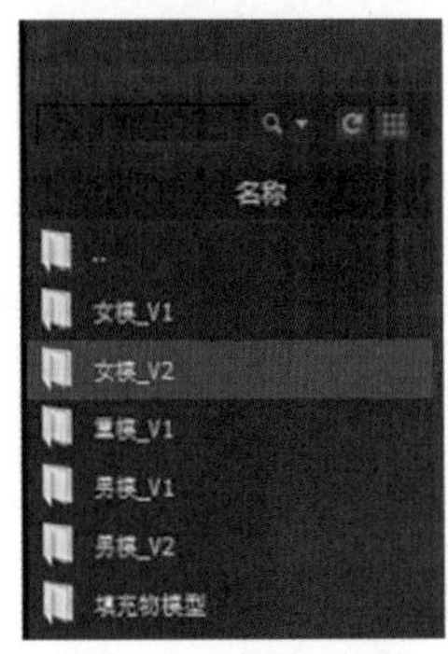

图 4.350　选择模特

图 4.351　选择走秀动作

（4）在 3D 窗口的主菜单栏中找到“走秀动作”（图 4.352），单击打开“走秀动作”栏，选择对应的模特（图 4.353），在弹出的对话框中单击“确认”按钮（图 4.354），系统自动导入所选择的模特，如图 4.355 所示。

图 4.352　选择走秀动作

图 4.353　选择对应模特

图 4.354　单击“确认”按钮

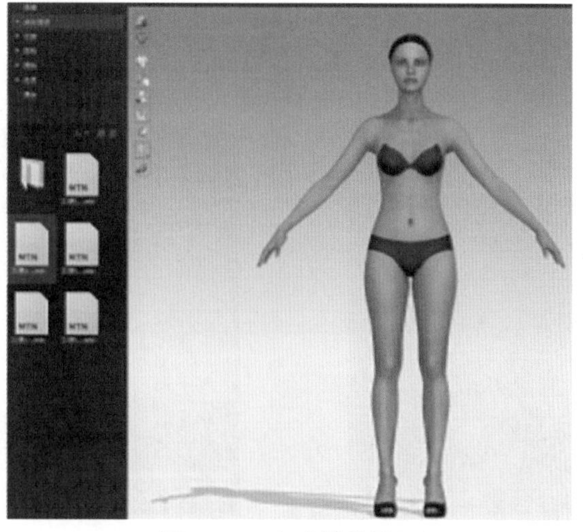

图 4.355　完成模特导入

（5）单击“动画解算”按钮开始动画解算，如图 4.356 所示。

图 4.356　开始动画解算

（6）导出视频，如图 4.357 所示。

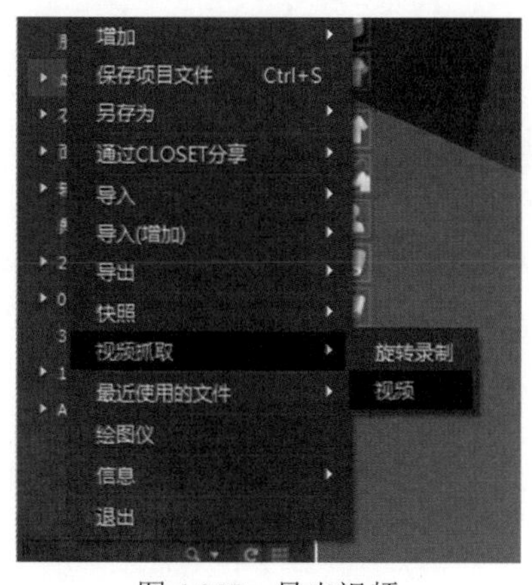

图 4.357　导出视频

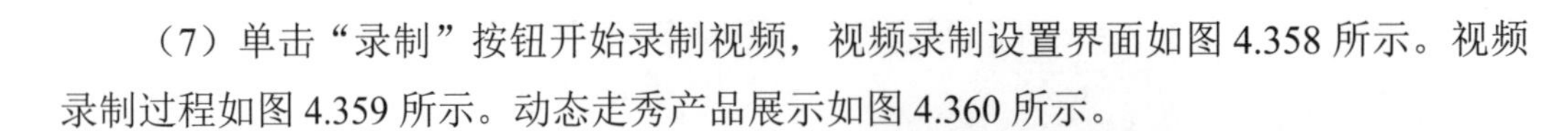

（7）单击“录制”按钮开始录制视频，视频录制设置界面如图 4.358 所示。视频录制过程如图 4.359 所示。动态走秀产品展示如图 4.360 所示。

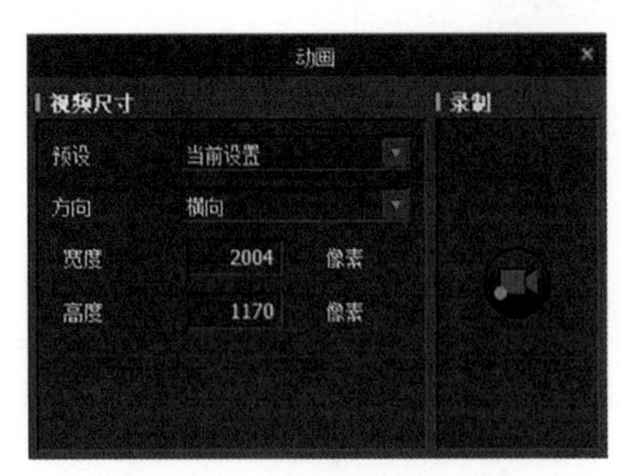

图 4.358　视频录制设置界面

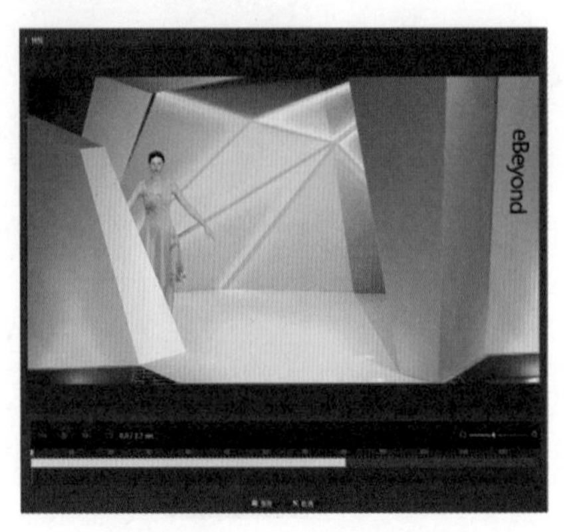

图 4.359　视频录制过程

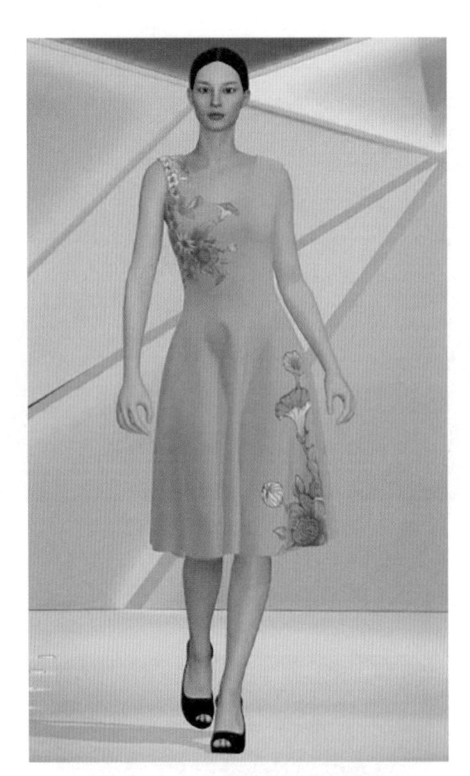

图 4.360　动态走秀产品展示

连衣裙动态秀

第5章 主题设计综合应用

5.1　创意灵感来源

灵感来源于1990年麦当娜世界巡回演唱会穿着Gaultier设计的金色“雪糕筒型”胸罩和Jean Paul Gaultier 2014春夏秀场。这种大胆个性的穿搭方式打破了人们的固有思维模式，为设计师提供了更大胆的创新思路。内衣外穿是一种穿衣风格，是指将内衣特征设计为外衣的穿着风貌，主要表现为：胸衣、花边、内裤等被用于外衣组合中或作为外衣的构成元素，给人以特殊的印象，并提供了一次奢谈“解构”的机会。内衣外穿即解构传统穿衣方式，是时尚界的一种突破，也是文化思潮和社会变革在人们生活中的一种表现。灵感来源图如图5.1所示。

图5.1　灵感来源图

5.2　创意西装实践应用

本例的板绘效果图如图5.2和图5.3所示，款式图如图5.4所示。

图 5.2　板绘效果图 1

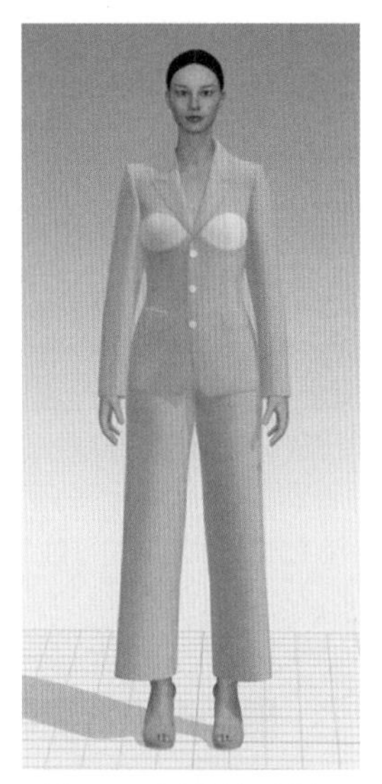

图 5.3　板绘效果图 2

图 5.4　款式图

5.2.1　板片导入及校对

（1）在菜单栏中选择“文件”→“导入”→ DXF 命令，如图 5.5 所示。导入的板片文件如图 5.6 所示。

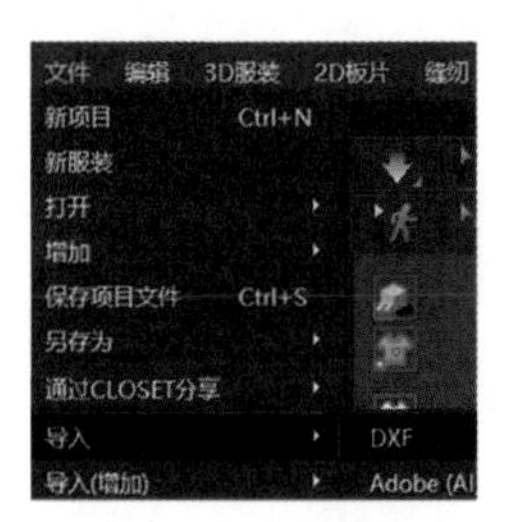

图 5.5　导入文件操作

图 5.6　导入板片文件

（2）在“图库”窗口中单击“虚拟模特”，如图 5.7 所示。选择女模 V2，如图 5.8 所示。

图 5.7 “图库”窗口

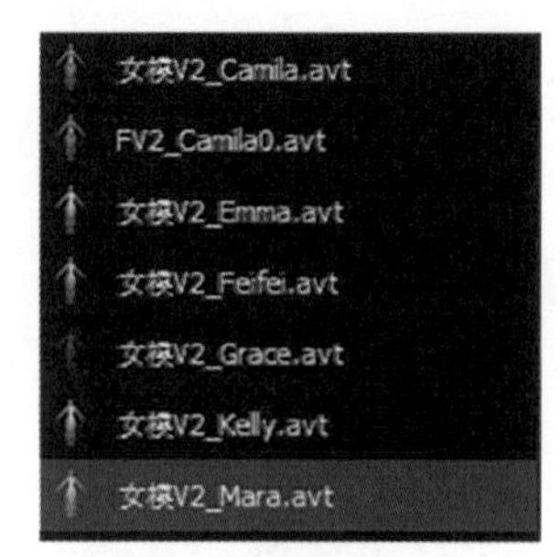

图 5.8 导入女模 V2

（3）导入文件后 2D 和 3D 窗口中同时出现女西装 CAD 项目文件，刚导入的板片比较乱，如图 5.9 所示。

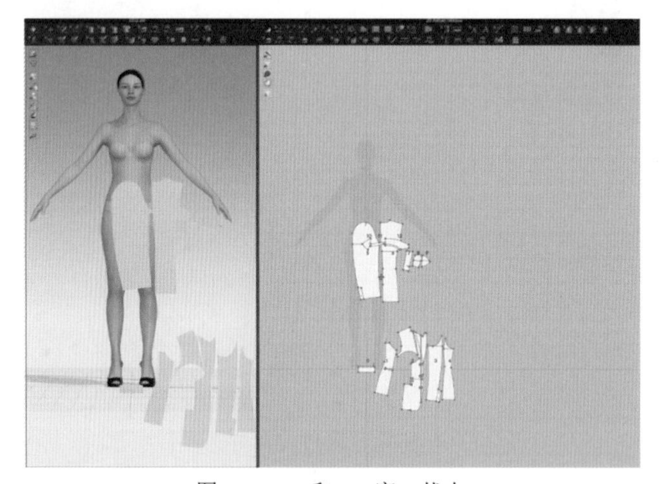

图 5.9 2D 和 3D 窗口状态

（4）在 2D 窗口中运用“板片调整”工具将选择的所有板片摆放好，如图 5.10 所示。

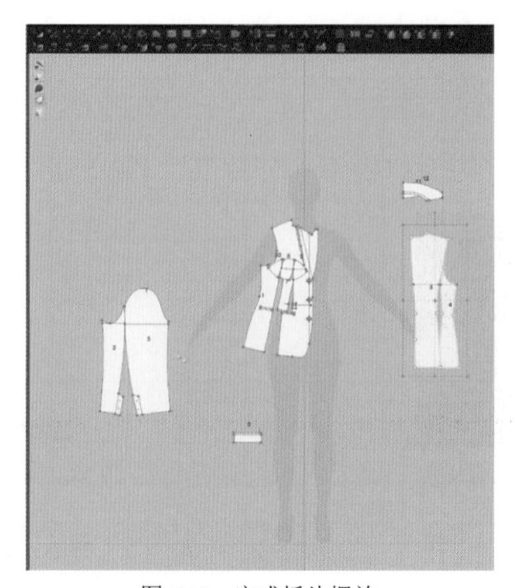

图 5.10 完成板片摆放

（5）在 2D 窗口中选择前片的所有板片（图 5.11）并右击，在弹出的快捷菜单中选择“对称板片（板片和缝纫线）”选项（图 5.12）完成板片对称，如图 5.13 所示。

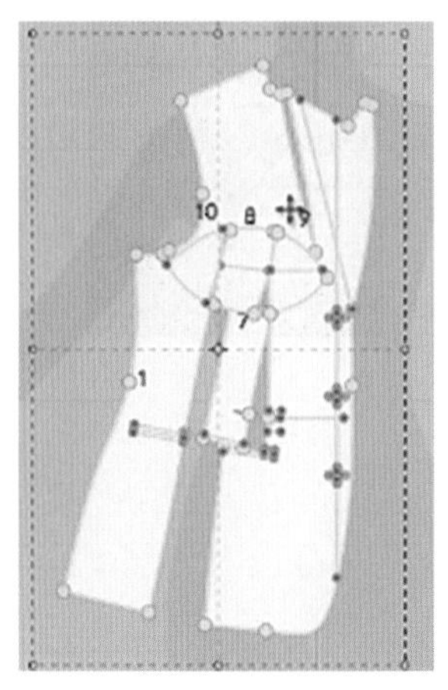

图 5.11　选择板片

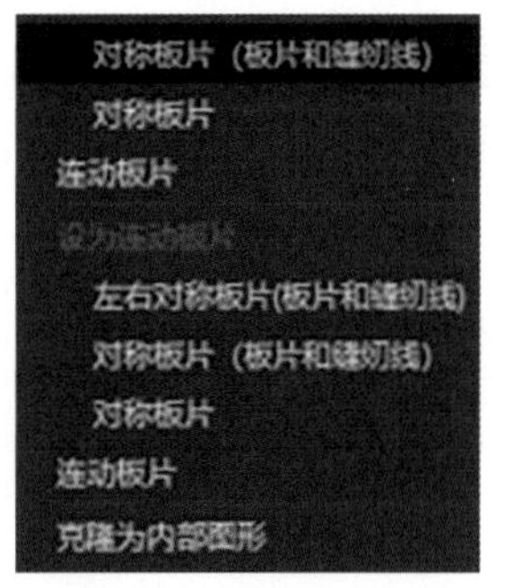

图 5.12　对称板片操作

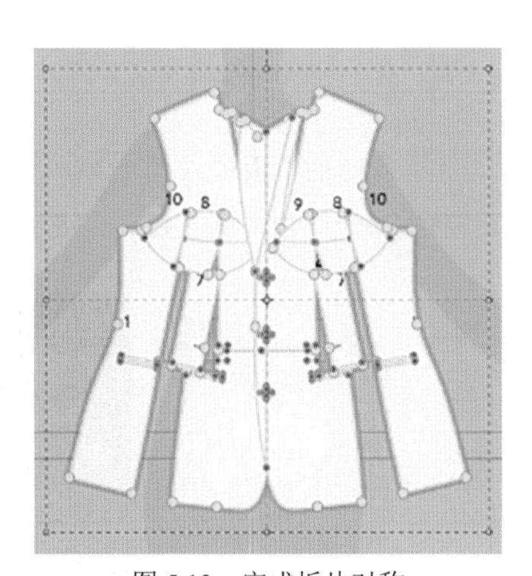

图 5.13　完成板片对称

（6）运用“板片调整”工具选择后片板片（图 5.14）并右击，在弹出的快捷菜单中选择“对称板片（板片和缝纫线）”选项（图 5.15）完成板片对称，如图 5.16 所示。

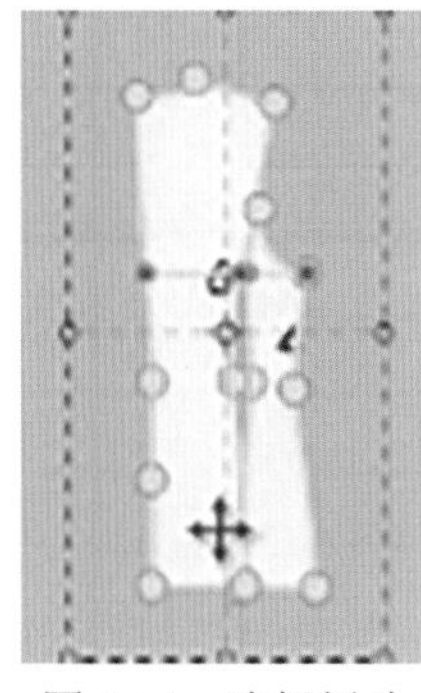
图 5.14　选择板片

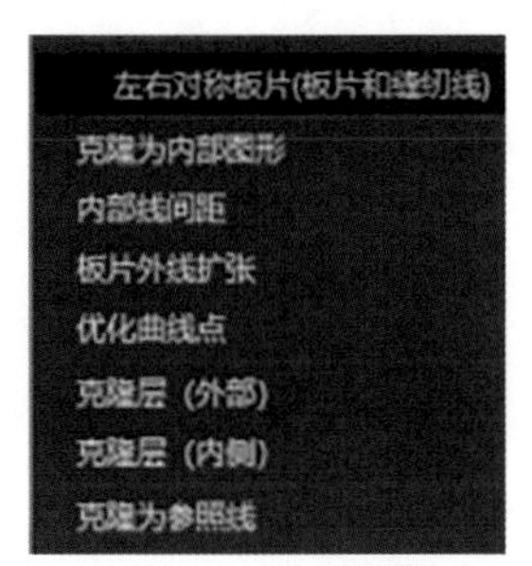

图 5.15　对称板片操作

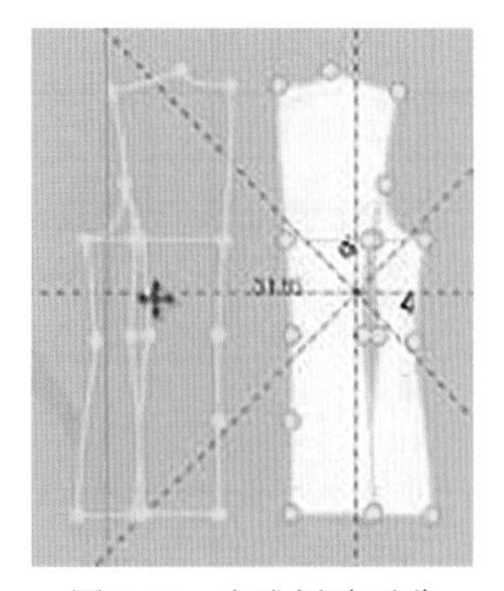
图 5.16　完成板片对称

（7）运用“板片调整”工具选择领子板片（图 5.17）并右击，在弹出的快捷菜单中选择“对称板片（板片和缝纫线）”选项（图 5.18）完成板片对称，如图 5.19 所示。

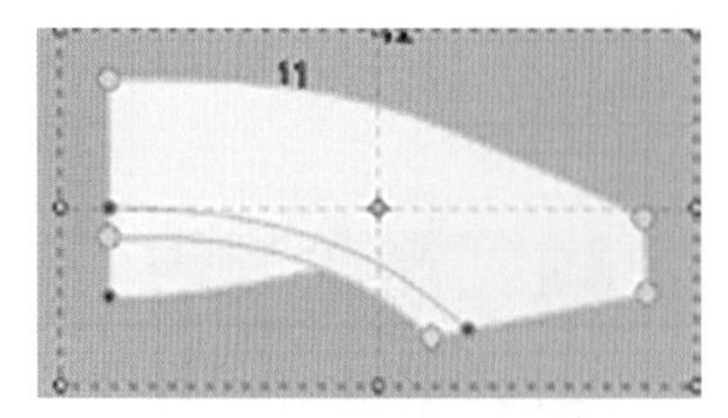

图 5.17　选择板片

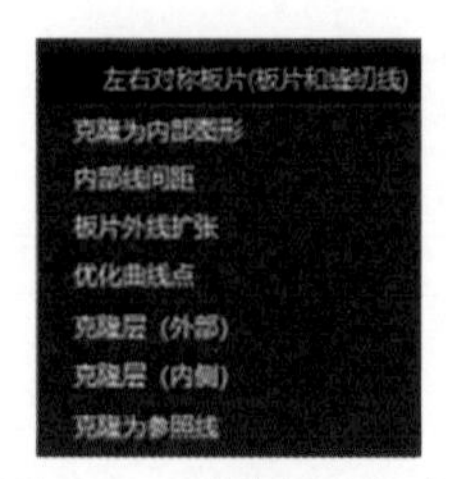

图 5.18　对称板片操作

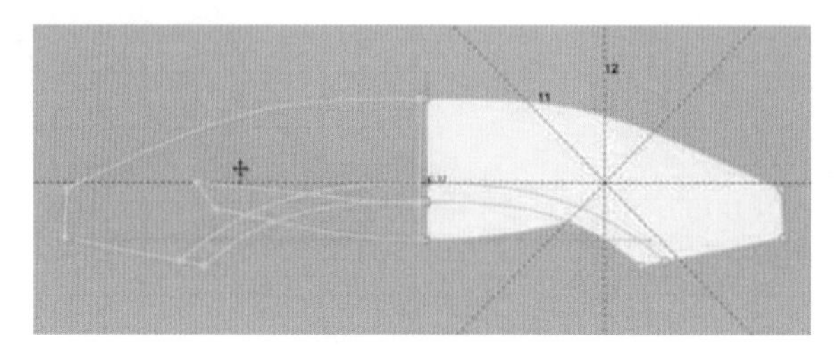

图 5.19　完成板片对称

（8）运用“板片调整”工具选择袖子板片（图 5.20）并右击，在弹出的快捷菜单中选择“对称板片（板片和缝纫线）”选项（图 5.21）完成板片对称，如图 5.22 所示。

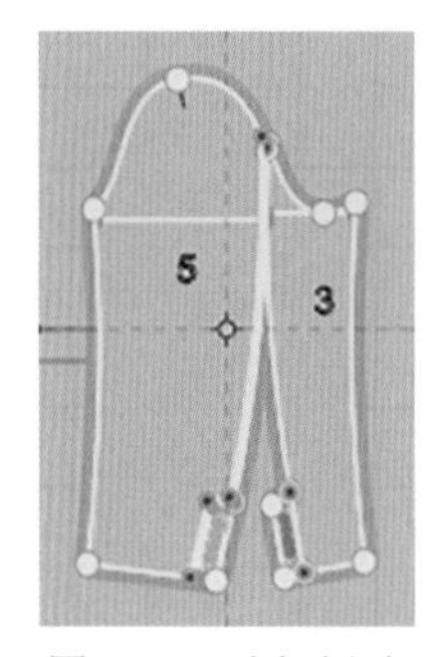

图 5.20　选择板片

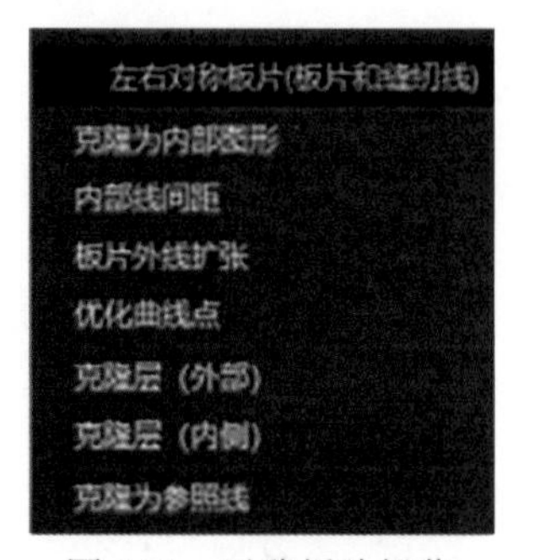

图 5.21　对称板片操作

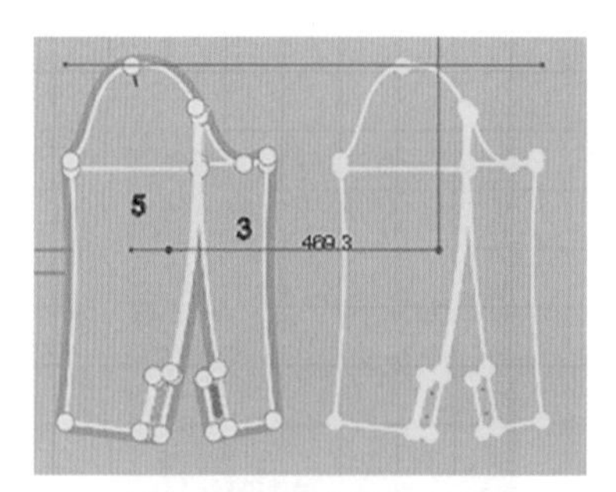

图 5.22　完成板片对称

（9）在 2D 窗口中运用“板片调整”工具选择所有的板片并摆放好，如图 5.23 所示。

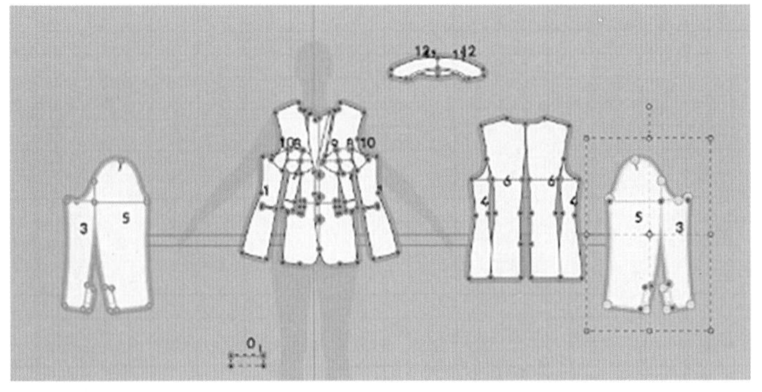

图 5.23　完成板片摆放

（10）在 2D 窗口中选择“移动”工具，然后选择板片（图 5.24）并右击，在弹出的快捷菜单中选择“重设 2D 安排位置（选择的）”选项（图 5.25）完成板片重设 2D 安排位置，如图 5.26 所示。

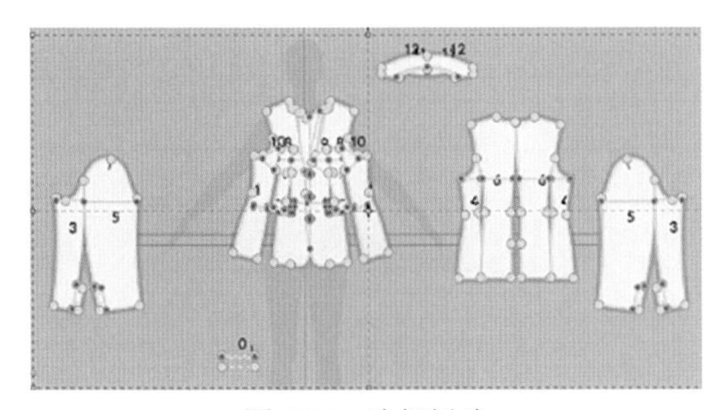

图 5.24　选择板片

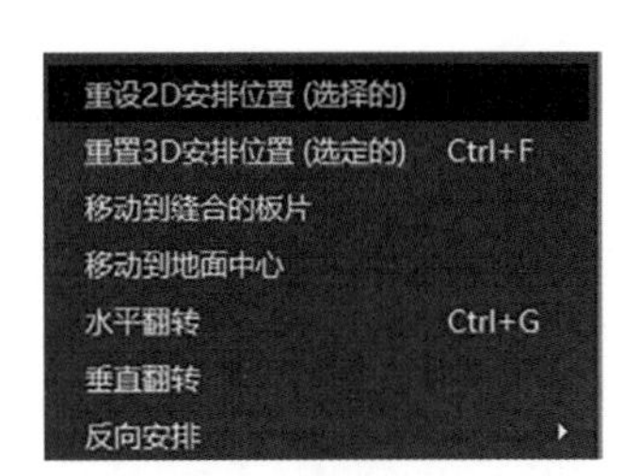

图 5.25　右键快捷菜单

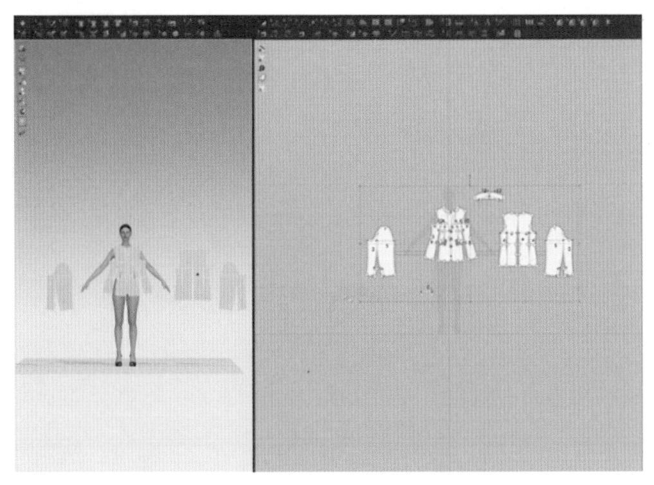

图 5.26　完成板片重设 2D 安排位置操作

5.2.2　安排板片

（1）在 3D 窗口中点开“显示虚拟模特”工具下的“显示安排点”工具，如图 5.27

所示。点安排效果显示如图 5.28 所示。

图 5.27　选择“显示安排点”工具

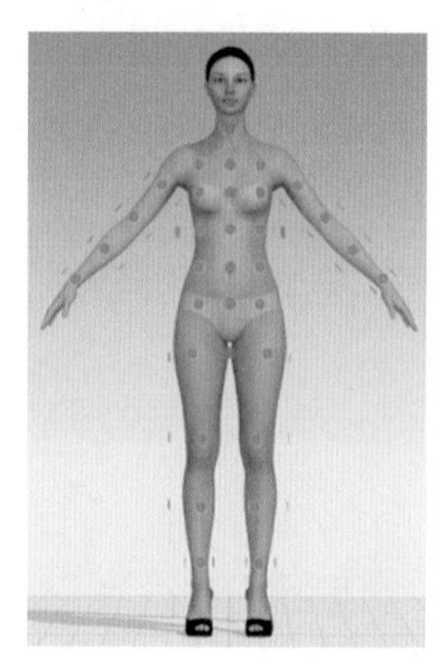

图 5.28　点安排效果显示

（2）运用“移动”工具在 3D 窗口中选择所有前片板片（图 5.29），将鼠标放到对应的胸部安排点会显示黑色提示预览，如图 5.30 所示。点击胸部中间的安排点前片被安排到模特身上，如图 5.31 所示。

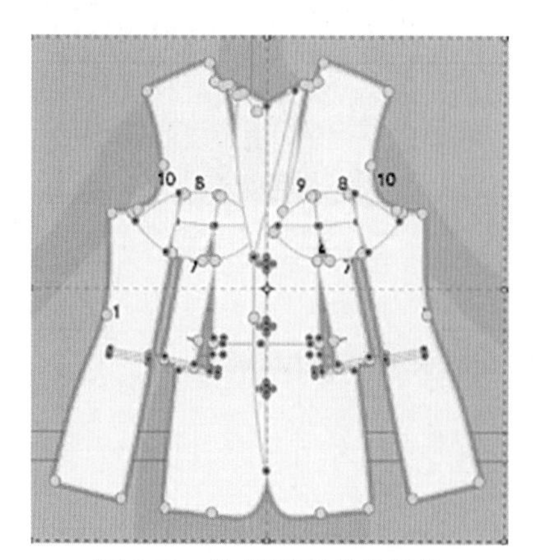

图 5.29　选择所有前片板片

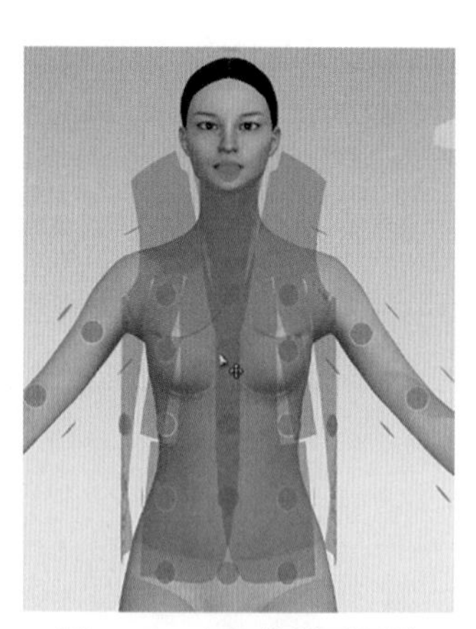

图 5.30　点安排提示预览

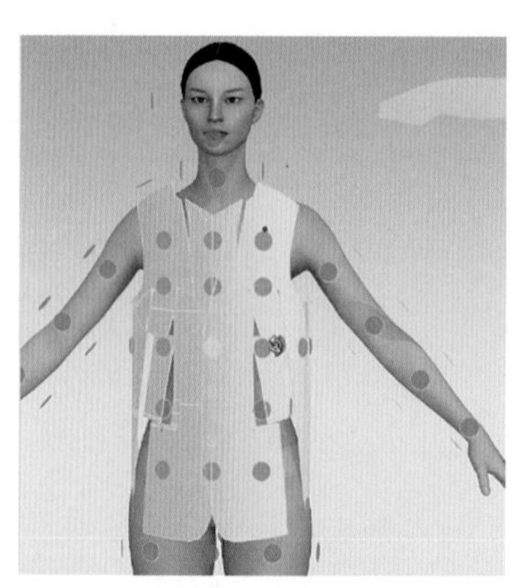

图 5.31　板片被安排到模特身上

（3）运用“移动”工具在3D窗口中选择所有后片板片（图5.32），将鼠标放到对应的背部安排点会显示黑色提示预览，如图5.33所示。点击背部中间的安排点后片板片被安排到模特身上，如图5.34所示。

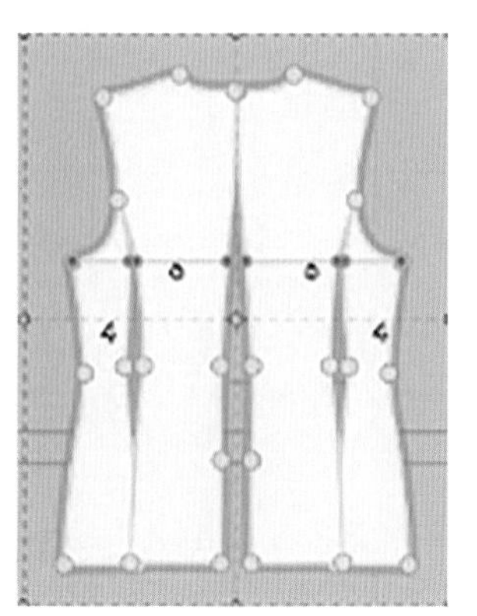

图5.32 选择所有后片板片

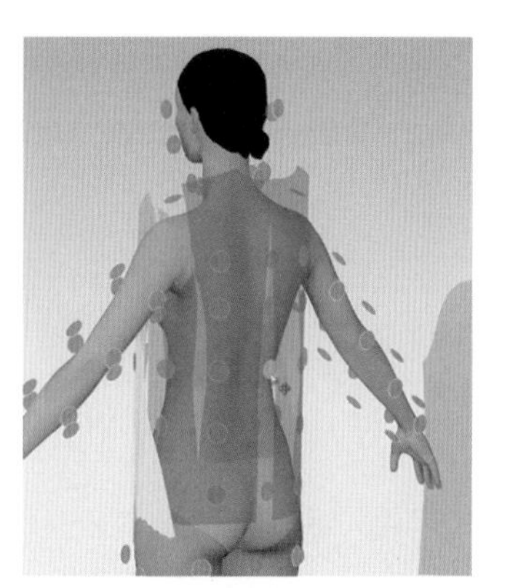

图5.33 点安排提示预览

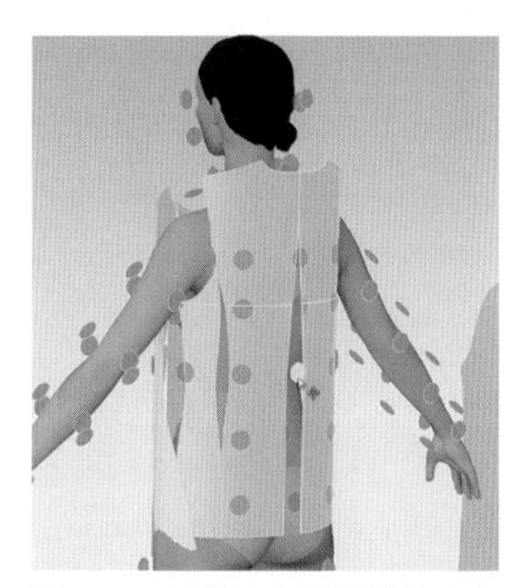

图5.34 板片被安排到模特身上

（4）运用“移动”工具在3D窗口中选择所有袖子板片（图5.35），将鼠标放到对应的肘部安排点会显示黑色提示预览，如图5.36所示。点击肘部中间的安排点袖子板片被安排到模特身上，如图5.37所示。

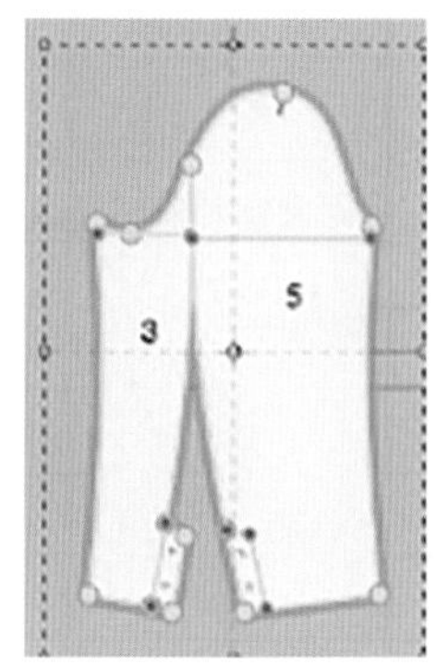

图5.35 选择所有袖子板片

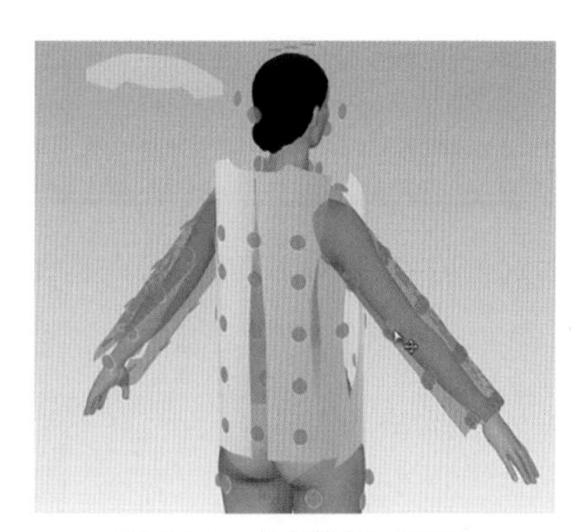

图5.36 点安排提示预览

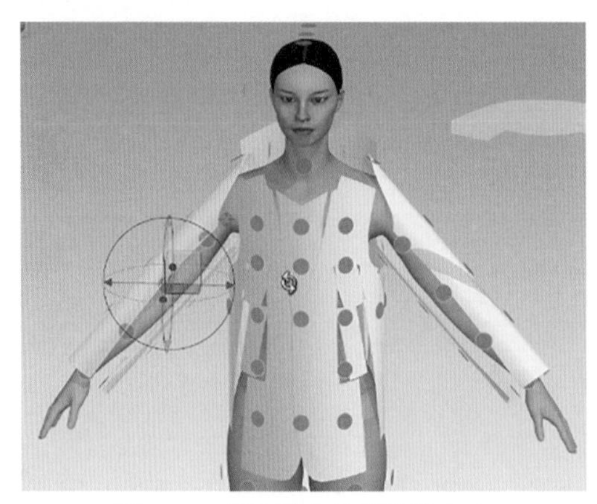

图 5.37　板片被安排到模特身上

（5）运用“移动”工具在 3D 窗口中选择所有领子板片（图 5.38），将鼠标放到对应的颈部安排点会显示黑色提示预览，如图 5.39 所示。点击颈部中间的安排点领子板片被安排到模特身上，如图 5.40 所示。

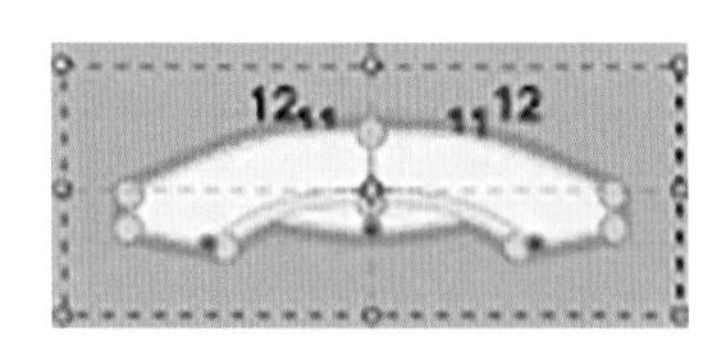

图 5.38　选择所有领子板片

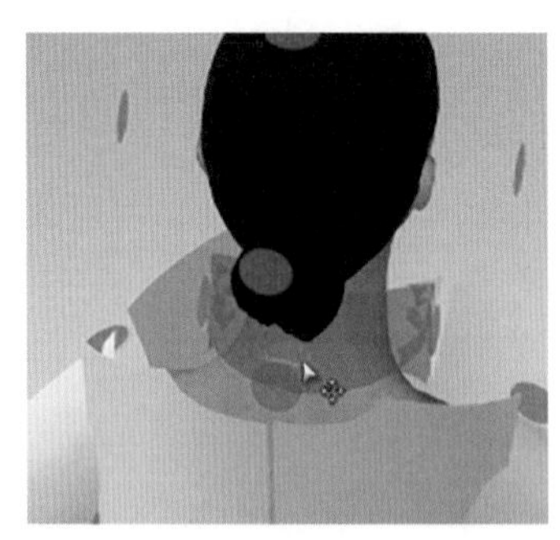

图 5.39　点安排提示预览

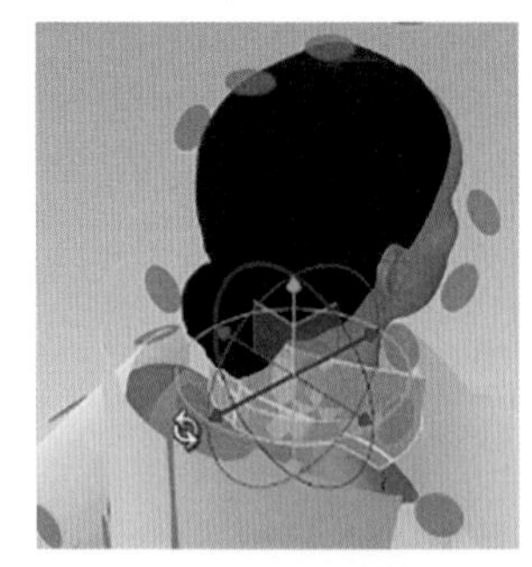

图 5.40　板片被安排到模特身上

完成所有板片安排后的效果如图 5.41 所示。

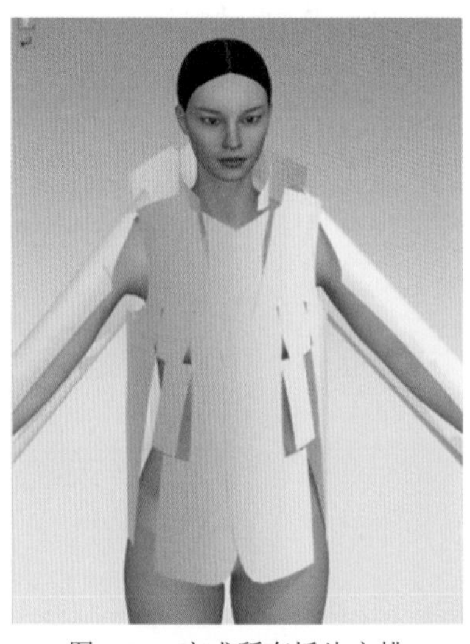

图 5.41　完成所有板片安排

5.2.3 缝合板片

1. 衣片板片缝合

（1）在2D窗口中选择“线段缝纫”工具将前片板片缝合，如图5.42所示。

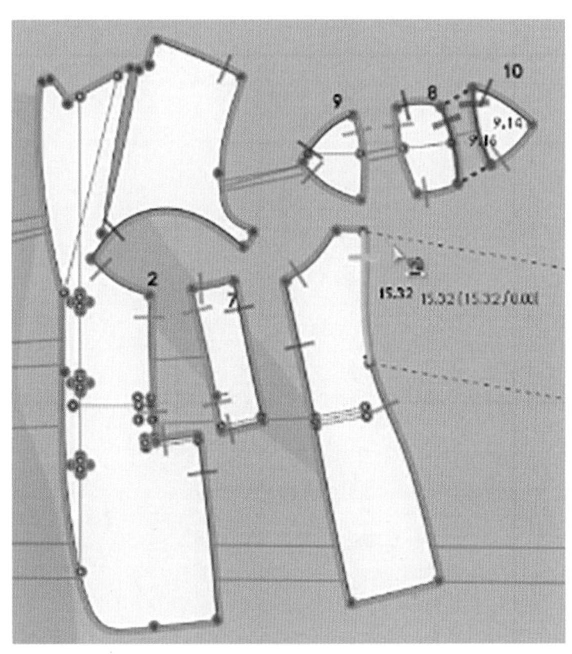

图5.42　前片板片缝合

（2）在2D窗口中选择“线段缝纫”工具将后片板片缝合，如图5.43所示。

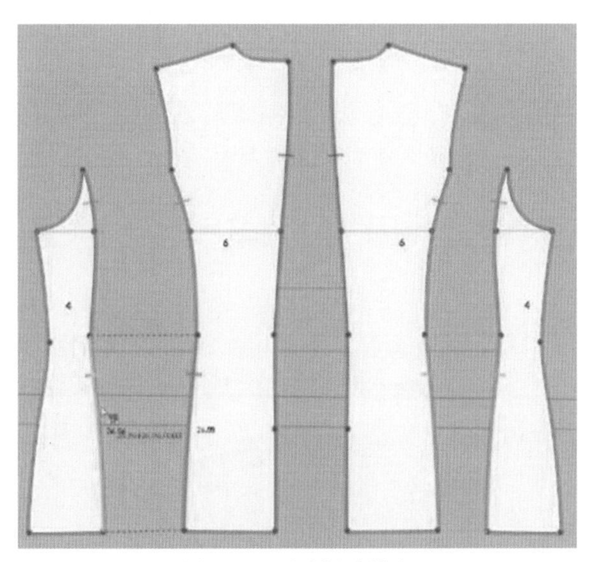

图5.43　后片板片缝合

（3）在2D窗口中选择“线段缝纫”工具将袖片缝合，如图5.44所示。

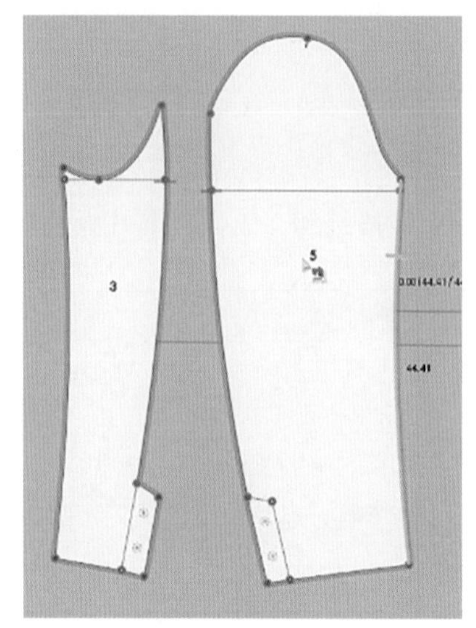

图 5.44　袖片缝合

（4）在 2D 窗口中选择“线段缝纫”工具将领子板片与领口缝合，如图 5.45 所示。

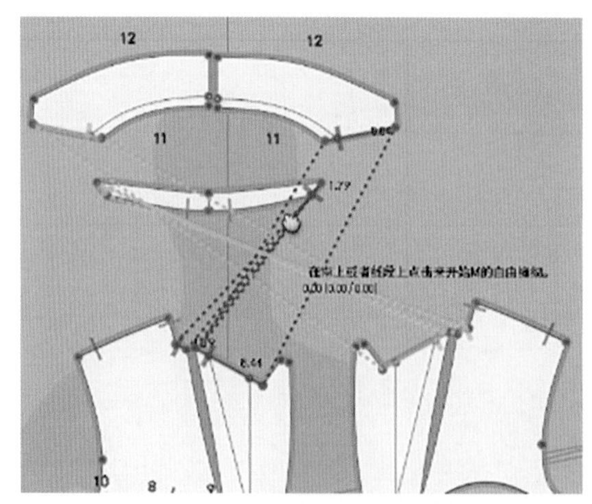

图 5.45　领子板片与领口缝合

（5）在 2D 窗口中选择“线段缝纫”工具将翻领板片与领座板片缝合，如图 5.46 所示。

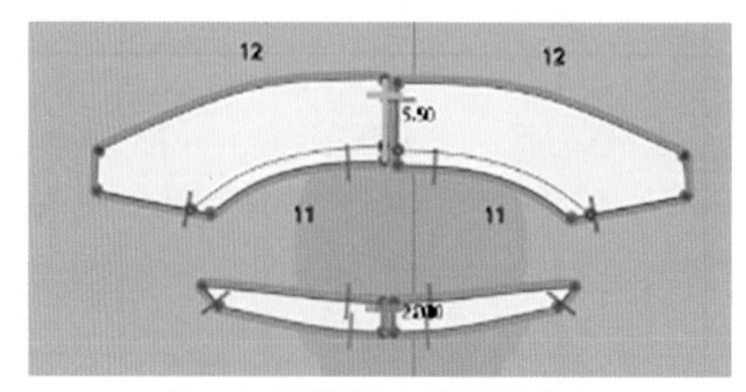

图 5.46　翻领板片与领座板片缝合

完成所有板片缝合后的效果如图 5.47 所示。

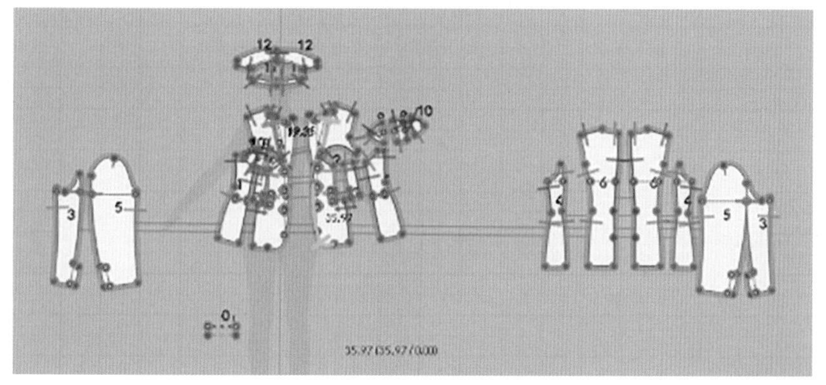

图 5.47　完成所有板片缝合后的效果

2. 领子翻折

（1）在 3D 窗口中选择“折叠安排”工具，然后选择领子翻折线，如图 5.48 所示。

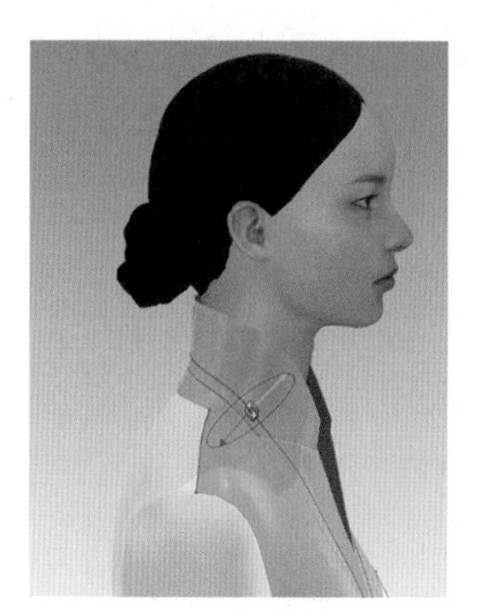

图 5.48　选择领子翻折线

（2）在 3D 窗口中选择“折叠安排”工具，运用“定位球”工具将翻领翻折下来，如图 5.49 所示。同样的方法将平驳领翻折下来，如图 5.50 所示。完成领子翻折后的效果如图 5.51 所示。

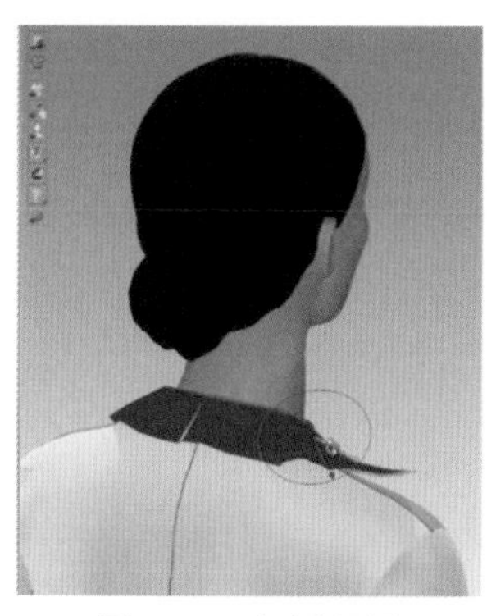

图 5.49　翻折翻领

图 5.50　翻折平驳领

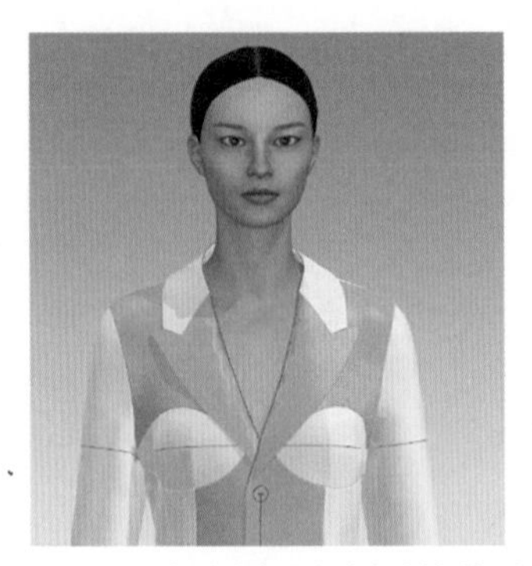

图 5.51　完成领子翻折后的效果

3. 放垫肩

（1）在“图库”窗口中选择“辅料”→“垫肩”，在列表中按需要选择合适的垫肩，如图 5.52 至图 5.54 所示。

图 5.52　选择“辅料”

图 5.53　选择“垫肩”

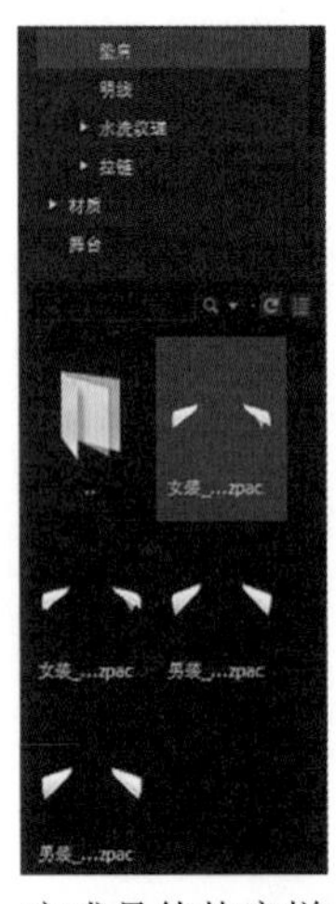

图 5.54　完成具体垫肩样式的选择

（2）在 2D 窗口中运用“板片调整”工具选择垫肩，如图 5.55 所示。选择“编辑板片”工具调整垫肩。在 3D 窗口中选择“移动”工具，再运用“定位球”工具对垫肩进行调整，如图 5.56 所示。调整后的效果如图 5.57 所示。

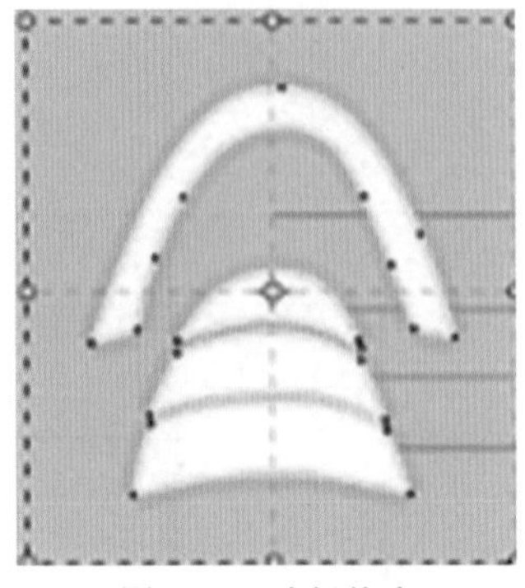

图 5.55　选择垫肩

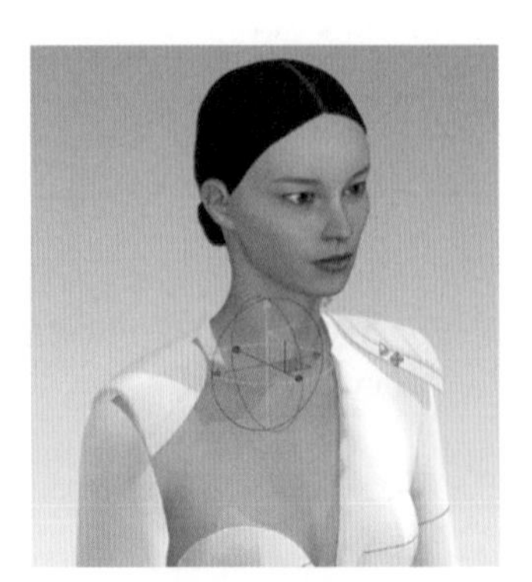

图 5.56　调整垫肩

（3）在 2D 窗口中运用“板片调整”工具继续对垫肩进行调整，如图 5.58 所示。

图 5.57　调整垫肩效果

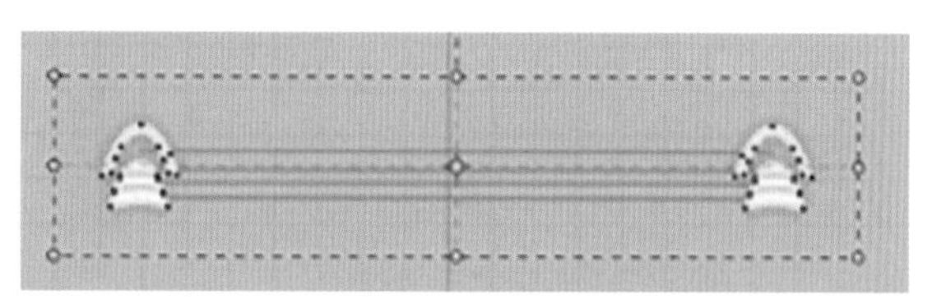

图 5.58　继续调整垫肩

（4）在 2D 窗口中选择“板片调整”工具，在属性编辑器里将“层”设置为 -1 即将垫肩移动到衣服里面，如图 5.59 所示。

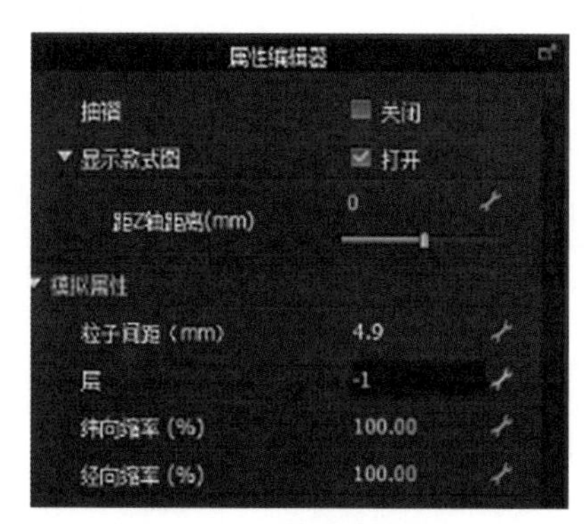

图 5.59　调整垫肩设置

（5）在 3D 窗口中选择“模拟”工具对垫肩进行模拟，正面效果如图 5.60 所示，背面效果如图 5.61 所示。

图 5.60　正面效果

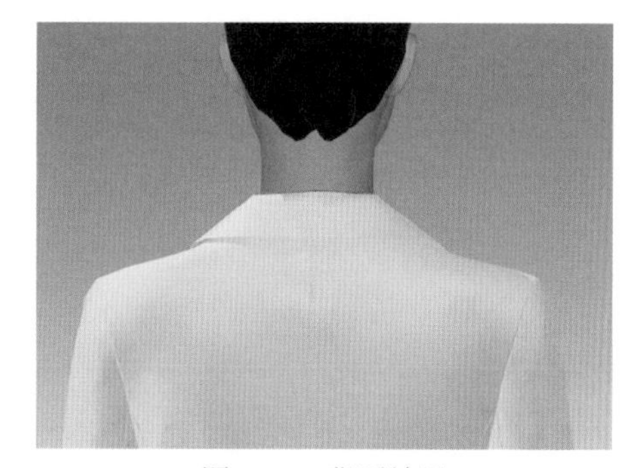

图 5.61　背面效果

4. 做袖衩

（1）在 2D 窗口中选择“板片调整”工具，再选择袖衩，如图 5.62 所示。在 3D 窗口中选择“内部线”工具将内部线显示出来，如图 5.63 所示。

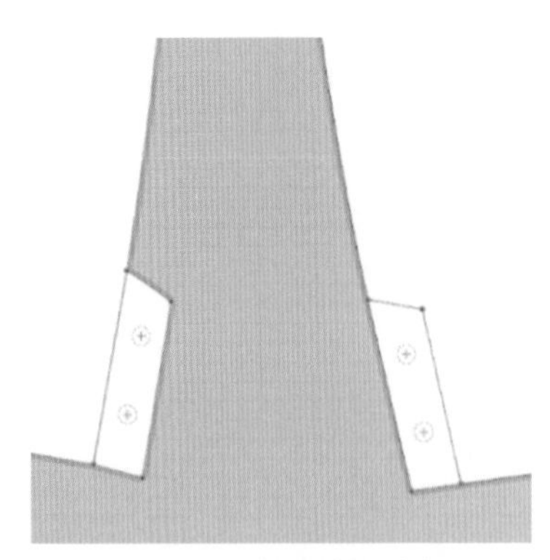

图 5.62　完成袖衩选择

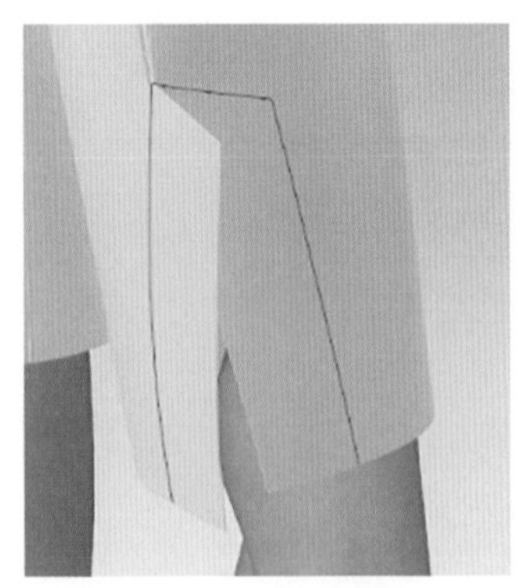

图 5.63　完成内部线显示

（2）在 3D 窗口中选择“折叠安排”工具，将袖衩两边重叠起来，如图 5.64 所示。在 2D 窗口中选择“缝纫”工具将袖衩缝合，如图 5.65 所示。袖衩制作完成效果如图 5.66 所示。

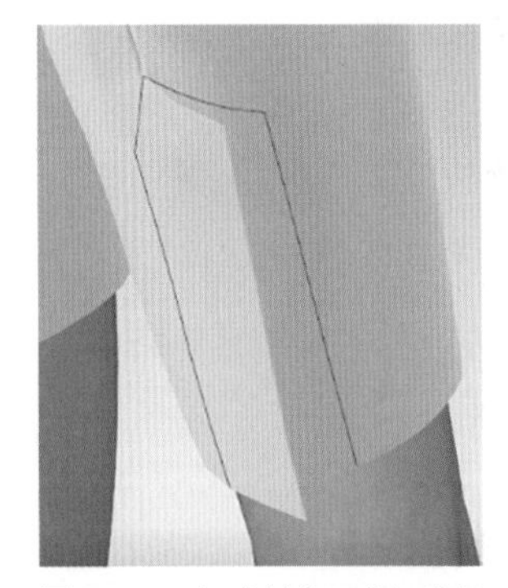

图 5.64　完成袖衩两边重叠

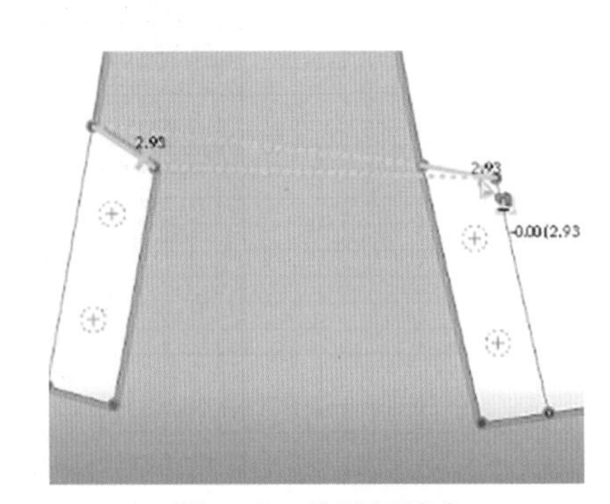

图 5.65　将袖衩缝合

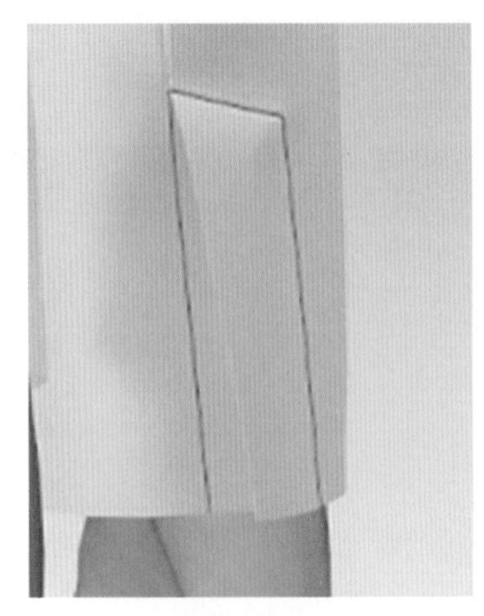

图 5.66　袖衩制作完成效果

5. 袖衩钉扣子

（1）在 2D 窗口中选择“缝纫”工具将袖衩缝合，如图 5.67 所示。在 3D 窗口中选择“纽扣”工具钉扣子，如图 5.68 所示。

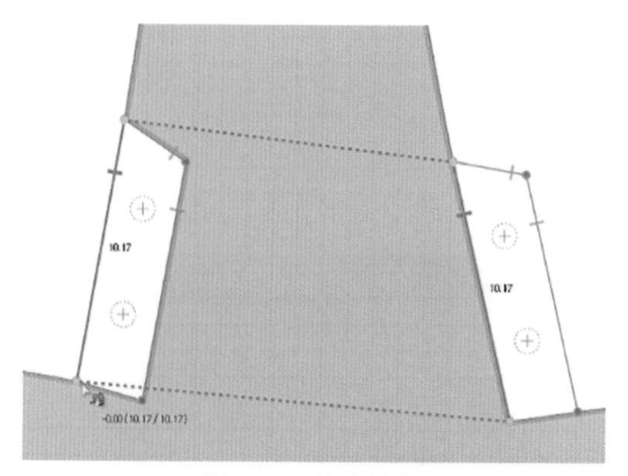

图 5.67　缝合袖衩

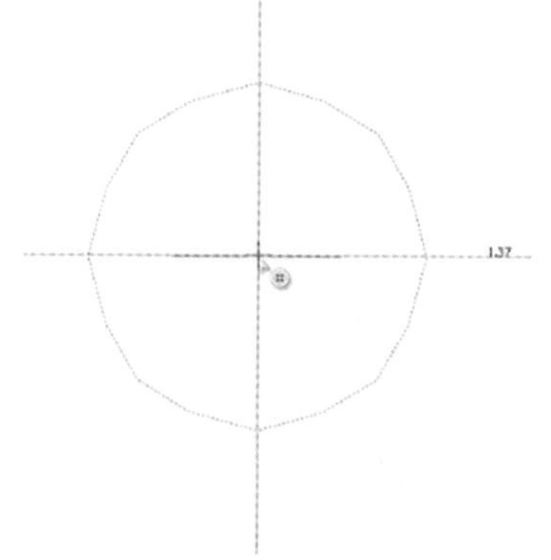

图 5.68　为袖衩钉扣子

（2）在 3D 窗口中选择“选择 / 移动纽扣”工具，在 2D 窗口中点选钉扣子位置中心点（图 5.69），弹出“粘贴”对话框，在其中设置好扣子个数和间距，如图 5.70 所示。单击“确认”按钮完成钉扣子操作，如图 5.71 所示。

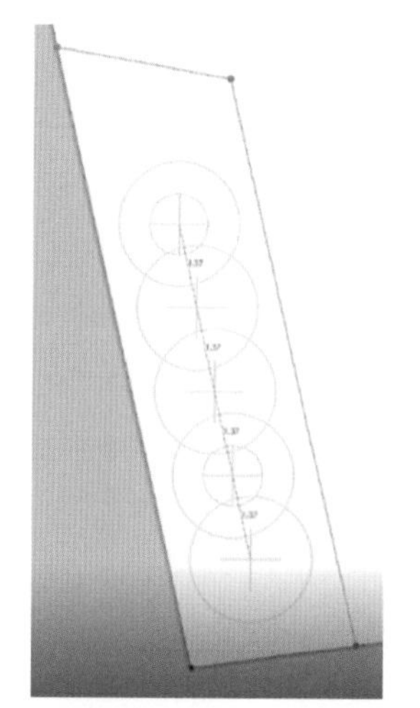

图 5.69　完成扣子中心点选择

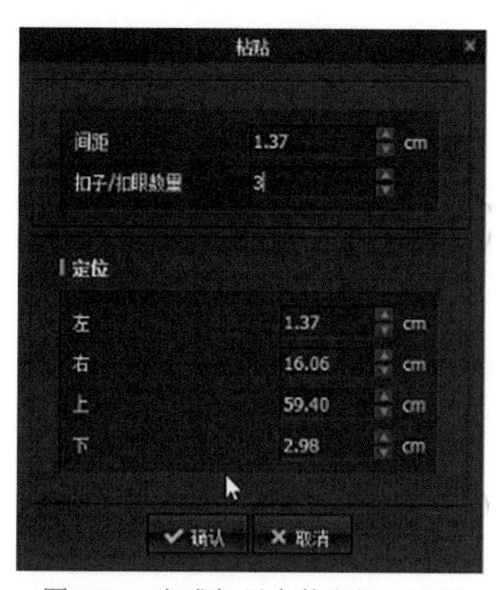

图 5.70　完成扣子个数和间距设置

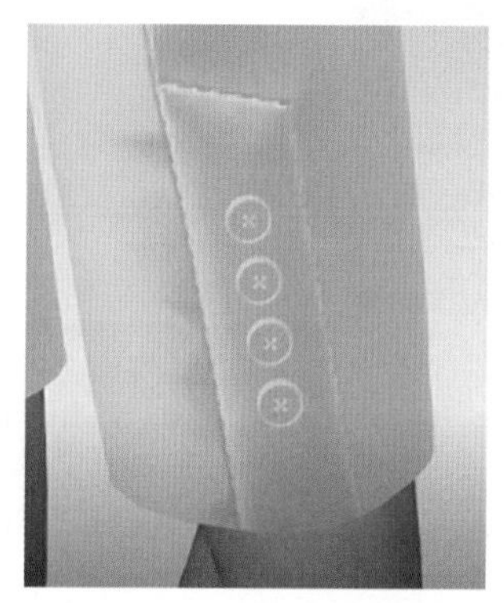

图 5.71　完成钉扣子操作

（3）在3D窗口中选择“选择 / 移动纽扣”工具，在2D窗口中选择袖衩板片，右击并选择“设置缝纫的层数”选项（图5.72），将“层数”设置为2，如图5.73所示。

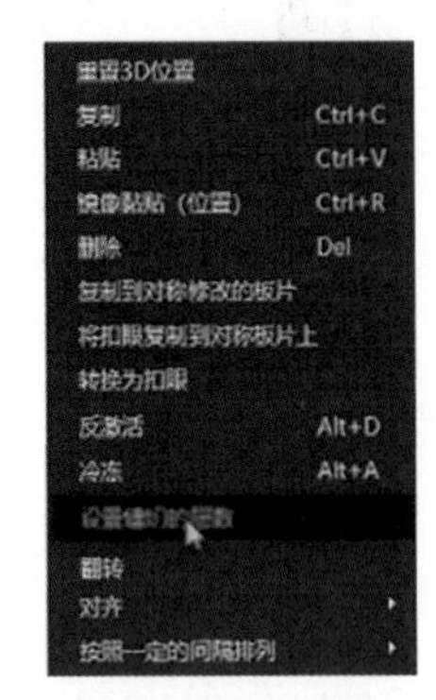

图5.72 右键快捷菜单

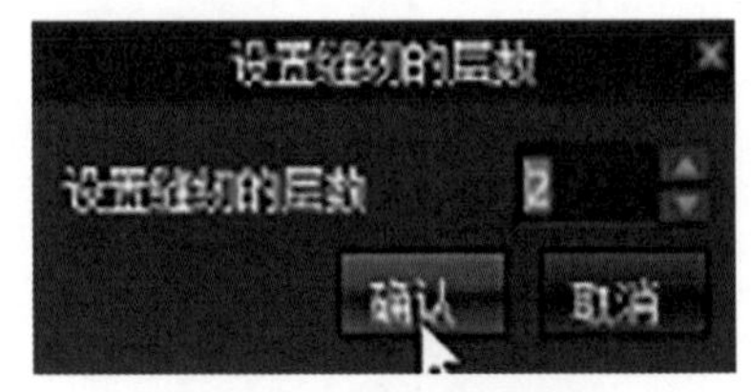

图5.73 完成层数设置

（4）在3D窗口中选择“模拟”工具，对服装进行模拟，如图5.74所示。

（5）在3D窗口中选择“选择 / 移动纽扣”工具，在2D窗口中框选扣子，如图5.75所示。在板片上右击并选择“设置缝纫的层数”选项，将层数还原为1，如图5.76所示。

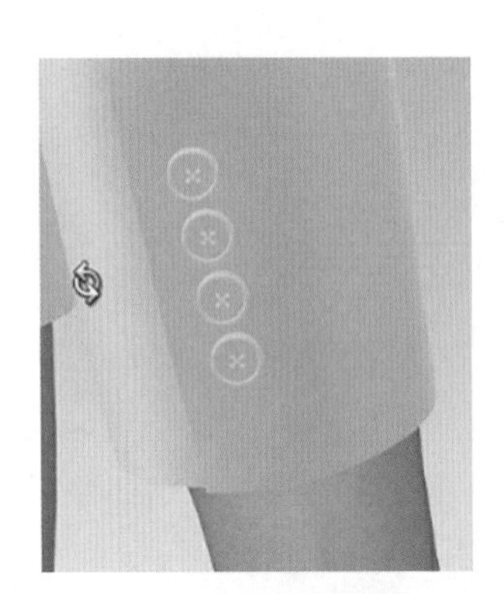

图5.74 完成模拟

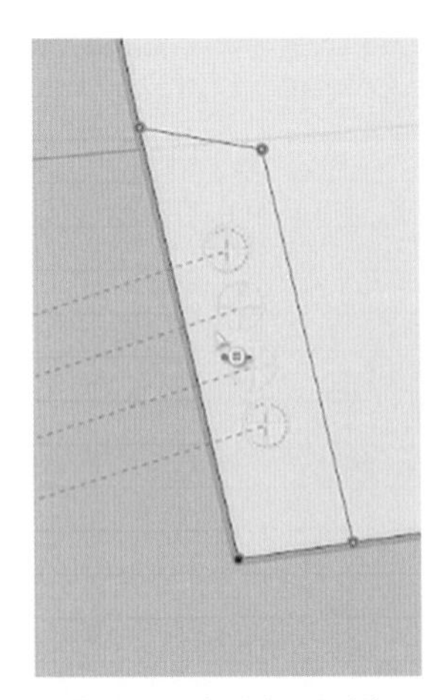

图5.75 完成扣子选择

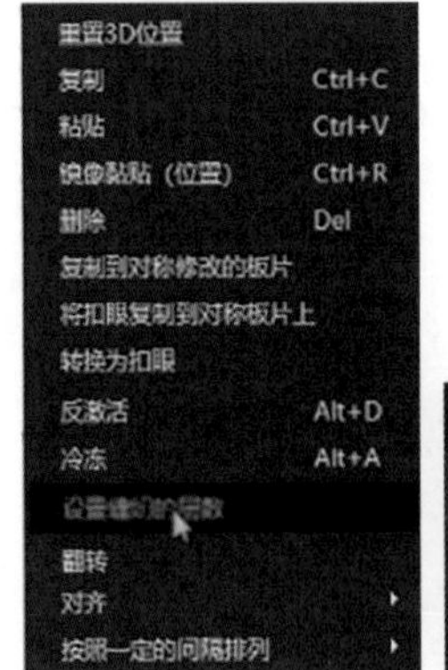

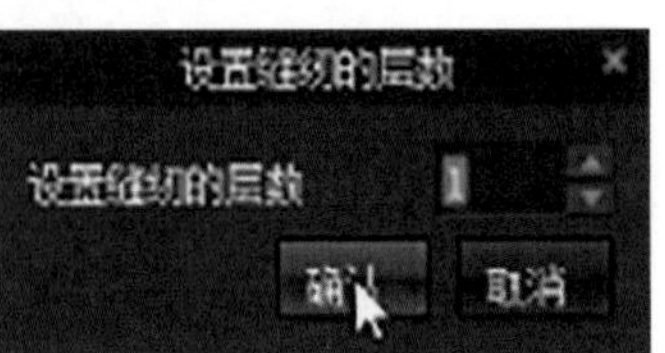

图5.76 完成层数设置

（6）在 3D 窗口中选择“选择 / 移动纽扣”工具，在 2D 窗口中框选扣子。在板片上右击并选择“转换为扣眼”选项（图 5.77）完成扣眼转换，如图 5.78 所示。

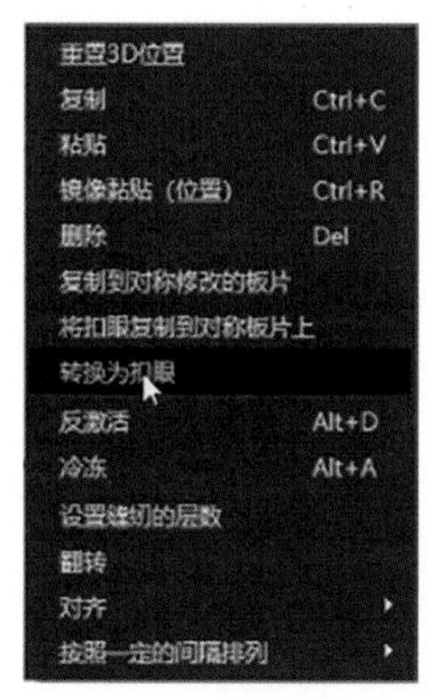

图 5.77　右键快捷菜单

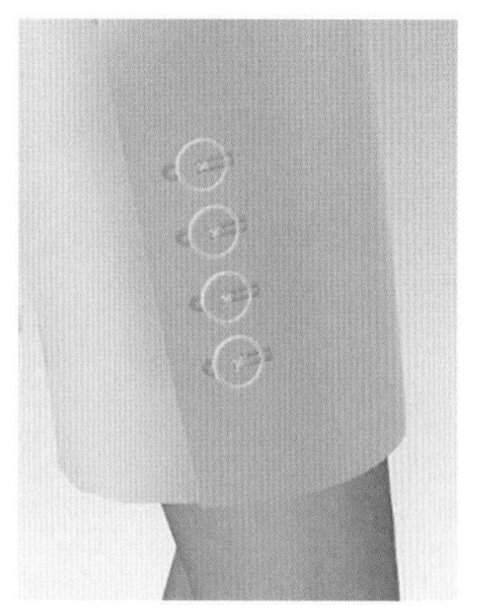
图 5.78　扣眼转换效果

（7）在 3D 窗口中选择“选择 / 移动纽扣”工具，在 2D 窗口中框选扣眼。

（8）在属性编辑器里调整扣眼的位置，如图 5.79 所示。扣眼调整完成效果如图 5.80 所示。

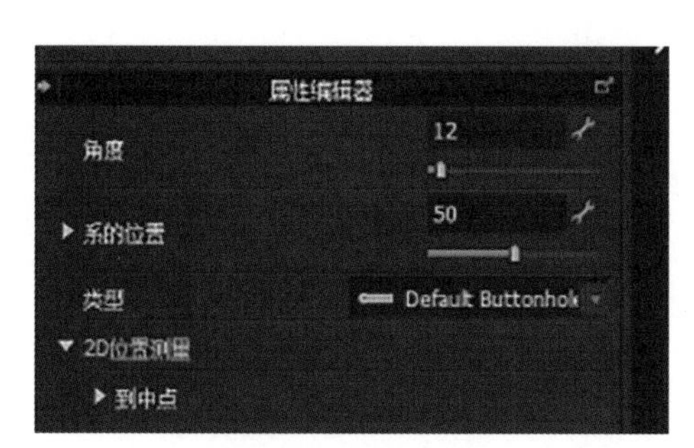

图 5.79　属性编辑器

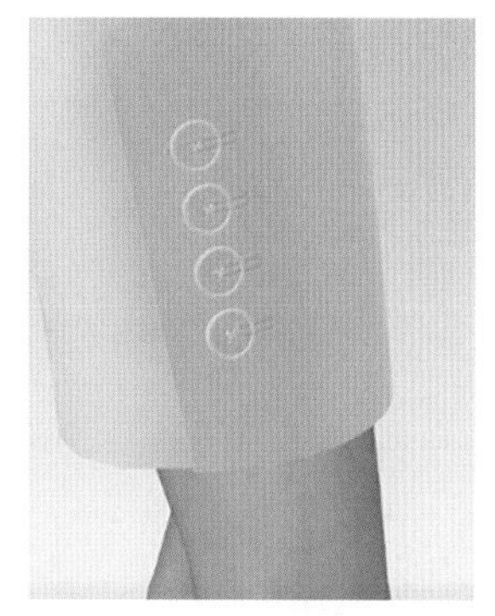
图 5.80　扣眼调整完成效果

（9）在 3D 窗口中选择“系纽扣”工具，在 2D 窗口中框选所有扣子，系纽扣完成效果如图 5.81 所示。

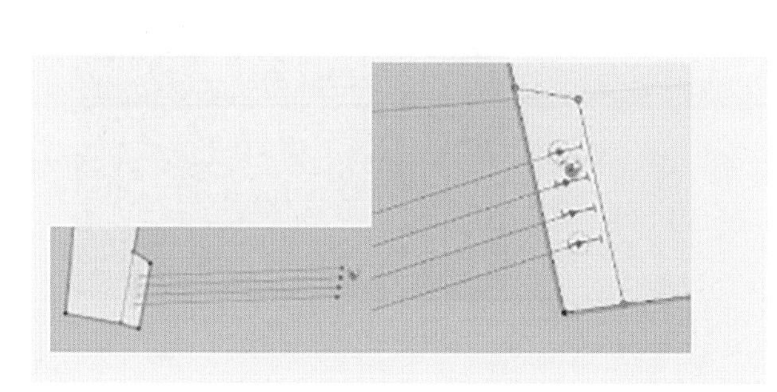
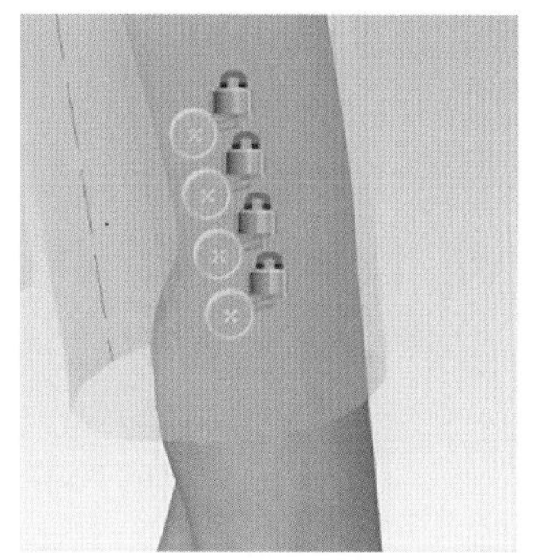
图 5.81　完成系纽扣

（10）在 3D 窗口中选择“模拟”工具对纽扣进行模拟，如图 5.82 所示。

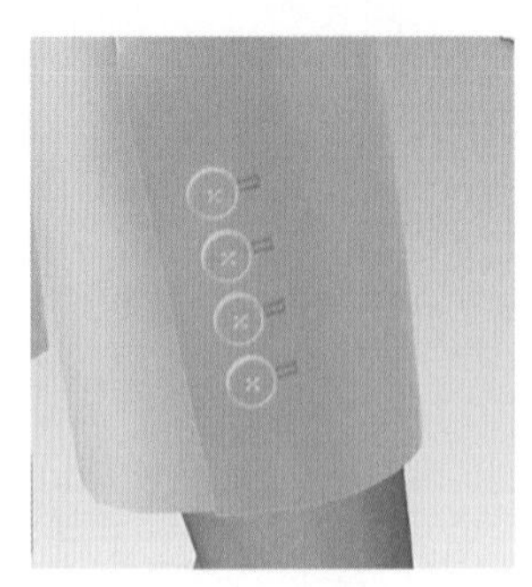

图 5.82　对纽扣进行模拟

6. 门襟钉扣子

（1）在 3D 窗口中选择“纽扣”工具，在扣子中心单击两下，扣子自动生成，如图 5.83 所示。

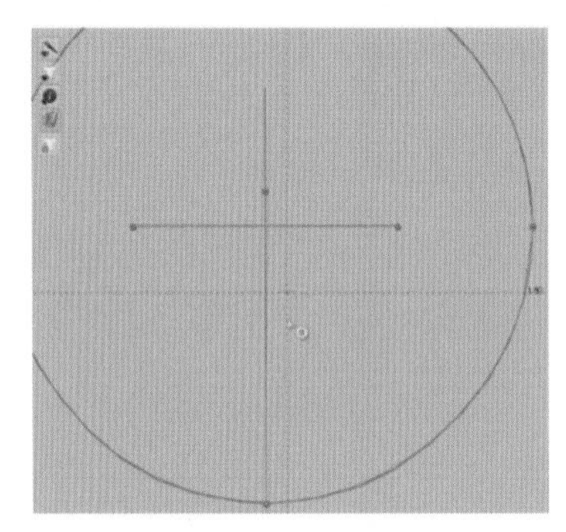

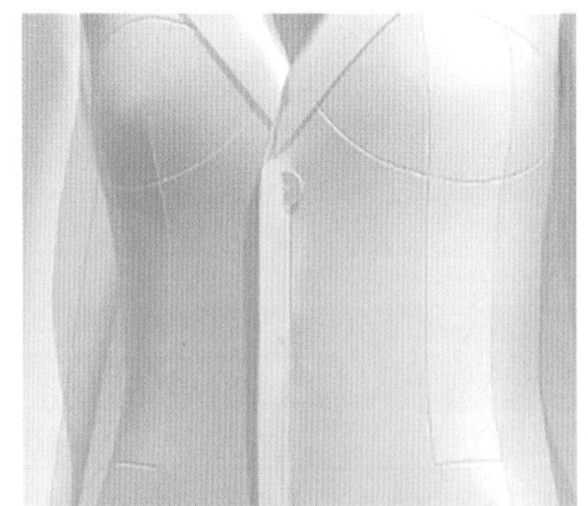

图 5.83　完成钉扣子

（2）在 3D 窗口中选择“纽扣”工具，框选第一颗扣子（图 5.84），弹出“粘贴”对话框，在其中设置好扣子间距，如图 5.85 所示。

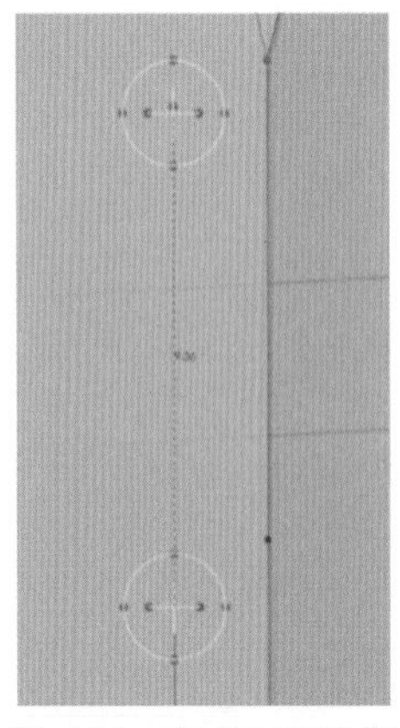

图 5.84　完成扣子选择

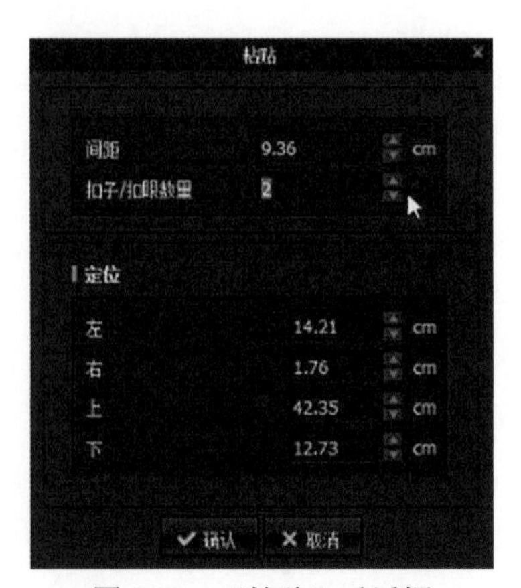

图 5.85　“粘贴”对话框

（3）在 3D 窗口中选择“选择 / 移动纽扣”工具，在 2D 窗口中框选扣子，如图 5.86

所示。右击框选的扣了并选择“将扣眼复制到对称板片上”选项（图 5.87）完成扣眼的复制，如图 5.88 所示。

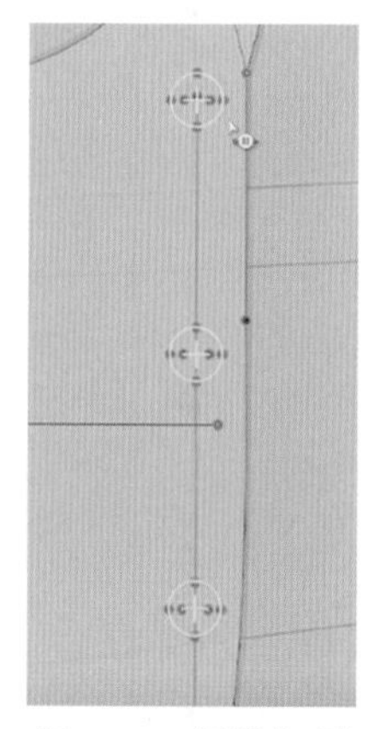

图 5.86　框选扣子

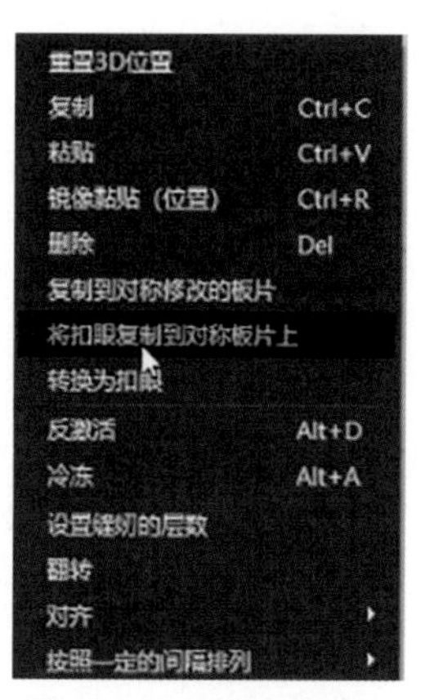

图 5.87　右键快捷菜单

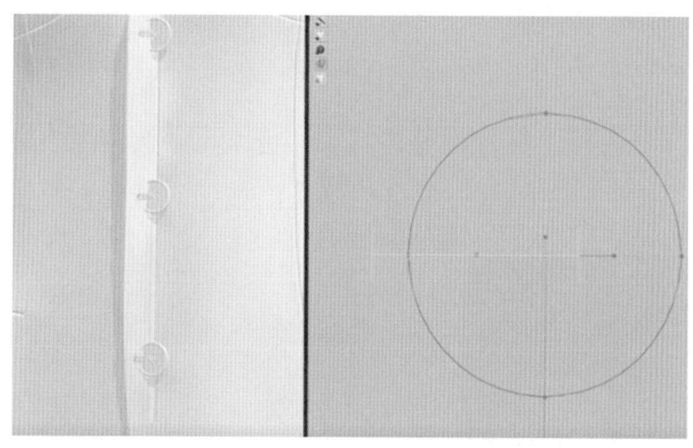

图 5.88　完成扣眼的复制

（4）在 3D 窗口中选择“系纽扣”工具，在 2D 窗口中框选所有扣子（图 5.89）完成系纽扣操作，如图 5.90 所示。

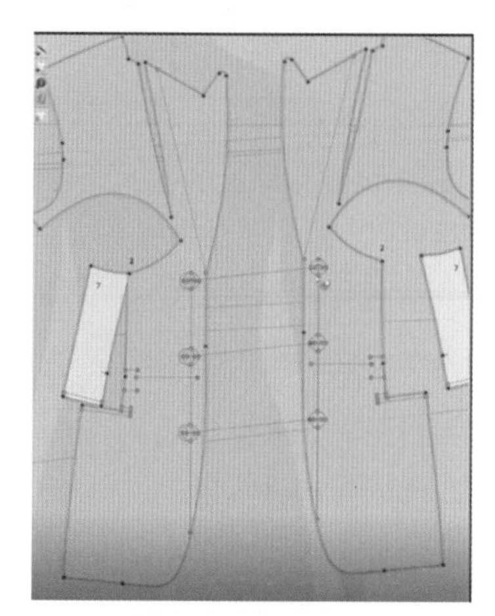

图 5.89　框选扣子

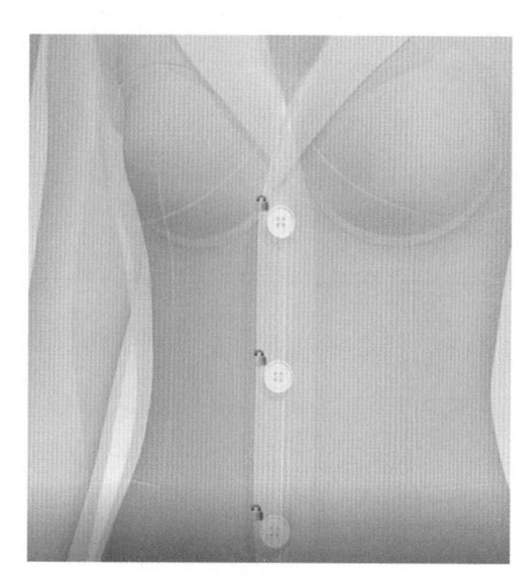

图 5.90　完成系纽扣操作

（5）在3D窗口中选择“模拟”工具对服装进行模拟，如图5.91所示。

（6）在2D窗口中选择“内部矩形”工具，选择前片板片，在前片上画出要粘衬的部位，如图5.92所示。

图5.91　对服装完成模拟

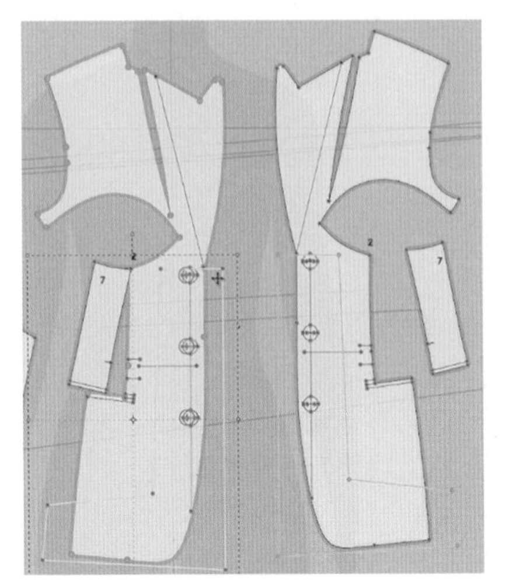

图5.92　画出要粘衬的部位

（7）在2D窗口中选择“板片调整”工具，选择前片板片要粘衬的部位，在属性编辑器里设置粘衬，如图5.93所示。单击“确认”按钮完成粘衬，如图5.94所示。

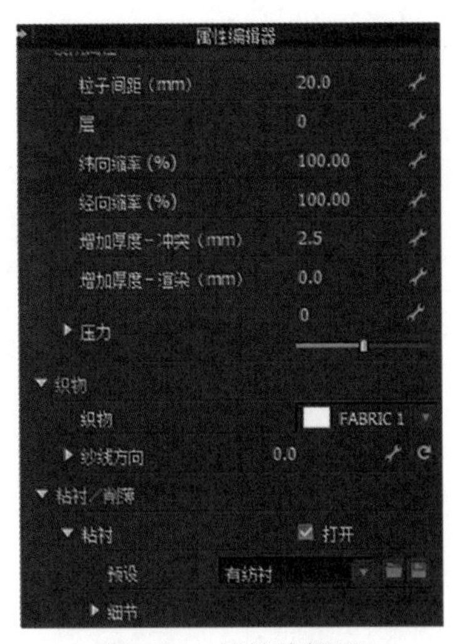

图5.93　属性编辑器

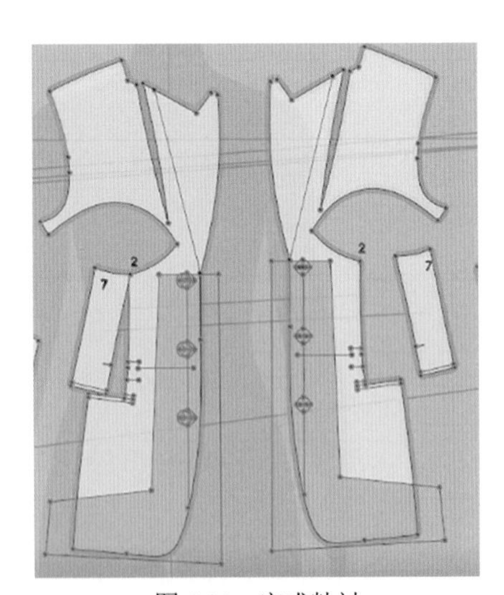

图5.94　完成粘衬

7. 口袋制作

（1）双嵌袋款式。

1）在2D窗口中选择“编辑板片”工具，选择前片板片要合并的点，如图5.95所示。

2）在选择的点上右击并选择“将重叠的点合并”选项进行合并，如图5.96所示。完成点合并后的效果如图5.97所示。

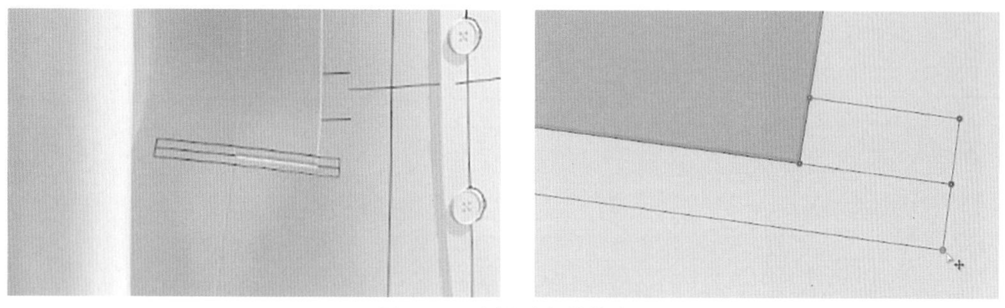

图 5.95　选择要合并的点

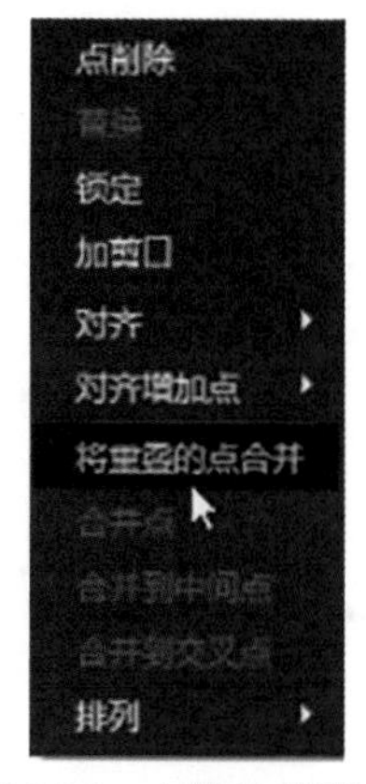

图 5.96　右键快捷菜单

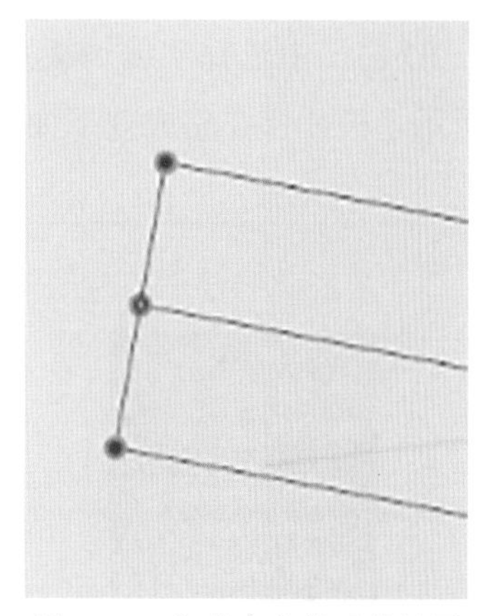

图 5.97　完成点合并后的效果

3）在 2D 窗口中选择“编辑板片”工具，选择口袋板片上的线段（图 5.98）并右击，在弹出的快捷菜单中选择“剪切 & 缝纫”选项做口袋开口，如图 5.99 所示。完成口袋开口后的效果如图 5.100 所示。

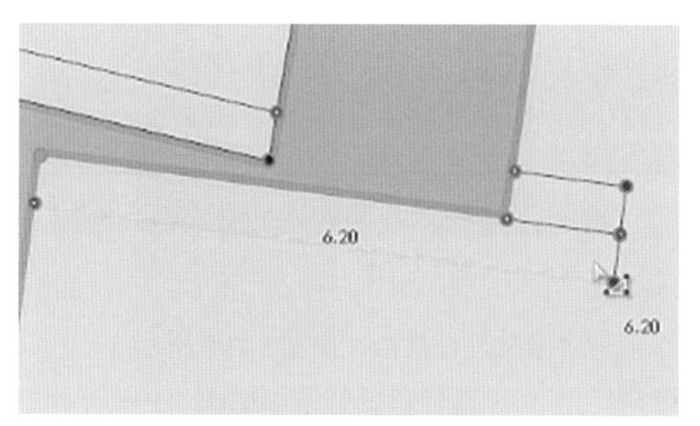

图 5.98　完成线段选择

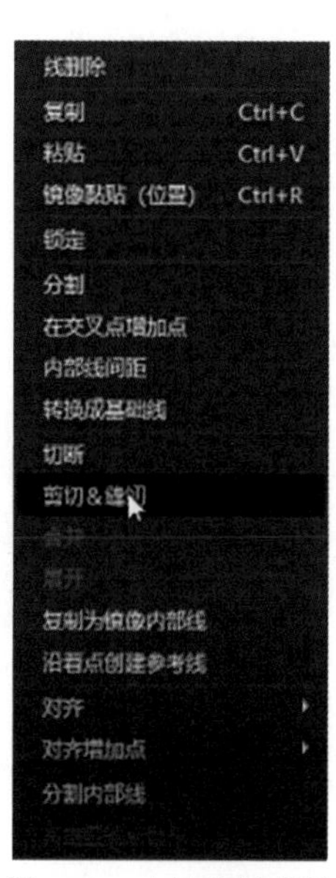

图 5.99　右键快捷菜单

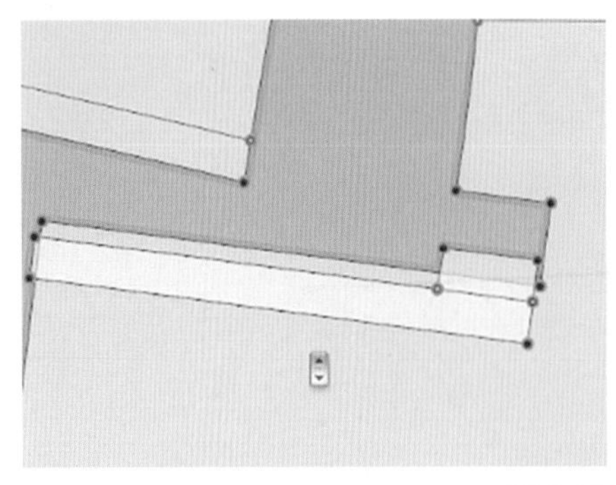

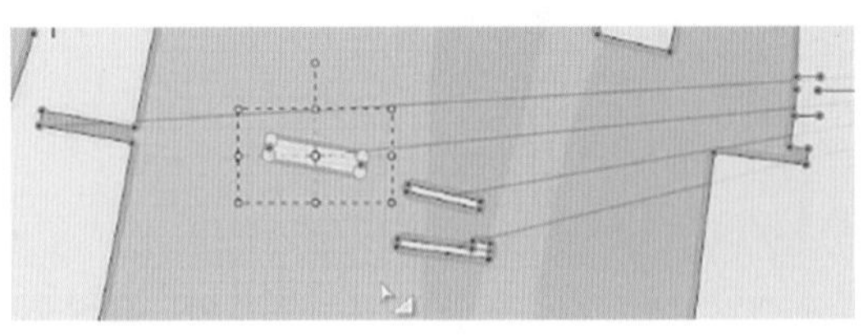

图 5.100　口袋开口效果

4）在 2D 窗口中选择“编辑板片”工具，选择口袋剪切下来的板片进行合并，如图 5.101 所示。板片合并完成效果如图 5.102 所示。

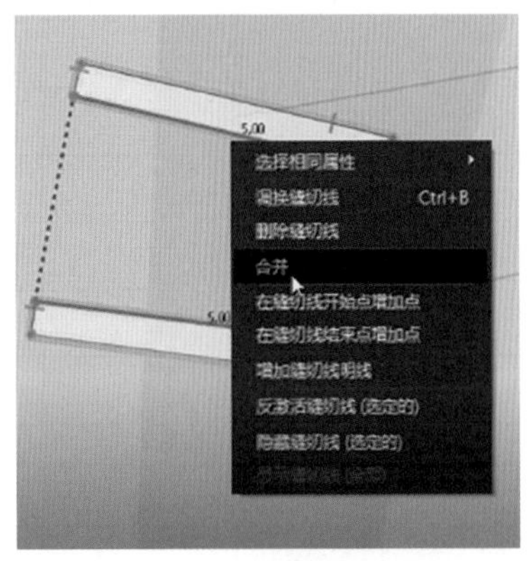

图 5.101　进行板片合并

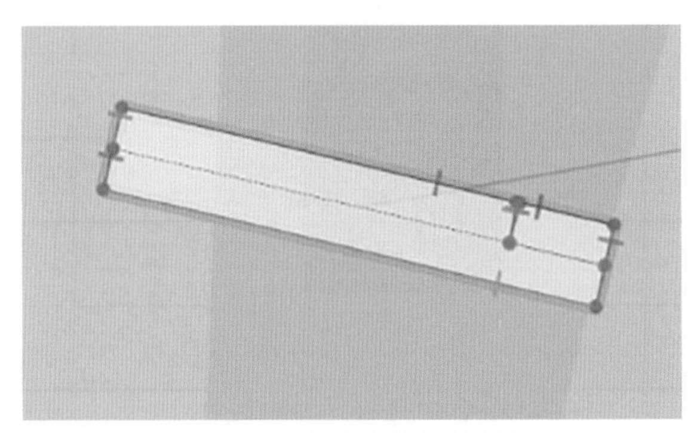

图 5.102　板片合并完成效果

5）在 2D 窗口中选择“编辑板片”工具，选择口袋剪切下来的其余板片进行合并，如图 5.103 所示。板片合并完成效果如图 5.104 所示。

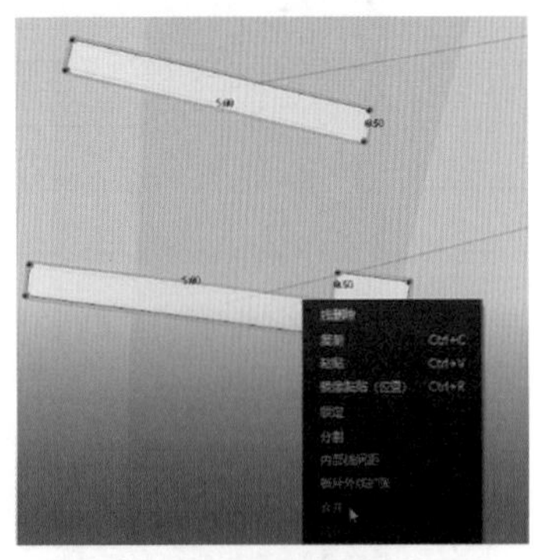

图 5.103　选择板片进行合并

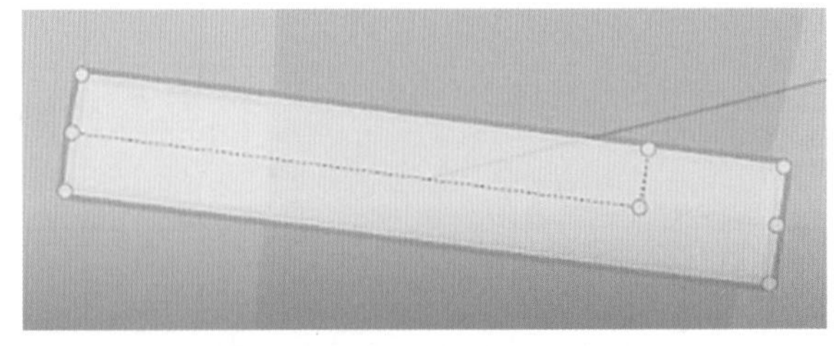

图 5.104　板片合并完成效果

6）在 3D 窗口中选择“模拟”工具对服装进行模拟，如图 5.105 所示。

7）在 2D 窗口中选择“移动板片”工具，选择口袋嵌条，如图 5.106 所示。对嵌条进行粘衬，如图 5.107 所示。

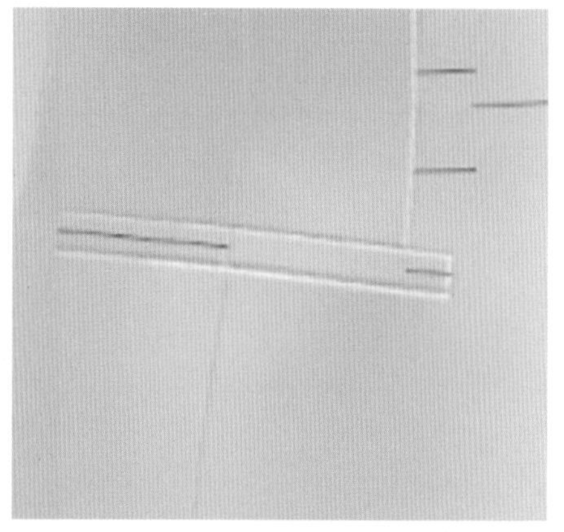

图 5.105　完成模拟

图 5.106　选择口袋嵌条

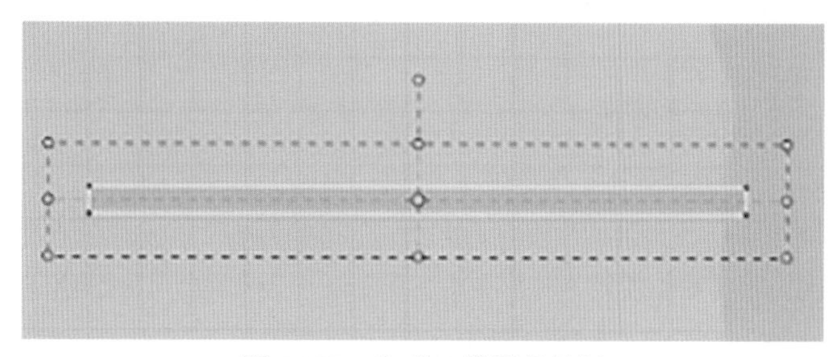

图 5.107　完成口袋嵌条粘衬

8）在 2D 窗口中选择“自由”工具，将口袋嵌条和前面口袋开口处缝合，如图 5.108 所示。

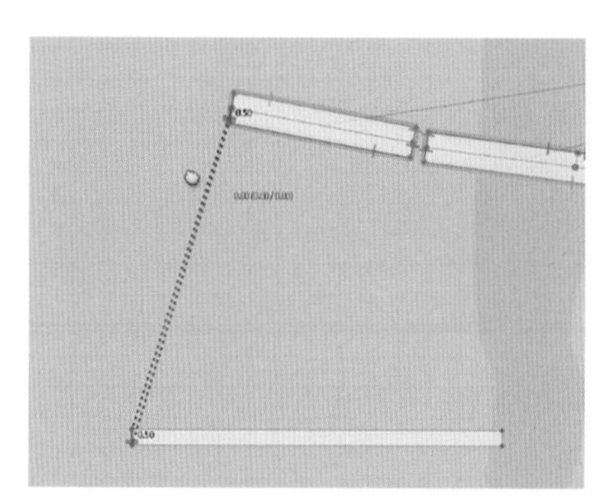

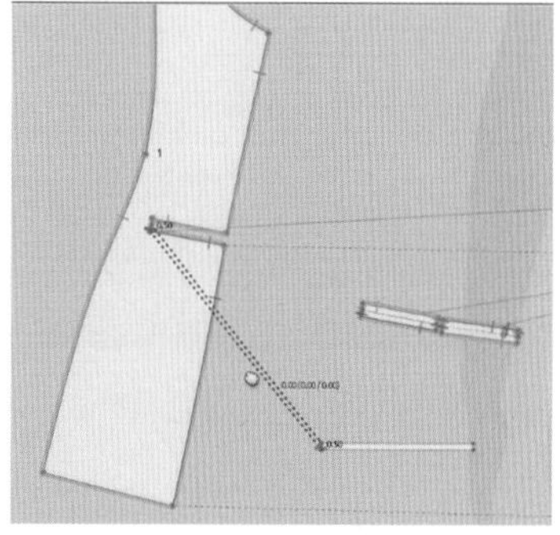

图 5.108　完成口袋嵌条缝合

9）在 3D 窗口中选择“移动”工具，选择板片，如图 5.109 所示。将选择的板片添加到外面，如图 5.110 所示，效果如图 5.111 所示。

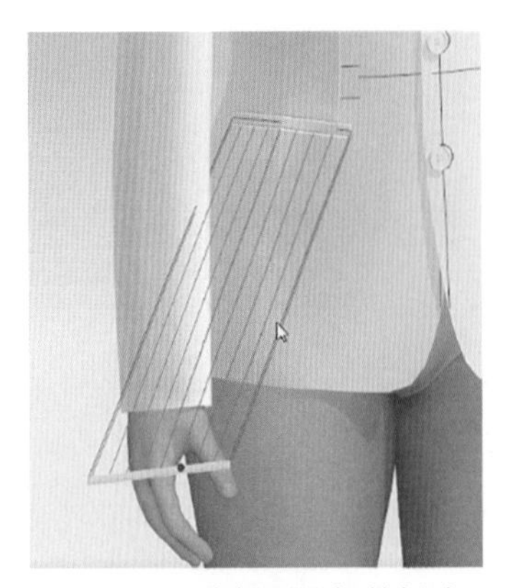

图 5.109　选择要添加的板片

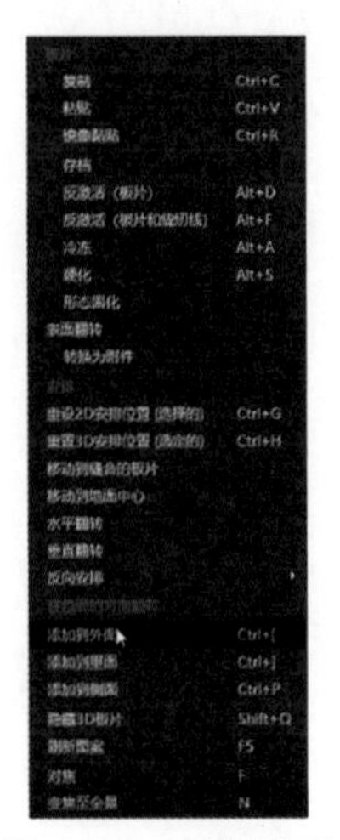

图 5.110　添加设置

10）在 3D 窗口中选择“模拟”工具对服装进行模拟，效果如图 5.112 所示。

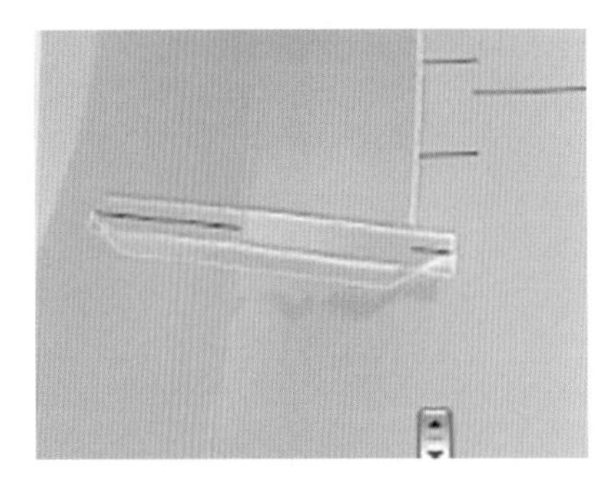

图 5.111　板片添加效果

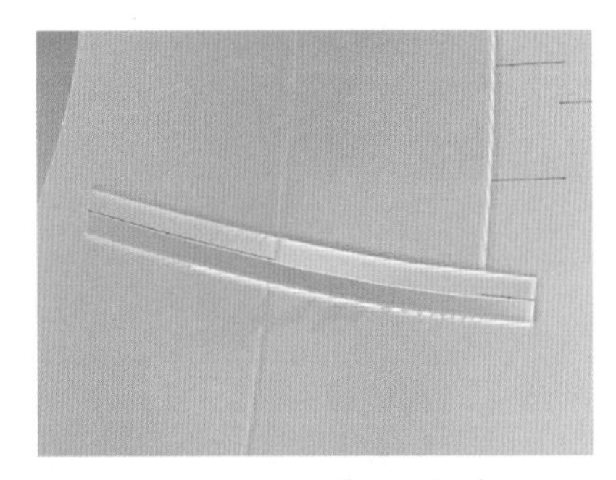

图 5.112　完成模拟后的效果

（2）袋盖款式。

1）在 2D 窗口中选择“自由”工具，将袋盖与口袋安装板片缝合，如图 5.113 所示。

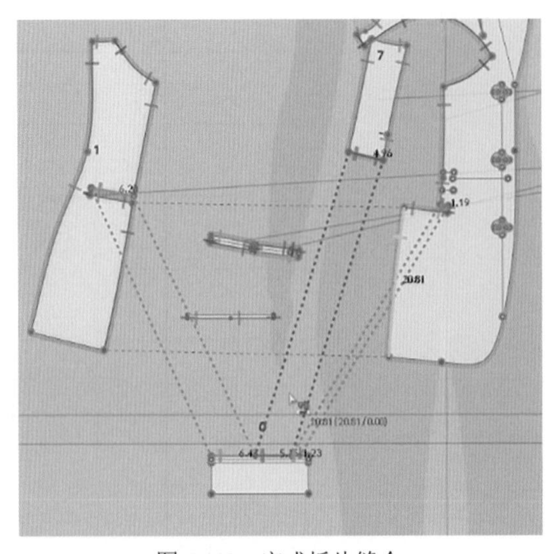

图 5.113　完成板片缝合

2）在 3D 窗口中选择“移动”工具，在袋盖板片上右击并选择“将板片添加到侧面”选项，如图 5.114 所示。

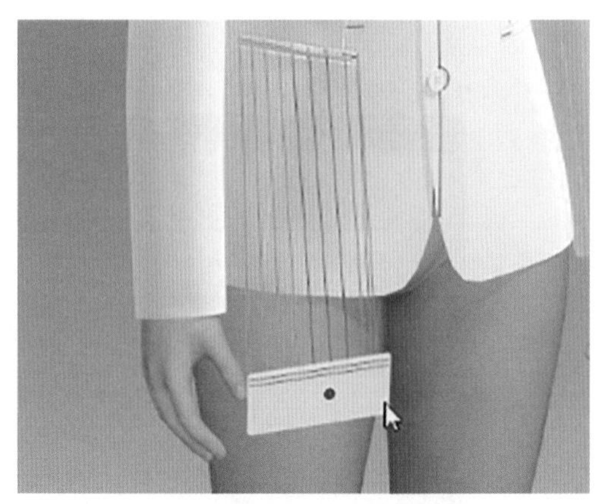
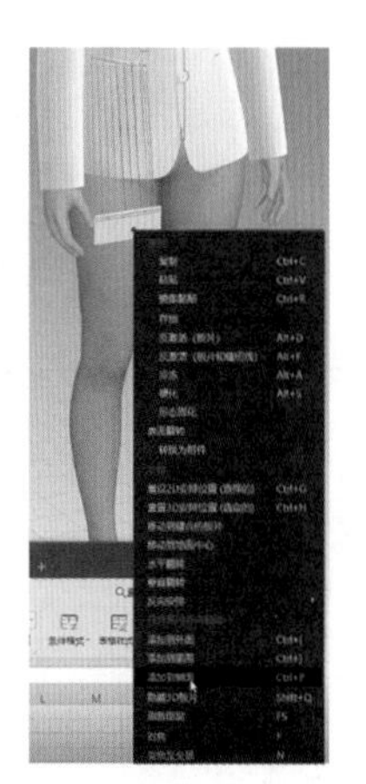

图 5.114　将袋盖板片添加到侧面

3）在 3D 窗口中选择“模拟”工具对服装进行模拟，效果如图 5.115 所示。

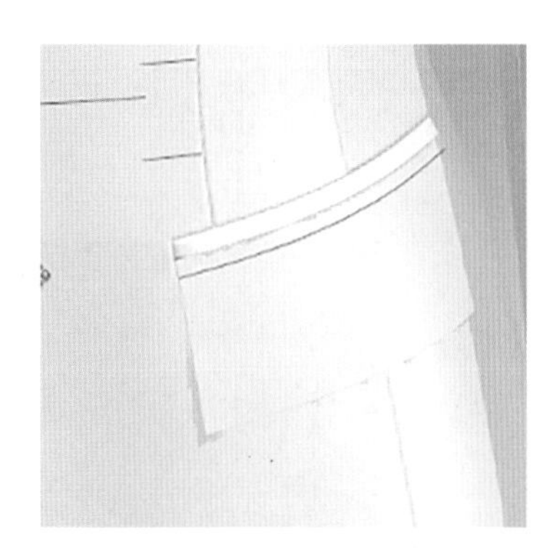

图 5.115　袋盖模拟效果

加口袋后的西装效果如图 5.116 所示。

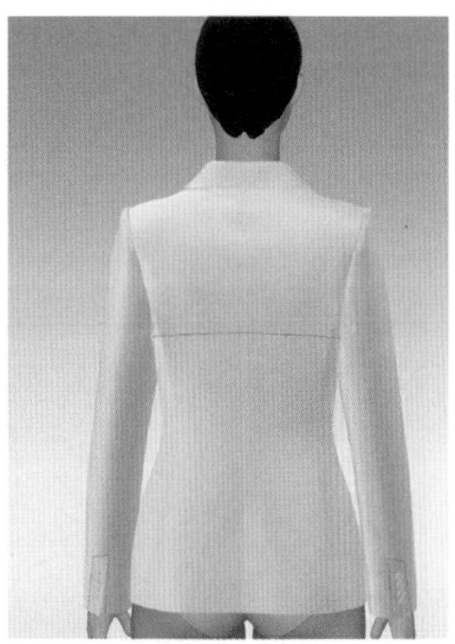

图 5.116　加口袋后的西装效果

8. 给服装添加颜色

在物体窗口中选择“织物”工具，在属性编辑器里找到“颜色”设置区域，如图 5.117 所示。单击“颜色”框，在弹出的对话框中选择自己想要的颜色，如图 5.118 所示。设置颜色后的效果如图 5.119 所示。

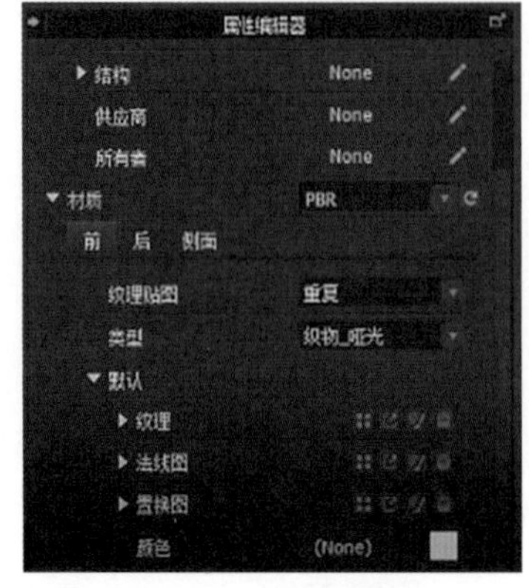

图 5.117 颜色设置

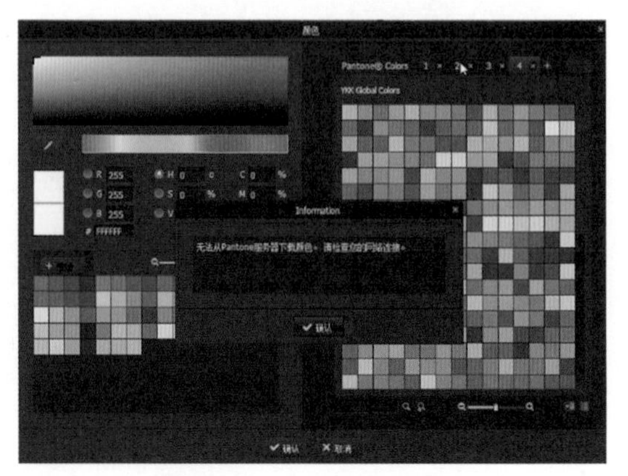

图 5.118 “颜色”对话框

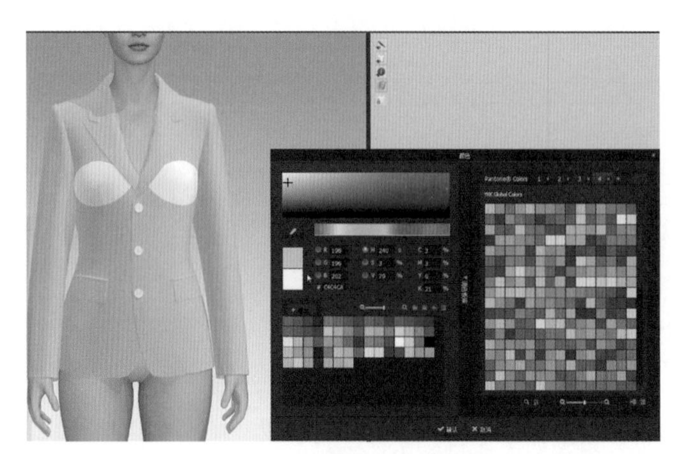

图 5.119 设置颜色及其效果

9. 给服装添加明线

（1）在 2D 窗口中选择“明线”工具，在属性编辑器里找到“明线”，先设置好明线的属性，如图 5.120 所示。

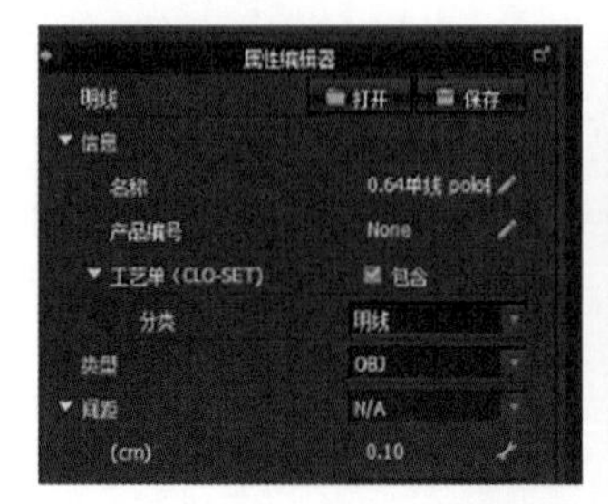

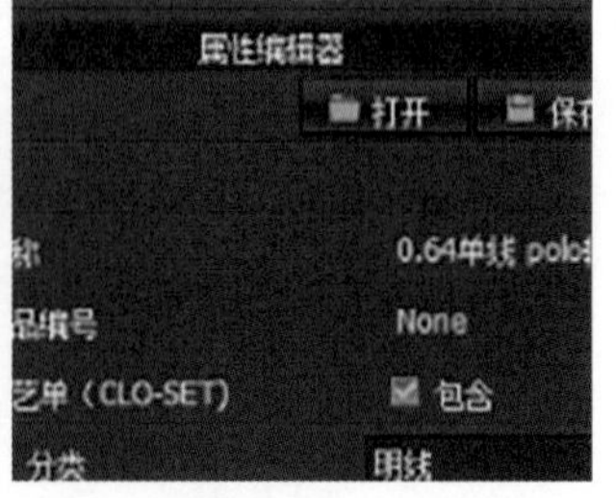

图 5.120 在属性编辑器里设置明线属性

（2）在 2D 窗口中选择“自由明线”工具，给服装添加明线，如图 5.121 所示。

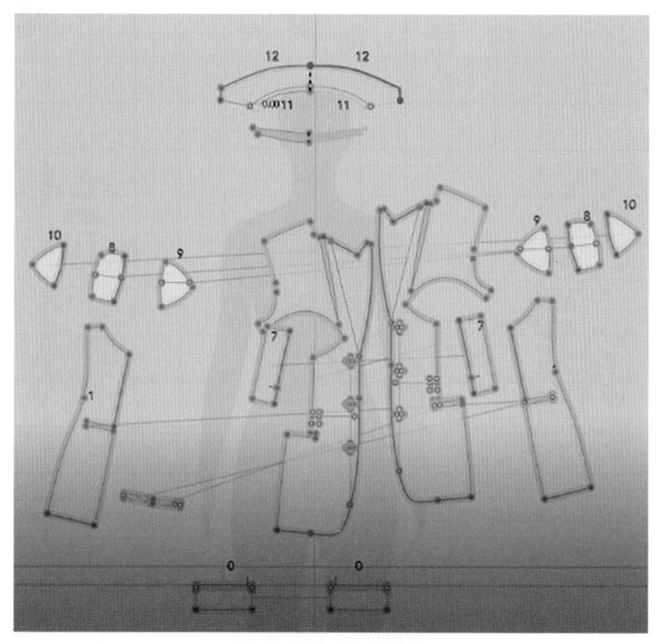

图 5.121 添加明线

完成明线添加后的效果如图 5.122 所示。

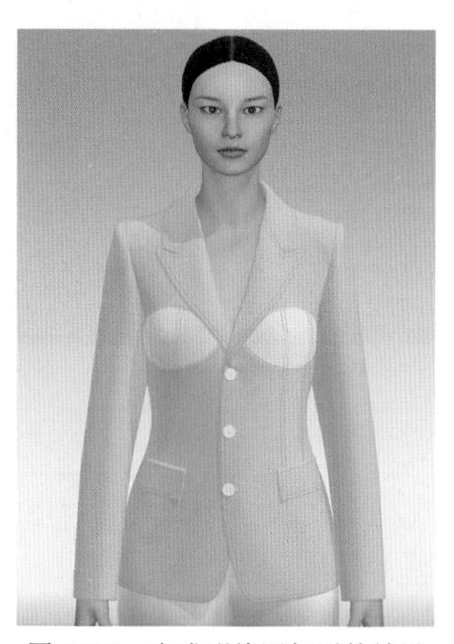

图 5.122 完成明线添加后的效果

5.2.4 试穿模拟

在完成所有的程序之后，在 3D 窗口中选择“模拟”工具进行模拟。西装正面、侧面、背面展示如图 5.123 所示。

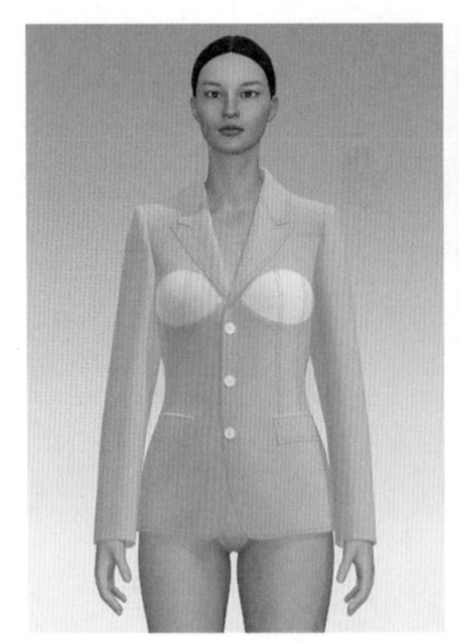
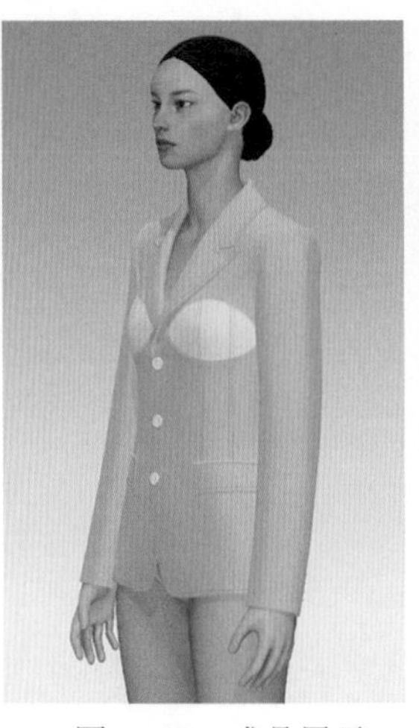
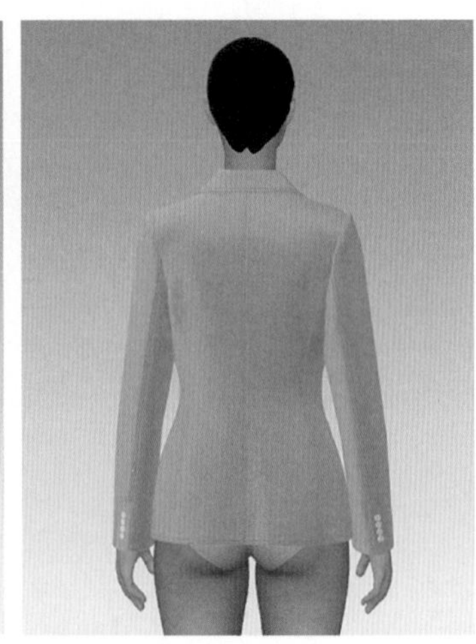

图 5.123　成品展示

5.2.5　给模特配裤子

在菜单栏中选择“文件”→“增加”→“服装”命令，通过弹出的对话框找到要添加的裤子文件，单击“确认”按钮（图 5.124）完成裤子的添加，如图 5.125 所示。

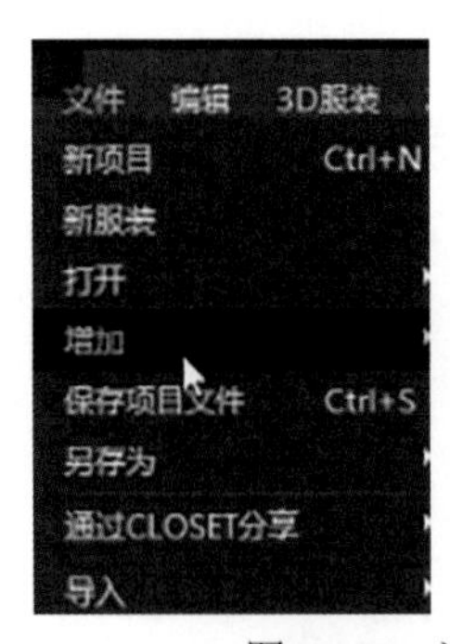

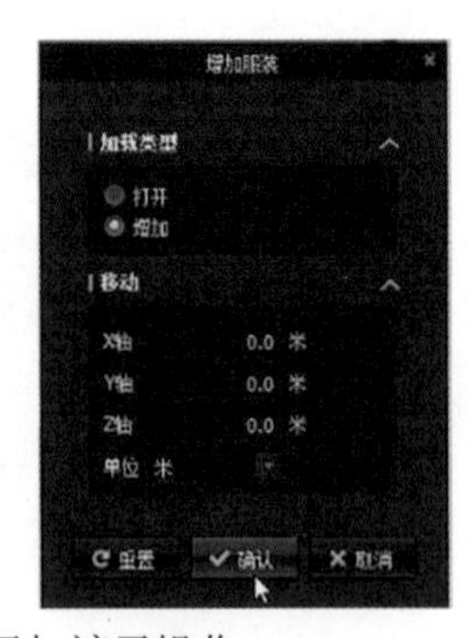

图 5.124　添加裤子操作

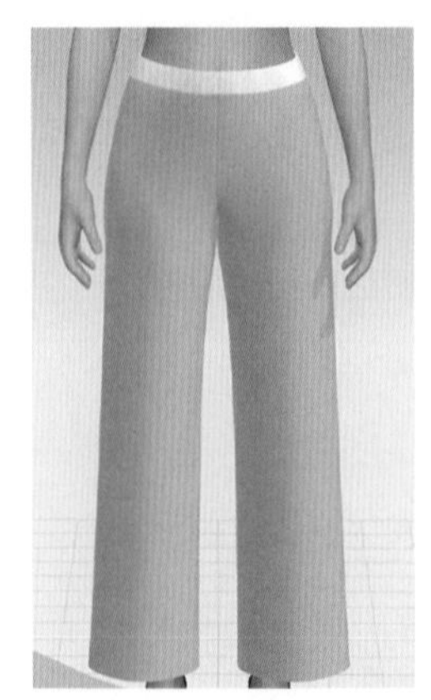
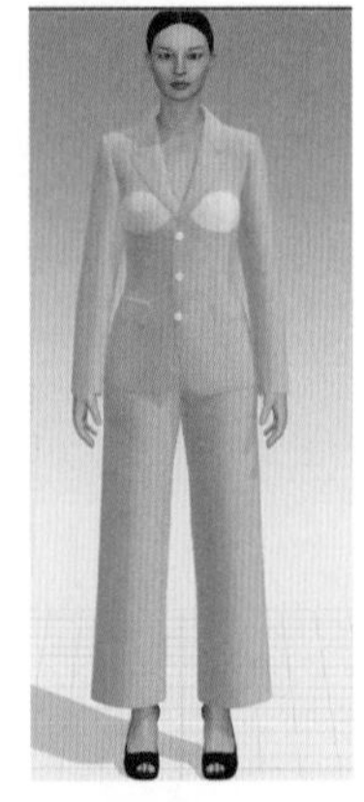

图 5.125　添加裤子后的效果

5.2.6 动态走秀制作

（1）进入动画模式，如图 5.126 所示。在弹出的对话框中单击“确认”按钮，如图 5.127 所示。

图 5.126　进入动画模式

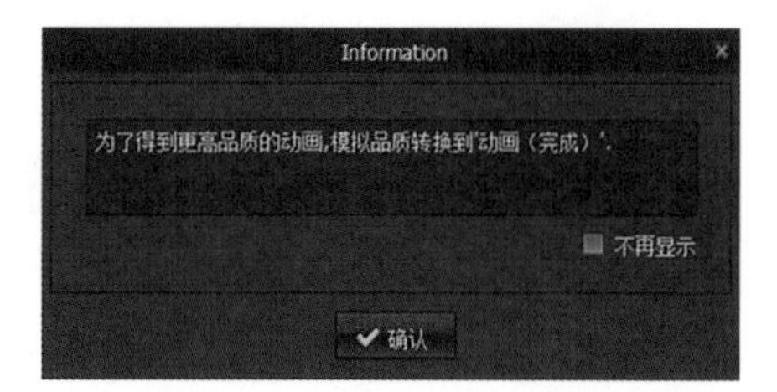

图 5.127　Information 对话框

（2）在 3D 窗口的菜单栏中找到并打开“虚拟模特”栏，如图 5.128 所示。在图库里找到对应模特的对应走秀动作，如图 5.129 所示。选择合适的动作，双击导入模特，如图 5.130 所示。

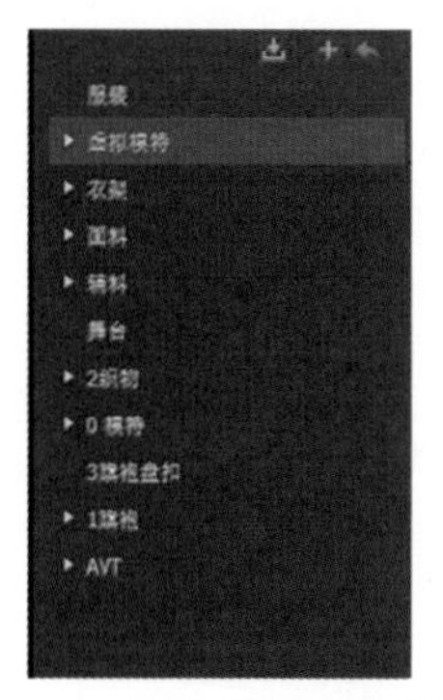

图 5.128　打开“虚拟模特”栏

图 5.129　选择模特

图 5.130　选择走秀动作

（3）在 3D 窗口的菜单栏中找到并打开“虚拟模特”栏，如图 5.131 所示。在图库里找到对应模特的对应走秀动作，如图 5.132 所示。完成模特选择，如图 5.133 所示。

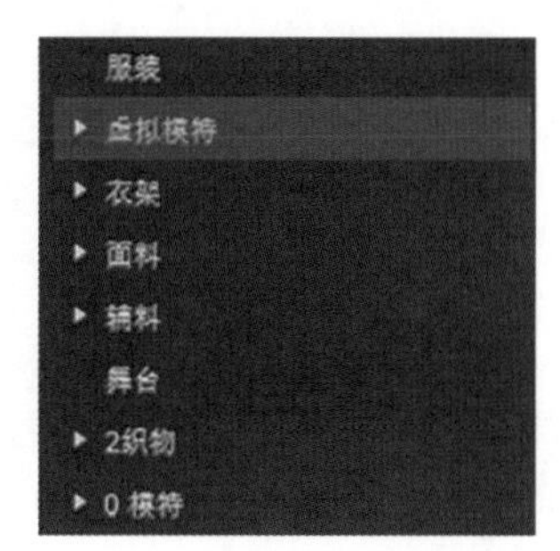

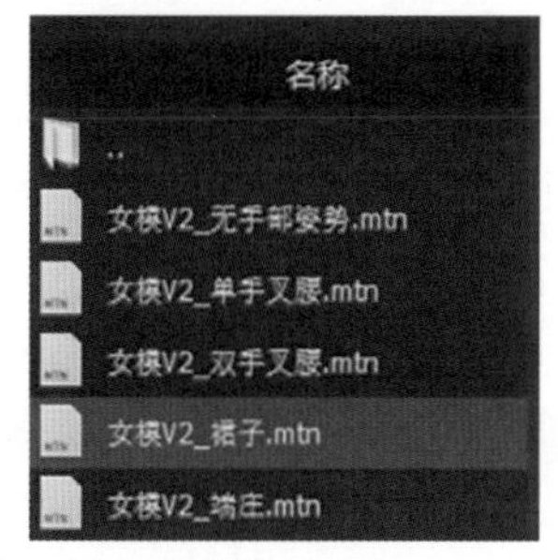

图 5.131　在“虚拟模特”栏完成模特的选择

图 5.132　模特选择路径

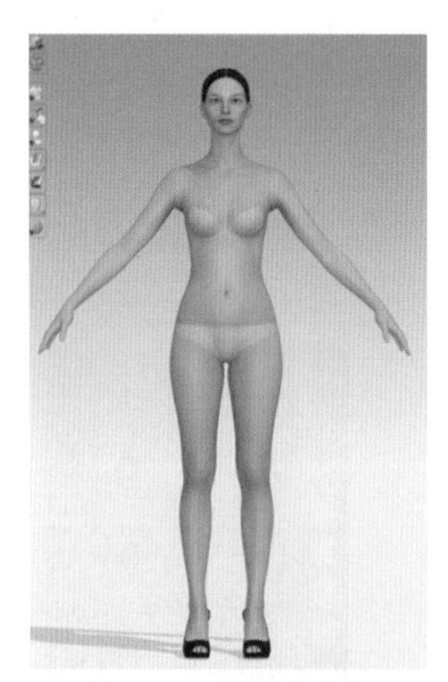

图 5.133　选择的模特

（4）单击“录制”按钮开始动画解算，如图 5.134 所示。

图 5.134　开始动画解算

（5）在图库里找到“舞台”并单击打开，然后在舞台上右击并选择所要添加的舞台（图 5.135）完成添加舞台，如图 5.136 所示。

图 5.135　添加舞台

图 5.136　完成添加舞台

（6）在菜单栏中选择“文件”→“视频抓取”→“视频”命令，如图 5.137 所示。视频录制设置界面如图 5.138 所示。

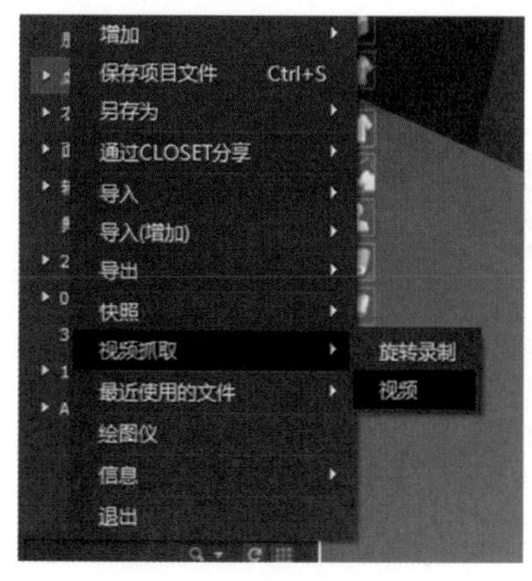

图 5.137　视频录制菜单操作

图 5.138　视频录制设置界面

（7）录制动画视频，如图 5.139 所示。完成动画录制，如图 5.140 所示。

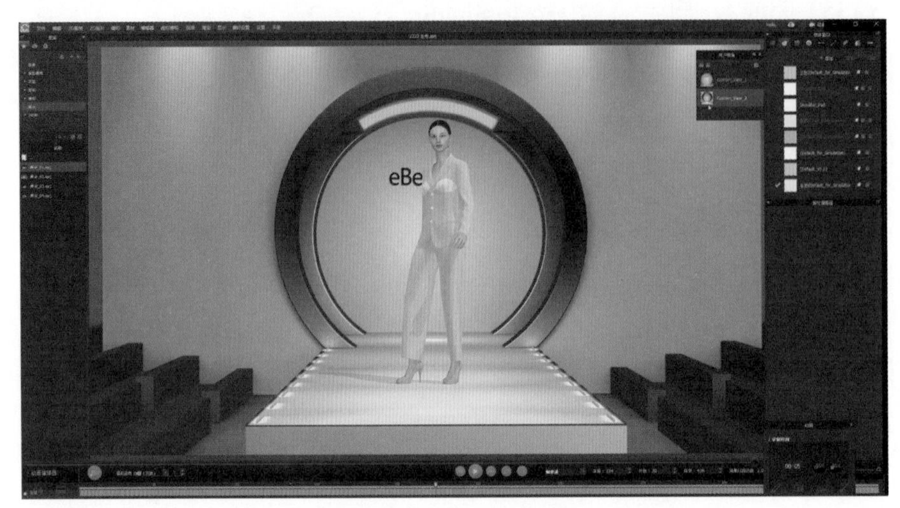

图 5.139　录制动画视频

图 5.140　完成动画录制

（8）视频导出。单击“保存视频”按钮保存到指定的文件夹中，如图 5.141 所示。

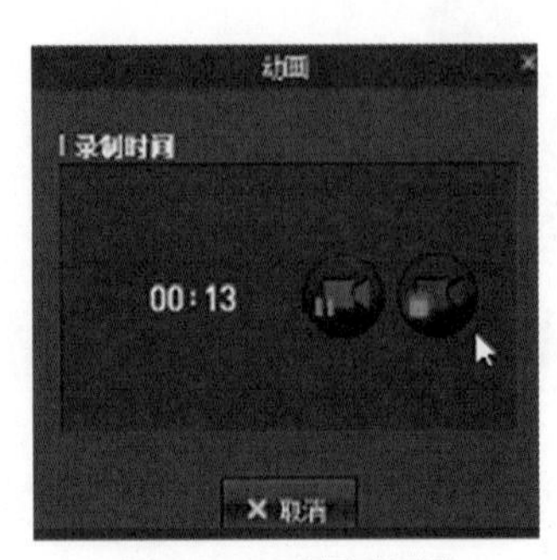

图 5.141　导出视频

动态秀产品展示如图 5.142 所示。

图 5.142　动态秀产品展示

西服动态秀

参 考 文 献

[1] 刘凯旋，朱春. 服装智能设计：结构设计与合体性评估 [M]. 北京：中国纺织出版社，2021.

[2] 杨雪梅，冯巍，范胜彬. AR 内衣产品运营丛书——内衣创意联想设计 [M]. 北京：化学工业出版社，2021.

[3] 汪小林. 远湖 VSD 数字化服装 [M]. 北京：中国纺织出版社，2019.

[4] 梅笑雪. 服装创意与设计 [M]. 哈尔滨：黑龙江美术出版社，2019.

[5] Jaeil Lee，Camille Steen 著. 服装设计师技术手册：从服装设计到产品包装的技术全讲解 [M]. 李健，邵新艳，译. 上海：东华大学出版社，2019.

[6] 赵雨，宋婧，徐律. 服装 CAD-3D[M]. 北京：中国纺织出版社，2020.

[7] 刘骊，付晓东. 计算机服装建模及仿真 [M]. 昆明：云南大学出版社，2018.

[8] 王舒. 3D 服装设计与应用 [M]. 北京：中国纺织出版社，2019.

[9] 杨永庆，杨丽娜. 服装设计 [M]. 北京：中国轻工业出版社，2019.

[10] 陈东生，吕佳. 现代服装测试技术 [M]. 上海：东华大学出版社，2019.

[11] 朱红，侯高雁. 3D 测量技术 [M]. 武汉：华中科技大学出版社，2017.

[12] 王瑶. 3ds max 多边形建模　三维造型技术全实例学习 [M]. 北京：北京科海电子出版社，2009.

[13] 韦飞. 服装三维立体结构制版基础教程 [M]. 南宁：广西美术出版社，2017.

[14] 李硕，刘垚，胡德强. 三维形态设计 [M]. 北京：北京理工大学出版社，2018.

[15] 朱洪峰，晁英娜. 数字化服装三维设计研究 [M]. 北京：中国纺织出版社，2018.

[16] 魏莉. 服装 CAD 实训 [M]. 上海：东华大学出版社，2018.

[17] 金宁，王威仪. 服装 CAD 基础与实训 [M]. 北京：中国纺织出版社，2016.

[18] 凌红莲. 数字化服装生产管理 [M]. 上海：东华大学出版社，2014.

[19] 张文斌，方方. 服装人体工效学 [M]. 上海：东华大学出版社，2015.

[20] 朱啸宇. 服装三维 CAD 创样软件基础 [M]. 青岛：中国海洋大学出版社，2016.

[21] 董礼强，黄超. 服装电脑三维造型与制板 [M]. 上海：东华大学出版社，2014.

[22] 郭瑞良，张辉. 三维服装模拟与设计 [M]. 上海：上海交通大学出版社，2014.